景观革新

公民实用主义与美国环境思想

[美国] 本 · A. 敏特尔 著　　潘洋 译

译林出版社

图书在版编目（CIP）数据
景观革新：公民实用主义与美国环境思想／（美）本·A. 敏特尔著；潘洋译．
—南京：译林出版社，2020.8
（城市与生态文明丛书）
书名原文：The Landscape of Reform: Civic Pragmatism and Environmental Thought in America
ISBN 978-7-5447-8213-5

I.①景… II.①本… ②潘… III.①环境保护－研究－美国 IV.①X-171.2

中国版本图书馆CIP数据核字(2020)第064947号

景观革新：公民实用主义与美国环境思想 ［美国］本·A. 敏特尔／著 潘 洋／译

责任编辑 陶泽慧
特约编辑 王延庆
装帧设计 薛顾璨
校 对 戴小娥
责任印制 单 莉

原文出版 MIT Press, 2006
出版发行 译林出版社
地 址 南京市湖南路1号A楼
邮 箱 yilin@yilin.com
网 址 www.yilin.com
市场热线 025-86633278
排 版 南京展望文化发展有限公司
印 刷 江苏凤凰通达印刷有限公司
开 本 960毫米 ×1304毫米 1/32
印 张 8
插 页 4
版 次 2020年8月第1版
印 次 2020年8月第1次印刷
书 号 ISBN 978-7-5447-8213-5
定 价 65.00元

主编序

中国过去三十年的城镇化建设，获得了前所未有的高速发展，但也由于长期以来缺乏正确的指导思想和科学的理论指导，形成了规划落后、盲目冒进、无序开发的混乱局面；造成了土地开发失控、建成区过度膨胀、功能混乱、城市运行低效等严重后果。同时，在生态与环境方面，我们也付出了惨痛的代价：我们失去了蓝天（蔓延的雾霾），失去了河流和干净的水（75%的地表水污染，所有河流的裁弯取直、硬化甚至断流），失去了健康的食物甚至脚下的土壤（全国三分之一的土壤受到污染）；我们也失去了邻里，失去了自由步行和骑车的权利（超大尺度的街区和马路），我们甚至于失去了生活和生活空间的记忆（城市和乡村的文化遗产大量毁灭）。我们得到的，是一堆许多人买不起的房子、有害于健康的汽车及并不健康的生活方式（包括肥胖症和心脏病病例的急剧增加）。也正因为如此，习总书记带头表达对“望得见山，看得见水，记得住乡愁”的城市的渴望；也正因为如此，生态文明和美丽中国建设才作为执政党的头号目标，被郑重地提了出来；也正因为如此，新型城镇化才成为本届政府的主要任务，一再作为国务院工作会议的重点被公布于众。

本来，中国的城镇化是中华民族前所未有的重整山河、开创美好生活方式的绝佳机遇，但是，与之相伴的，是不容忽视的危机和隐患：生态与环境的危机、文化身份与社会认同的危机。其根源在于对城镇化和城市规划设计的无知和错误的认识：决策者的无知，规划设计专业人员的无知，大众的无知。我们关于城市规划设计和城市的许多错误认识和错误规范，至今仍然在施展着淫威，继续在危害着我们的城市和城市的规划建设：我们太需要打破知识的禁锢，发起城市文明的启蒙了！

所谓“亡羊而补牢，未为迟也”，如果说，过去三十年中国作为一个有经验的农业老人，对工业化和城镇化尚懵懂幼稚，没能有效地听取国际智者的忠告和警告，也没能很好地吸取国际城镇规划建设的失败教训和成功经验；那么，三十年来自身的城镇化的结果，应该让我们懂得如何吸取全世界城市文明的智慧，来善待未来几十年的城市建设和城市文明发展的机会，毕竟中国尚有一半的人口还居住在乡村。这需要我们立足中国，放眼世界，用全人类的智慧，来寻求关于新型城镇化和生态文明的思路和对策。今天的中国比任何一个时代、任何一个国家都需要关于城市和城市的规划设计的启蒙教育；今天的中国比任何一个时代、任何一个国家都需要关于生态文明知识的普及。为此，我们策划了这套“城市与生态文明丛书”。丛书收集了国外知名学者及从业者对城市建设的审视、反思与建议。正可谓“以铜为鉴，可以正衣冠；以史为鉴，可以知兴替；以人为鉴，可以明得失”，丛书中有外国学者评论中国城市发展的“铜镜”，可借以正己之衣冠；有跨越历史长河的城市文明兴衰的复演过程，可借以知己之兴替；更有处于不同文化、地域背景下各国城市发展的“他城之鉴”，可借以明己之得失。丛书中涉及的古今城市有四十多个，跨越了欧洲、非洲、亚洲、大洋洲、北美洲和南美洲。

作为这套丛书的编者，我们希望为读者呈现跨尺度、跨学科、跨时空、跨理论与实践之界的思想盛宴：其中既有探讨某一特定城市空间类型的著作，展现其在健康社区构建过程中的作用，亦有全方位探究城市空间的著作，阐述从教育、娱乐到交通空间对城市形象塑造的意义；既有旅行笔记和随感，揭示人与其建造环境间的相互作用，亦有以基础设施建设的技术革新为主题的专著，揭示技术对城市环境改善的作用；既有关注历史特定时期城市变革的作品，探讨特定阶段社会文化与城市革新之间的关系，亦有纵观千年文明兴衰的作品，探讨环境与自然资产如何决定文明的生命跨度；既有关于城市规划思想的系统论述和批判性著作，亦有关于城市设计实践及理论研究丰富遗产的集大成者。

正如我们对中国传统的“精英文化”所应采取的批判态度一样，对于这套汇集了全球当代“精英思想”的城市与生态文明丛书，我们也不应该全盘接受，而应该根据当代社会的发展和中国独特的国情，进行鉴别和扬弃。当然，这种扬弃绝不应该是短视的实用主义的，而应该在全面把握世界城市及文明发展规律，深刻而系统地理解中国自己国情的基础上进行，而这本身要求我们对这套丛书的全面阅读和深刻理解，否则，所谓“中国国情”与“中国特色”，就会成为我们排斥普适价值观和城市发展普遍规律的傲慢的借口，在这方面，过去的我们已经有过太多的教训。

城市是我们共同的家园，城市的规划和设计决定着我们的生活方式；城市既是设计师的，也是城市建设决策者的，更是每个现在的或未来的居民的。我们希望借此丛书为设计行业的学者与从业者，同时也是为城市建设的决策者和广大民众，提供一个多视角、跨学科的思考平台，促进我国的城市规划设计与城市文明（特别是城市生态文明）的建设。

俞孔坚
北京大学建筑与景观设计学院教授
美国艺术与科学院院士

目　录

致　谢 …… 1

第一章　公民实用主义与美国环境革新 …… 1
第二章　自然课、乡村进步主义与神圣的土地：利伯蒂·海德·贝利被遗忘的贡献 …… 15
第三章　刘易斯·芒福德的实用主义自然资源保护论 …… 47
第四章　荒野与“明智的地方”：本顿·麦克凯耶的阿巴拉契亚小径 …… 75
第五章　奥尔多·利奥波德、土地健康与公共利益 …… 105
第六章　今天的第三条道路：自然系统农业与新城市主义 …… 138
第七章　结论：作为公民哲学的环境伦理 …… 168

注　释 …… 176
参考文献 …… 211
索　引 …… 232

致 谢

我谨在此向巴利·博兹曼、吉姆·柯林斯、简·迪扎德、安德鲁·赖特、多恩·洛布、鲍勃·曼宁、柯特·迈因、布莱恩·诺顿、菲利普·保利、鲍勃·派珀曼·泰勒、斯蒂夫·派恩以及保罗·汤普森等人表示衷心感谢——从本书思想初显雏形到最后付梓，感谢上述每一位在本书撰写期间提供了有益建议和热情鼓励。我还要诚挚感谢麻省理工学院出版社的三位匿名评审对本书提出的宝贵修改建议，他们在本书草成阶段提出许多极富洞见的批评，令我受益匪浅。本书呈现出的所有优点都仰仗各位的帮助，而所有未尽如人意之处则无疑源于本人能力的不足。麻省理工学院出版社的克雷·摩根始终热情地支持本书的出版，我在此对他的出色建议和持续引导表示由衷感激。我还要向莫特·蒙克以及简·梅恩斯坦表达谢意，两位都来自亚利桑那州立大学的生命科学学院，他们向我提供了亟需的研究时间，以最终完成本书。最后，我要感谢我的妻子伊丽莎白·柯利，她坚持不懈地支持我的写作，在撰写本书的整个过程中为我承担了许多，对此我深表感谢和钦佩。

这里要说明的是，本书中的两个章节曾经出版过。第三章中的内容曾经以《作为实用自然资源保护主义的区域规划》为题发表，被收录在我与罗伯特·曼宁编著的《重建自然资源保护：找到共同点》(Washington，DC：Island Press，2003，pp. 93—113）之中。而第四章内容的雏形也曾经以《荒野与明智地方：本顿·麦克凯耶的实用主义观念》为题，发表在《哲学与地理》(vol. 4，2001，pp. 187—204）中。这部分内容经过大幅修改和扩充，最终成为本书的结论，在此我非常感谢出版商允许我将这些材料纳入本书。最后，我要特别感谢达特茅斯大学的特辑图书馆允许我使用麦克凯耶文集；以及威斯康星麦迪逊大学图书馆允许我从《奥尔多·利奥波德文集》中获取原始资料，这些都对我的写作给予了巨大的支持。

viii

当一种思维方式深深根植于土壤，体现出人类的本能甚至是人类的典型错误时，它就拥有了独立于真实之外的价值；它就组成了人类生活的一个阶段，并且能够有力影响它所扮演的思想戏剧。

——乔治·桑塔耶拿

如果不是被还未开发的森林和草地环绕着，我们的乡村生活将会停滞下来。

——亨利·戴维·梭罗

第一章　公民实用主义与美国环境革新

环境保护主义忽视的“第三条道路”

美国环境保护主义传统常常被描述为在截然相反的两种道德视角之间撕扯。一方面，人类中心主义带有透过人类利益的视角看待环境问题的倾向（通常注重经济利益的得失）。另一种则为生态中心主义，坚守自然固有和内在的价值——尤其是在野生物种和生态系统方面。在老生常谈的浅层生态主义（或者改良生态主义）与深层生态主义激进的世界观差异中，这种道德分裂表现得尤为明显。深层生态主义认为，浅层生态主义只对生态问题提供了改良方案，其弊病在于政策施行上的零敲碎打，以及将注意力肤浅地集中在促进人类健康和环境便利上。深层生态主义则提出一种大胆的物种平等主义观点，严厉批判现代的高科技工业社会，并在生物中心和生态中心原则基础上制定了意义深远的环境政策日程表。[1]

对美国环境思想发展的历史叙述势必会增强一种双重理解。例如，提及美国环保主义道德基础的断裂，历史学家和哲学家经常会回溯20世纪初期约塞米蒂国家公园的赫奇赫奇峡谷在建设大坝时，约翰·缪尔与吉福德·平肖之间的对决。在这场论战的传统版本中，缪尔（美国环保组织塞拉俱乐部的创始人和历史上最伟大的自然保护主义者之一）狂热赞美荒野自然在精神上和审美上的特质，并且竭尽全力，采取各种手段保护赫奇赫奇峡谷免遭大坝建造者的破坏，此举被后来的环保主义者视为英雄行径。而更加注重实用的美国国家林业局局长吉福德·平肖由于坚决拥护合理有效地利用自然资源，在这场道德剧中被涂抹为反自然主义者，扮演支持发展的恶人，为修建大坝辩护，他的行为被视为只知“最大化利用”自然资源却不考虑自然景观的非物资价值。[2]缪尔和平肖就该不该建造赫奇赫奇大坝争吵不休，学者们后来对这场论战的解释进一步坐实了环保主义二元论的不名誉形象：自然资源保护主义（即对于自然资源的明智或者可持续的开发和利用）与环境保存主义（有时也被简单地称为“环境保护主义”，决心保护自然生态系统免遭人类开发利用的侮辱）之间的意见分野。

这种二元论的描述抓住了贯穿整个美国环境思想发展和政策革新全过程的真正冲突，我认为人类中心主义对抗生态中心主义的构架，尤其以多种教条的变化形式，过于简化了事实上复杂且含义丰富的道德传统，这种道德传统并非前人已知并希望我们相信的那样简单。实际上，在思考环境规范和环境政治问题时，这种非黑即白的极端论述尤其妨碍人们形成更加温和且具有哲学思辨性的多元方法，即在“人类优先！”和“自然优先！”两个激情四射的阵营之外，给出更具实用性的选择。

在本书中，我试图重建美国环境保护主义思想蓝图中丢失的实用主义方法，或者称为第三条道路传统——一种几乎被人类中心主义—生态中心主义过度发展的传奇完全埋没的哲学方法。我认为，这第三条可以选择的道路传统是20世纪前半叶一小群自然资源保护主义者和环境规划师取得的最强有力的进步。他们包括利伯蒂·海德·贝利，一位园艺学家和乡村改良者，在西奥多·罗斯福的环境保护运动中主要负责解读农业问题；刘易斯·芒福德，城市理论家和文化批评家，更是一位区域规划思想家，在两次世界大战之间活跃在美国区域规划协会中；本顿·麦克凯耶，林业专家、环保主义者（也是芒福德在美国区域规划协会的同事），于20世纪20年代提议建设“阿巴拉契亚小径”；最后是林务官、哲学家奥尔多·利奥波德，写就了经典的环境保护作品《沙乡年鉴》。[3]

在这群人中，只有利奥波德常在当代环境问题讨论中被提及。利奥波德由于向我们提供了新的土地伦理而被奉为圣人，这种自然世界的导向通常表现为在缪尔古老的生态中心环保主义（更准确地说是生物中心主义）基础上融合了20世纪中叶群落生态学更加成熟的科学视野（与少许平肖式的管理实用性）。利奥波德的土地伦理关乎非人类自然界的权利和爱，于20世纪60年代和70年代被环保主义者、环境保护专业人员和学术界发现后，立即成为他们信仰的道德宣言。今天，土地伦理（以及提出这一理论的《沙乡年鉴》）成为环境保护人士广泛遵循的《圣经》。

我将在本书中挑战对已知环保传统的理解，从不同角度阐述利奥波德观点的重要意义，同时也将分析贝利、芒福德和麦克凯耶等不应被忽视的重要环保主义思想家的理论，他们理应得到更多的重视。重点阐述这些并不为人熟知的思想家的好处之一，在于为环境保护主义思想史引入了人类与自然关系中可供选择的其他景观、理想和模式。传统上，对美国环境保护主义根源的历史研究和哲学研究一直沉迷于平肖等自然资源保护者以及缪尔和利奥波德等热衷保存野生世界的偶像级人物的思想。因此，我们几乎从未听到诸如贝利对乡村和土地问题的见解等其他声音，也就不足为奇。同样，芒福德和麦克凯耶的区域规划传统也并未被划入自然资源保护主义和环境保护主义的历史和哲学研究范围之内。[4]我认为这是不幸的损失，尤其考虑到在20世纪初期美国环境保护主义改良发展的宏大背景下，这些人物提出的线索其实意义十分重大。

3

虽然我在本书中分章节进行了详细阐述，但是环保思想的第三条道路传统的显著特点之一在于它支持环境价值和行动的多元化范式，既包含对自然的谨慎利用，也容纳对自然的保存，而并非要求我们必须在这些承诺中做出非黑即白的选择。[5]这是一种全新的思考方式，换句话说，它接受经验的内在价值和工具性价值的相互渗透，承认在环境思想和实践中方法与目的的基本连贯。就其本身而论，作为环保主义一条线索的第三条道路传统，无法被准确地定义为严格的人类中心主义或者生态中心主义。实际上，它融合了上述两种思想的重要部分，以带来更加全面、均衡和实用的人类环保实践。

而且，这种环保思想务实的一面认为人类完全嵌入自然系统之中。然而，这一认知并未得出人类因此完全屈服于自然的结论，也不意味着人类在将自己的意志强加给自然时无须设立道德界限。正相反，第三条道路倡议更加宽广和综合的前景，其中人类的理想和利益（包括经济利益，同时也包括其他非物质的社会、文化和政治价值）被理解为滋生于自然和人造的环境之中，通过深思熟虑且广泛的区域规划和环境保护努力获得并得到促进。虽然尊重荒野地理及其价值，第三条道路传统也代表了从环保主义纯粹的保存主义形式中的后撤，致力于使科技企业呈现适应生态环境的良性发展形式，支持景观上的可持续群落发展。

最重要的是，贝利、芒福德、麦克凯耶和利奥波德的哲学思想形成了环境保护思想中基于政治基础上的公民精神传统。我认为，上述这些思想家对20世纪前半叶美国政治文化的健康发展，以及在应对工业化和城市化进程中的公民能力深感忧虑。虽然他们（尤其是贝利和利奥波德）常常忙于呈现我们与自然关系中的道德特质（有些情况下甚至被进一步阐述为对环境固有价值的一种承诺），但是他们也认为，在美国社会和政治发展的批判和转型中，公民对自然的态度是可以借助的实用主义工具。他们致力于土地保护以及地区和荒野规划，此举同时也在宣扬环保思想的价值，尤其倡导追求“平衡”或者“健康”的景观规划理想，推进重要的公共责任，因为它是现代民主社群内美好生活的重要组成部分。贝利、芒福德、麦克凯耶和利奥波德致力推动的环境改良不再狭隘地局限于转变个人的环境意识（似乎是今天许多生态中心主义者追求的目标），而是展现出更加具有雄心壮志的道德和政治图景，并被视为推进公民重建和社会改良的有力工具。

回归实用主义

在阐述这一被忽略的环境思想传统过程中，我会引用一些经典的美国哲学思想，尤其是来自约翰·杜威的思想，还有少部分乔赛亚·罗伊斯的理论。正如我在上文曾经提及，在下文也将进一步详尽阐述的那样，我认为环境思想中这第三条道路传统呈现出许多实用主义哲学思想的印记。在有些情况下，我认为实用主义哲学对其产生了直接而明显的影响；而在另一些情况下，实用主义的影响则较为间接含蓄，但仍然是可以察觉的，并且十分耐人寻味。鉴于我在考察这条环保主义可选道路中发现实用主义发挥了如此重要的作用，我有必要在进一步阐述之前就其多说几句。

20世纪40年代前，实用主义思潮的影响在美国哲学界已经严重衰落（部分原因来自逻辑实证主义的兴起），但是在近几十年来，实用主义经历了某种学术复兴，这要归功于一群立场鲜明的“新实用主义”哲学家的努力，其中包括理查德·罗蒂、理查德·伯恩斯坦、希拉里·普特南和尤尔根·哈贝马斯等人。他们还影响了这一时期其他学术领域的发展，包括文学、电影和文化批评[6]、法律[7]以及政治理论[8]等。实用主义甚至一度回归公众视野（杜威毕竟是那个时代最典型的公共哲学家），我们至少可以将公众热情地接受了路易斯·梅南德的普利策奖获奖作品（描绘实用主义者的历史传记《哲学俱乐部》[9]）视为一种迹象。

一个能够同时广泛地包含查尔斯·桑德斯·皮尔斯、威拉德·冯·奥曼·奎因、理查德·罗蒂和康奈尔·韦斯特等诸多立场并不一致的思想家的哲学流派，或许会抗拒任何对其进行简单定义的尝试。但是，我们仍然可以将实用主义视为拥有一套核心方法论和规范承诺的哲学流派。[10]

或许实用主义最显著的特点便是它的工具主义特质以及它对于实践领域的强调和重视（相对于理想范畴而言）。实用主义并非一种镜像哲学，寻求反映存在于人类文明之外的思想，也不试图对自然界进行客观和先验的理解。它更像是一种活跃的、构建性的（或者重建性的）哲学，从实践经验中得来，在个人和群体面对问题时，学习自己（及他人）的价值和信仰，调整并逐步提高和改进自然环境和人造环境中形成的哲学。意译伊恩·哈金的话来说，实用主义反映出的画面不是哲学家的扶手椅，而是手艺人的工作台。理想、价值和道德准则并非抽象物；它们是社会实验的工具，目标在于改善人类的生存条件，增强我们的文明对于环境的适应性。此外，实用主义对工具性行动和社会实践的强调暗示着，对景观实施的自省的、计划完善的人类活动可以萌生新的知识和新的价值。这些人类活动的确具有扩展人类经验、缔造文化智慧的潜力，可以提升我们实现有价值的社会目标的能力，同时还可以加深我们对于自然环境和人造环境的感激之情。

实用主义的另一个显著特征是接受多元主义的前提（即使不是发自真心的主动拥护），即承认每个个体所处的形势都不同，每个个体都被迥异的传统和经验所塑造。因此对于大部分实用主义者来说，任何对于普世或者简单的“善”的要求都是虚无缥缈的。这种对于多元主义的承认（既包括形而上层面的多元化，也包括道德层面的多元化）反过来促进我们了解信仰和道德承诺的不可靠。这就要求我们在遇到他人表达不同观点时，能够持有做出改变和修正的开放态度，能够接受新的证据和深入的探讨可能会证明我们的信仰是错误的，我们的价值观欠缺考虑或者具有无法接受的含义的可能性。[11]就环境问题而言，日益增长的社会科学研究群体对公众舆论的研究表明，公民的环境道德立场范围宽泛，既包括人类中心主义立场，也包括生态中心主义立场。[12]基于这一现状，我们应当寻求一种最终的普世伦理原则（或者甚至是一小套终极原则）来应对如今问题百出的环境形势，这种论调对于实用主义者来说无疑是误入歧途。这样的观点不仅将真正的道德多样性推到一边，置之不理，而且也没有意识到价值能够而且会在对环境问题和环境政策的公共讨论与商议中发生变化。[13]

实用主义方法的第三个核心成分是经验在所有类型的认知和评估中的中心地位。对于实用主义者而言，人类与社会环境和自然环境的交互是知识和价值的最终来源，直接经验的持续进程是道德和政治导向唯一的权威来源。换句话说，经验起到独一无二的管理调节作用。而且由于所有价值和知识都来源于这一交互过程，实用主义者认为严格区分方式和目标、工具价值和固有价值的做法毫无意义。经验的基本持续性同时也引领实用主义者抛弃了事实与价值之间的两分法，却并非通过简单地将价值表达瓦解为事实陈述来实现。相反，实用主义者认为人类经验的事实为善或者正确（或为恶或者错误）的道德要求提供了经验的支持或者证据，而这些证据总能在增加的经验面前被推翻。[14]实用主义者再次跟随这种思维方式，指出文化从根本上就与周边的环境紧密缠绕在一起。环境价值经过经验变为人类的价值；它们是人类和自然在特殊的社会状况和环境物理背景下相互作用的产物。[15]我认为这种实用主义的经验概念贯穿着本书讨论的第三条环境思想道路传统的始终。

最后，实用主义高度重视社群的认知价值、道德价值和政治价值。[16] 7 因此查尔斯·桑德斯·皮尔斯和约翰·杜威等实用主义者顺理成章地支持社群的概念，因为他们相信社群能够提供一套制度，可以解决复杂的科学和社会问题。他们相信，“调查者”（可能是专家，也可能是普通公民，或者既包括专家，也包括普通公民）通过广泛多样的通力合作，能够更好地辨别事实，构建解决问题的方法，根除造成严重后果的重大错误，相较而言，全凭自己做出判断并且背负奇特视角和偏见带来的负担的个体，效率则逊色得多。杜威认为，协作调查的理想图景需通过他称为“社会智慧”的方法来实现。[17]协作调查的过程成功位列科技行业的调查方法之后，在杜威的论著中与民主的政治文化紧密相连。民主的社会秩序以开放、包容以及自由表达等为特点，将会容许社会智慧最高效地发挥功用；也就是说，民主的社会秩序会为自由和协作的调查，以及集思广益地搜集社会问题的解决方案提供便利。[18]

实用主义者对于社群的理解不仅仅限于纯粹的认知价值方面（对传统上更趋于社会性和政治性的思想家而言更是如此，例如杜威）。实用主义还是一个核心的道德概念，具体体现为个体在集体经验中获得的社群和社会理想促进了共有价值的发展，推动群体事务朝向当地做出的共同利益定义方向发展。社群反过来也为个体提供了重要的社会和教育环境，帮助个体达到完全的成熟和繁盛——既作为个体，也作为民主公民。在杜威的实用主义观点中，民主正有赖于这种社会和道德相互交融的图景。而且杜威相信，这一图景在猖獗的市场化个人主义时代是最有力的抵御方式。

举例来说，在《公众及其问题》一书中，杜威号召复兴众人参与的、面对面的政治，倡议更新对于公共利益的理解。他哀叹道，这些价值已经被缺乏计划的个人主义和过度物质化的个人主义文化所腐蚀。读者将在后面的章节中读到，提倡第三条环境保护思想道路的思想家与杜威一样，对于社群生活面临不断增长的威胁以及现代美国公共利益受到 8 的腐蚀，感到十分忧虑。虽然他们的观点各有不同，但我相信贝利、芒福德、麦克凯耶和利奥波德对于如下目标绝对是一致的：那就是希望有抱负的环境改良能够给社群再次注入活力，能够增强公民在建设健康景观和有活力的社会生活中承担集体责任的意识。

如同在其他学术圈一样，实用主义近期在环境研究的许多领域浮出水面，包括环境哲学[19]、环境法律[20]、环境经济[21]以及环境政策和环境管理[22]。尽管我将在本书中具体涉及几个引起环境哲学家关注的主题和疑问，但是我在这里的讨论要广泛得多。我试图展现一种被称为“公民实用主义”（以强调工具性的行动和经验，对价值多元化的重新认知，以及注重复兴社群和文化事务为特征）的强烈趋势，它贯穿了美国的环境传统。而且，我还希望解释第三条道路传统如何与持续至今的某些环境改良努力产生了共鸣，包括那些对美国环境思想的实用主义影响进行更宽广的文化视角解读的运动。

最后，我提议在构建更加平衡、更具适应性的环境文化过程中，公民实用主义方法应当占有一席之地。换句话说，总体上而言，我对实用主义的讨论并不涉及知识和价值的技术问题或者具体问题，而它们一直在环境哲学领域占据着主要的位置。[23]确切地说，我试图使读者理解贝利、芒福德、麦克凯耶和利奥波德如何提供了一种可选择的环境保护主义理论——一种总体上属于人本主义传统（但并非狭义的功利主义），关注自然的美丽及其非市场性价值，同时反对生态中心主义的教条理论——转变了我们对于环境价值和其他道德及政治承诺之间关系的理解。

本书计划

本书试图通过探索上文介绍的四位环境改良者的作品，揭示环境思 9 想和实践中的公民实用主义传统。这四位思想家是利伯蒂·海德·贝利、刘易斯·芒福德、本顿·麦克凯耶和奥尔多·利奥波德。接下来，通过深入研究两场重要且持续至今的土地保护和规划改良运动，我将探讨环境思想的第三条道路传统如何在今天的景观上发挥了作用，这两场运动是实用主义环保思想传统的反映和延展。在本书的最后，我将提出一些简短的反思，请读者关注环保主义思想的第三条道路传统如何向目前学术界某些高谈人类与环境之间关系的道德品质（即环境伦理）的假设和主要研究问题发出挑战。

我将在第二章介绍利伯蒂·海德·贝利的作品；贝利是一位园艺学家、农业管理人员和乡村改良者，一位在进步主义时期的乡村生活委员会中起到重要作用的人物。乡村生活委员会在西奥多·罗斯福总统的倡议下设立，试图将环境保护思想的精髓注入农业领域和乡村地带。贝利注重儿童时期的自然学习，强调身临其境的环境教育活动能带来改良性的效果，例如将种植并且照料学校花园融入改良美国乡村生活的尝试中，从而对使高度工业化和城市化的国家里的乡村环境和文化变得富有吸引力和有价值做出了重要贡献。我认为，贝利的教育目标与实用主义哲学家和教育改良家约翰·杜威的目标完全一致；众所周知，杜威大力推崇以儿童为中心的活跃学习，而贝利在著作中阐述的教育在塑造民主公民过程中发挥的重要作用也是杜威观点的回响。与杜威一样，贝利认为教育（在他的书中即为对自然的学习和研究）是培育更具公共意识和公民思维的个体的重要方法。贝利同时也希望通过儿时的自然教育，向新一代乡村居民注入对自然和农场景观的热爱，使他们能够安守在乡村，从而阻止20世纪早期乡村人口汹涌拥入城市的趋势。

在19世纪和20世纪之交直至第一次世界大战爆发之间，贝利撰写了一系列环境主题的论著，他阐述了一种环境伦理，在阐明土地固有内在价值（“神圣的土地”）的同时，也表达出传统的自然资源保护主义对于资源的可持续性和未来世代幸福健康的忧虑。因此，贝利的环保主义理论是道德层面上的多元主义理论——既包含了自然的固有内在价值，又容纳了其工具属性——并且基于更加宽广的实用主义教育哲学以及 10 乡村改良和复兴公民价值的政治目标之上。虽然贝利对环境思想以及环保主义的历史发展做出了重大贡献，但是他在当代环境保护研究和环保实践者群体中的知名度却相当低。然而，贝利的影响或许在今天的一些环保改良运动中仍有所体现，包括可持续的农业发展改良以及在公共和私人的土地保护项目管理中促进总体的道德规范等。

在第三章中，我将分析刘易斯·芒福德在两次世界大战之间的作品，以继续阐述第三条环保道路传统。与贝利一样，芒福德也很少出现在环保主义者的讨论中，不过城市规划专家和技术史学家对他非常熟悉。本章的讨论主要关注芒福德的区域规划理论以及20世纪20年代和30年代初期他在美国区域规划协会中发挥的作用。我试图展现芒福德区域规划项目的一个重要组成部分在于，他努力拓宽美国环境保护主义的视野，使其不仅集中在单一的资源层面上，而且聚焦在地区层面上，加强环境保护的哲学基础并使其多样化，诉诸深层次的文化和政治价值，从而跳出功利主义的狭隘定义。

虽然芒福德在他的文化批评经典著作《黄金岁月》[24]中对实用主义做出了坦率的批评，而且在20世纪20年代末期的《新共和》杂志中与约翰·杜威大摆擂台，我认为芒福德的区域规划方法从总体上而言依然是实用主义的，他甚至在阐述区域规划进程阶段时清晰地表达出事实上杜威对“社会智慧”的理解。而且，借助贝利倡议自然学习的努力，芒福德将其环境项目（区域规划）与更宽广的公民发展日程联系起来。他相信，参与区域调研的公民将会从中获取他们生活的社区和周边环境的生物物理学和文化学知识，同时还能够塑造共同的政治认知，培育更宽泛的 11 公民自豪感。因此，芒福德对于区域调研的参与性和民主性视野是与杜威的实用主义吻合的另一点表现，尤其与杜威在《公众及其问题》等著作中表达的政治观点一致。

最后，芒福德在这段时期的论著中传达了我们可以视为更宽广的人本主义环境伦理（虽然包含了可察觉的有机主义观点，即非人类中心主义的元素），我认为芒福德的区域主义的重要思想意义在于它是环保主义更广泛的文化形式，围绕着自然价值和人类社群产生的一系列政治和美学疑虑以及伦理问题提出自己的看法。

芒福德的朋友，同为区域主义同盟者的本顿·麦克凯耶是第四章主要论述的人物。麦克凯耶在哈佛大学接受教育并成为林务官，他在两次世界大战间歇期的活动跨越环境保护和环境规划两个领域，既是一位对荒野充满奇思妙想的实用主义哲学家，又是一位有思想、高效率的地区规划倡议者。麦克凯耶的所有热情最终都汇聚在最重要的环境传奇中——阿巴拉契亚小径，一条2 100英里长的休闲步行小径，沿着阿巴拉契亚山脉从缅因州绵延至佐治亚州。我将在第四章阐述麦克凯耶设立阿巴拉契亚小径的最初理由，即将其作为实现阿巴拉契亚地区社会改良和政治改良的工具，增强地区"固有的"的力量，对抗大都市化的物质和文化影响。麦克凯耶的这种思想体现出美国哲学家乔赛亚·罗伊斯的社会哲学的影响，而罗伊斯正是麦克凯耶在哈佛大学就读时的老师之一。除此之外，麦克凯耶对于阿巴拉契亚小径的改良希望还诉诸美国思想史传统的几个古老源泉，包括转向大自然求得社会和经济问题清晰视野的梭罗式思想，以及倾听美国革命时代遥远回声的地区政治建设。

与芒福德一样，麦克凯耶对于自然的伦理方向从总体上而言也是人本主义的。麦克凯耶认为，环境的价值与在自然中获得以人类为尺度的均衡社群生活的真正（"固有"）的当地社群内在价值紧密联系。除此之外，麦克凯耶对荒野保护的文化维度及对维护蛮荒之地重要的公共和社群传统的重视，使他成为一位反思伟大的原始性与当代之间关系的思想家，尤其是最近十年间在学者和环保倡导者关于荒野的争论中被屡次提及。[25]麦克凯耶试图将我们今天所称的社区规划或者农村发展问题与美国荒野保护结合起来，至今仍堪称对环境保护和环境思想史的独特贡献。麦克凯耶的努力做出了很好的范例——或许是有些生态中心环保主义者早已遗忘的范例，即对人类社群公民健康的非常关注并不意味着忽视野生世界的完整性（反之亦然）。

12

在第五章中，我将考察奥尔多·利奥波德的著作及其思想，他是麦克凯耶保护荒野运动的同伴，同时也被公认为环境伦理之父。利奥波德在环境研究领域的地位相当稳固。《沙乡年鉴》激励了一代代读者，是利奥波德对环保主义规范做出的巨大贡献。与贝利、芒福德和麦克凯耶不同，对于继承了利奥波德遗产的当代环保主义者来说，挑战当然不在于已经建立了的关联。恰恰相反，挑战在于：剩下还有什么可以说的呢？

在环境伦理和环境保护史中，利奥波德已经大规模催生了真正的家庭手工业；自20世纪70年代初，《沙乡年鉴》及其哲学精粹《土地伦理》就在环境伦理的讨论和争辩中占据了重要地位。事实上，不论将利奥波德誉为非人类中心主义者还是环保人道主义者的努力，这在许多方面都已然成为一场为环境伦理的灵魂以及环境政策、规划和管理的道德基础而进行的论争。

在第五章中，我将以与前人研究略微不同的方法来分析利奥波德的思想。我并未仅仅聚焦于较为思辨的人类中心主义对抗生态中心主义的争论中，或者利奥波德对于“道德考量”的立场问题上，而是将他看作今天的公共知识分子和改良者面对公共利益核心规范的政治问题时应怎样应对的人物。我认为对于利奥波德而言，其关于土地健康不断发展的观念成为公共利益的实质定义；我们可以将他在《沙乡年鉴》等作品中对于自然固有价值的认可视为(至少可以部分视为)一种实用主义方法，意图以此激励土地所有者和广大公民参与积极的环境保护运动，促进土地的健康发展，从而反过来缔造许多有价值的文化、审美和经济利益。

我还认为，土地健康的观念发挥了补充性实用主义的作用，尤其体现在利奥波德作品中的杜威哲学目的。它提供了一种方式，使迥然相异的公众可以在物种多样的富饶土地上寻求共同利益及其支持的公民价值，这是在公认的政治共同体中采取智慧的社会行动必备的工具性先决条件。我认为，利奥波德凭借修辞学上的努力，革新了美国物质文明和技术发展的传统观念，此举进一步验证了其公共思想家称谓的名副其实。利奥波德一直推崇一种观点：真正的公共利益应当维护自然的文化价值和审美价值，而不是表现为贪婪的个人主义、一味的商业振兴以及以消费土地健康为代价的越来越多的小玩意儿和技术设施的堆积。

在贝利、芒福德、麦克凯耶以及利奥波德的第三条环保道路传统的基础上，我将在第六章转向讨论当代实践，主要集中在两项土地使用改良的重要尝试上：“自然系统农业”和“新城市主义运动”。我认为，这两项实践运动都阐释并进一步发展了我在之前章节中构建的公民实用主义环保传统。位于堪萨斯州萨莱纳的土地研究所的韦斯·杰克逊及其同事已经从事自然系统农业推广近三十年的时间，这是一种取代化工密集型和能源密集型工业化农业，更加可持续发展且更加生态的环保选择。我考察了杰克逊项目中模仿野生生态系统的新农业范例的主要特色和道德根据。我认为杰克逊理论的基本原理从内容上讲既是人类中心主义的，又是非人类中心主义的。而且与前面章节中提及的四位历史性环保思想家一样，杰克逊的农业视野也与范围更宽广的社会改良日程紧密相连，而这场社会改良试图从市场和消费冲动导致的道德沦丧、社会原子论和生态环境的毁灭中保存美国的公共传统和民主价值。

14

在第六章的后半部分中，我分析了新城市主义交织缠绕的环境哲学和社会哲学，这是一场主要由建筑师和城市规划师推动的运动，旨在寻求方法修补郊区蔓延带来的环境、心理、社会和公民方面的负面影响。我认为，新城市主义宪章及其整体设计哲学呈现为环境和社会目标的有趣集合，而且新城市主义同时也以其多元价值、策略和概念上的包容性以及对社区建设和以人类为尺度的环境重建的关注，发扬光大了具有实用主义精神的第三条环保道路传统，以在日益发展的城市环境中实现更加全面和活跃的公民生活。

我在最后一章中简要总结了本书的主题，并且讨论了第三条道路传统如何提供了一条与当下大部分环境伦理著述不同的道路，而环境伦理是负责解释和发展今天环保主义道德话语的领域。我倡议重新思考环境伦理的任务，并支持采取更加公民化的环境伦理，既与本书探索的第三条道路传统相符合，又与日益蓬勃的公民导向的美国环保运动相适应。

本书标题中的“景观”一词既是比喻性的词语，又是约定俗成的词语。一方面，它是由主张第三条环保道路传统的思想家导航的知识领域，而我将在接下来的章节中探讨他们的作品和思想。另一方面，它同时指代实体的景观本身，除了作为道德关注的对象以及过去与现在环保主义与区域规划努力的载体，景观在可选择的第三条道路传统语境中，还作为批判社会和政治实践的工具，以及在民主社群内为美好生活提供可选视野的方式。

事实上，我刻意选择了“景观”这一词汇（而没有选择在环保主义者的讨论中更常被广泛提及的“自然”一词）。约翰·布林克霍夫·杰克逊曾经指出，“景观”是一个语义内涵丰富、容易引起共鸣的词汇，是一个“不仅强调了我们的身份和存在，而且强调了我们的历史”的词汇。[26]的确如此，“景观”一词涵盖了更加丰厚的环境文化理解，将社会利益和经验全部压缩其中。因此我认为，“景观”一词还代表了自然对于有责任的人类能动性的含蓄接纳，而非对于人类的意志和活动的完全漠视，代表了在更加热情的生态中心环保主义中十分普遍的驱动力。带着这一主题，我将以西蒙·沙玛的话*来结束我的介绍，而且这段话也非常适合作为接下来一章的序言：

> 从城市公园到登山远足处，我们所有的景观都牢牢地打上了顽强、无法逃脱的迷恋烙印。因此我认为，严肃对待环境的一些弊病，并不意味着我们必须将文化遗产或其后代折旧卖掉。它只是要求我们看清事情原本的样子：不是对自然的否认和拒绝，而是对自然的尊敬和崇拜。[27]

* 出自其引人入胜的著作《风景与记忆》，中文版将“landscape”译作“风景”而非景观。——编注

第二章　自然课、乡村进步主义与神圣的土地：利伯蒂·海德·贝利被遗忘的贡献

身为园艺学家、农业管理人员、教育理论家、环保主义者以及乡村改良者的小利伯蒂·海德·贝利，在美国环境保护史和环境伦理发展史上占据了重要却不太为人知的位置。[1]贝利的贡献被公认为难以依靠任何快速解读来计量，因为他的思想既体现了进步主义环境保护全盛期的典型承诺，又与之相背离。举例来说，与美国环保主义运动早期其他声名显赫的领袖一样，贝利经常采用雄壮的辞藻来赞扬人类如何“征服”了大自然，以及为了人类利益应当如何有效地利用地球资源。考虑到贝利曾经加入罗斯福总统设立的乡村生活委员会，而该委员会正试图将环保日程带到乡间，贝利的如此表现就不令人惊讶了。然而，贝利还撰写了《神圣的土地》，这部著作在精神层面对大自然的价值进行了探究性的反思（正如标题暗示的那样）。[2]因此，在环保主义历史和美国景观哲学的发展中，贝利在这本书中表达的思想（及其同一时期其他著作中的思想）十分引人注目，即使他的作品还未得到环境哲学家和历史学家的认可。而且，贝利发展出一套有趣的实用主义教育和公民哲学，具体表现在他的“自然课”计划中，该计划映射并且阐释了美国哲学家和教育理论家约翰·杜威的许多创新方法。因此，贝利的作品带有实用主义与环境保护思想在早期进步主义时期彼此交融的重要印记。他也成为第三条环保道路传统的重要代表人物。

17

作为园艺学家的贝利

利伯蒂·海德·贝利出生于1858年，在美国密歇根州南黑文的乡村

地区长大，那里位于密歇根湖的东岸。成长环境中的田园风光无疑极大地影响了贝利，他很小就开始对自然历史产生了浓厚的兴趣。贝利对生物分类法尤其着迷，年少的他读到查尔斯·达尔文的《物种起源》时，完全被自然选择的理论所倾倒。十四岁那年，贝利发现了美国当时最伟大的达尔文主义者、哈佛大学的阿萨·格雷的著作——《土地、森林和花园植物》。[3]这本书占据贝利成长过程中一系列有趣事件的一环，对这位未来的科学家起到了深远的影响，成年后的贝利甚至于1895年重新编辑整理了此书。很快，年少的贝利就开始在南黑文家乡附近地域搜集和识别植物。早年阅读了重要的科学家著作，与父亲在自家苹果园中消磨的时光，以及在美国中西部地区进行植物分类的短途冒险，都为贝利注入了研究自然科学和知识的无限热情，而终其一生他也不曾丢失这一热情。实际上，作为美国早期重要的科学教育家之一，贝利还把这种热情传递给了下一代学生。[4]而且，在贝利开始忧虑无用和短视的资源开发导致的资源浪费时，尤其是对当时在美国中西部和其他地区普遍发生的随意乱伐森林的举动忧心忡忡时，这些儿时的经历在贝利的心中就涌现为环境保护思想最初的星星之火。[5]

1877年，贝利进入密歇根州立农业大学学习，这是美国最早的州立农业大学之一。在密歇根州立农业大学（后来的密歇根州立大学）就读期间，贝利跟随著名的植物学家威廉·詹姆斯·比尔学习，比尔曾经是阿萨·格雷以及哈佛大学卓越的路易斯·阿加西的学生。1882年毕业后，贝利回到了南黑文，并在家乡思索接下来的人生何以为继。由于对新闻报道一直非常感兴趣，他在伊利诺伊州斯普林菲尔德的一家报社谋得了一份记者的工作。贝利开始适应他的新职业，并且通过极佳的文笔迅速提升了所在报社的等级。当他意外地——后来证明也是幸运地——收到比尔的来信时，他即将升任本地新闻部的编辑主任。比尔在信中提及，英国皇家植物园赠送给哈佛植物标本馆一大批植物，著名的阿萨·格雷正在寻找一位助手，协助他对这些植物进行分类。为此，格雷请比尔推荐一位“生来就流淌着植物学家血液”的助手，而比尔推荐贝利来担任这一为期两年的职位。贝利愉快地接受了这份与传奇

18

的植物学家共事的工作邀请，并于1883年初搬到了马萨诸塞州的坎布里奇。[6]

抵达哈佛后，贝利在哈佛植物标本馆的主要工作就是对英国皇家植物园捐赠的植物标本进行分类，整理后将其妥善安置（一套被送往位于圣路易斯的密苏里州植物园，一套被送往位于华盛顿的美国国家博物馆）。最后，贝利卓越的工作使格雷极为满意，以至于格雷允许这位年轻的植物学家保留此次馈赠余下的复制标本。[7]对于贝利的职业发展和知识累积而言，在哈佛植物标本馆跟随格雷工作的两年极为重要。19世纪60年代初，格雷早年曾与哈佛的同事阿加西爆发了"达尔文之战"，而此时的格雷正逐步接近其漫长职业生涯的终点——成为美国顶级的植物学家，同时也是进化论最狂热的辩护者之一。[8]因此我们将会看到，贝利的环境保护哲学思想中也带有强烈的进化论视角。

1885年，贝利获得了母校密歇根州立农业大学的工作邀请，担任园艺学和景观花园学的教授。贝利接受了邀请，格雷却非常失望，他认为贝利此举是放弃了植物学研究而转投园艺学。对于格雷和当时其他植物学家而言，园艺学不过是毫不科学的装饰艺术——花匠的营生——缺乏足够严格的实验科学基础。[9]但这并没有阻止贝利的脚步，很大程度上是因为他相信沿着格雷及其同事理解的方向，园艺学终将会发展成为受人尊敬的科学。在密歇根州立农业大学工作期间，贝利凭借出色的园艺研究很快脱颖而出，尤其是他从事的水果杂交实验成果显著，他作为一名卓越且极富创造力的教师声誉日隆。1886年，密歇根州立农业大学授予贝利理科硕士学位。[10]

但是在密歇根州度过了几年后，纽约州伊萨卡的康奈尔大学向贝利伸出了橄榄枝，康奈尔大学希望聘任贝利担任实用和实验园艺学教授。在接下来的二十五年里，贝利都待在康奈尔大学，其中后十年担任农业学院的院长。在此期间，贝利成为全美领先的园艺学家和国际知名的权威园艺专家，帮助园艺学从"整饬花园"的手艺提升至建立在坚实实验植物学基础上的高度专业化的独立科学。[11]在康奈尔大学执教期间，贝利著书立说的速度几近超人，几乎平均每年都出版一本专业论著，包括

19

标志性的多卷巨著《美国农业百科全书》和《美国园艺学百科全书》，以及本章稍后将会讨论的环境保护主题方面的著述。[12]除了在大学承担行政职责并且进行学术活动之外，贝利还积极参与伊萨卡地区的城市修葺运动，就保存当地审美价值的若干问题提出了自己的建议。[13]

贝利在园艺学领域的领袖地位与其在担任康奈尔大学农业学院院长时承担的教育和行政努力相得益彰，他壮大了农业学院的机构设置，领导并协助康奈尔大学农业拓展项目的稳步发展。[14]也是在其担任康奈尔大学教授、农业学院管理者和“农业大使”期间，贝利成为美国乡村生活运动的活跃分子，最初担任《美国乡村生活》杂志的编辑，后来成为乡村生活委员会的主席。由于贝利在乡村生活委员会的活动标志着其环境哲学发展的重要环节——我的主要兴趣所在——我们在继续分析贝利这段时期的环保主义作品的哲学基础之前，需要仔细考察他这部分思想的发展历程。

乡村生活委员会

乡村生活委员会创立于1908年，是一次旨在“提升乡村”(即在高速城市化和工业化的社会中振兴农耕生活)的改良尝试，曾经短暂地为罗斯福总统环境保护运动中的土地问题提供解决方案。事实上，西奥多·罗斯福总统创立的乡村生活委员会，是一种当时已经在酝酿中的更加广泛运动的极端政治表达。乡村生活运动始于19世纪和20世纪之交，在这段史无前例的文化、社会和技术剧烈变革的时期，广泛地融合了对美国乡村的社会和经济状况感到忧心忡忡的学者、商人、政府官员、记者和乡村工作人员。尽管乡村生活运动的改良目标直指乡村地区，但是正如历史学家指出的那样，运动的主要领导者却并非由农民组成。他们是一群中产阶层知识分子(通常居住在城市)，在人口统计上与更广泛的进步主义运动相符合。这并不令人感到惊讶，因为许多与乡村生活运动联系紧密的领袖(例如西奥多·罗斯福和吉福德·平肖)的鼎鼎大名在进步主义运动圈子里都是如雷贯耳的。虽然对农村进行社会改良和制度改良的必要性基本达成了共识，但是乡村生活运动的领袖们实际上被多种目标和动机所驱动，其中有些甚至互相冲突。

举例来说，乡村生活运动的很大部分由非常典型的进步功利主义承诺所推动，包括在乡村地区实现技术扩散、科学管理以及提高效率与生产力等目标。而运动的其他部分同时也是贝利重视的部分，则关注乡村生活的知识、审美和社会特性。热衷此道的乡村生活改良家尤其将注意力集中在教育问题以及乡间社群的道德和精神环境上，包括在乡村农民间促进更加深入有效合作的必要性。我们可以看到，这种关注表现为贝利极力在小学生中推广自然课，以及致力于在乡间居民，尤其是在农民中提高环境伦理意识。

历史学家戴维·丹伯姆就进步主义时期的乡村改良撰写了颇具影响力的社会史专著，他将乡村生活运动分为几个独立的派别。[15]其中一个派别通常被称为“城市农民”，领袖人物包括贝利等较为关注乡村改良社会属性的思想家，他们对于通过复兴和梳理农业生活可感知的道德资源（比如朴素、诚实和可靠等美德）来抵抗现代工业城市的罪恶非常感兴趣——那些被视为过分复杂、毫无希望的腐败和虚伪做作的罪恶。对许多人来说（包括贝利在内），这一举动可被视为在现代工业飞速发展的时期，部分保存正在消失的杰斐逊主义（Jeffersonian）实践其乡村农业秩序理想的努力。贝利对此非常坦率，他说过：“城市仿佛寄生虫，将触角蔓延到开阔的乡村地区并将其榨干。城市吸干了所有东西——物资、金钱还有人——却只吐出它不想要的东西。”[16]

21

与此同时，如果将贝利描述为反城市主义者或者推崇农村生活的天真的乌托邦主义者，也并不准确。与其他许多乡村生活运动改良家一样，贝利也意识到美国乡村地区的确存在着社会和文化上的匮乏不足。他承认，在任何有意义且持久的乡村改良项目中，城市都不可避免地担当着重要的角色。正如他于1911年写下的如下文字：

> 乡村需要城市。不过，乡村并不需要城市人来教他们如何种地，而是需要城市人感受并且提升所有乡间生活的整体潮流。城市

人带着新奇和宏大的思想来到乡间，带着宽广的视角、敏锐的商业触觉和执行能力，带着慷慨利他之心和良好的修养，积极地接触当地事务。我们难道不应期待他总是带着同情之心？所有这些特点都将有助于乡间摆脱自满和狭隘。这样的结合或许能够造就真正的美国人。[17]

然而毫无疑问的是，贝利和其他信奉杰斐逊思想的乡村生活运动改良家都对如下的农业神话表示认同：贴近土地的生活是对公正和谐的社会和政治秩序的特别支持。根据这一观点，农民将在美国政治中起到保守且稳定的重要作用，平衡贪婪、有着强大的集团利益和焦躁不安的城市工人阶层。贝利指出，农民与其他阶层不同，他们“稳定、保守且守法，在我们的社会结构中远比我们意识到的更具控制力”。[18]看起来，社会发展的目标在于避免乡村生活和城市生活中令人不悦的纵欲无度和匮乏不足，复兴社会和环境秩序从而达成两者的最佳结合。我们将在接下来的章节中看到，这种乡村与城市的理想化结合不仅存在于贝利和许多推崇乡村生活运动的同侪脑中，也激励了刘易斯·芒福德、本顿·麦克凯耶及其同盟者等去中心化的区域规划理论家们。

除了贝利和城市农业改良者们，乡村生活运动中另一个著名的阵营

22

主要由业余和职业的社会科学家们组成，他们并不关注美德和道德层面上的正直，当然也不在意政治上的拯救，而是极度忧虑美国乡村生活令人警觉的退化——一种文化、道德和社会层面的倒退，表现为可悲的物资条件、知识匮乏、乡间隔绝以及脆弱的社会和政治制度。正如丹伯姆指出的那样，尽管彼此之间存在着认识上的差异，但是城市农业改良者和反农业主义者由于对乡村改良和社会制度的基础重建负有坚实的责任而联合在一起。[19]政府官员、乡村职员以及城市商人博采众长的组合最终完善了乡村生活运动；而城市商人则是被通过改善乡村条件实现稳定且持续产出的农业企业所吸引而加入其中。[20]

几年间，贝利在《美国乡村生活》杂志的编辑工作以及就各类乡村和农业问题发表的文章，都间接地为乡村生活运动做出了贡献。而且自

1907年始，贝利在这方面的努力变得越来越正式，而且意义越发重大。同年5月，他在农业学院实验站协会的会议上发表了主席报告，最终使他站在了乡村生活改良运动舞台的正中央。这篇题为《国家与农民》的报告（第二年该报告被扩充为同名专著出版）主要探讨通过农业学院、实验站和国家政府的共同努力，展现激活和重组乡村制度的必要性。[21]听取贝利报告的卓越听众中包括罗斯福总统，他显然对贝利的演讲留下了深刻的印象，第二年就邀请贝利出任乡村生活运动中由总统动议成立的全新委员会的主席职务。在经历了初始的犹豫后（主要由于工作日程过满以及顾虑将大学卷入总统政治的可能性），贝利接受了任命，新委员会很快就组织起来了。[22]

如同乡村生活运动本身一样，新组织的委员会成员大部分也并非农民。除了贝利之外，其他著名的委员还包括乡村社会学家肯扬·L.巴特菲尔德、进步主义杂志《世界工作》的编辑沃尔特·海恩斯·佩奇以及《沃利斯农民》杂志的编辑、中西部土地改良的领导者亨利·沃利斯。[23]出于对环保主义者的善意，委员中还吸收了美国国家林业局局长吉福德·平肖，平肖同时也是罗斯福总统在所有环保事务方面的贴身顾问。丝毫不令人感到惊奇，罗斯福总统为委员会制订了野心勃勃、大胆的三段式日程表。委员会将会评估并汇报美国乡村生活的普遍状况，确认修补当前乡村问题的最佳方案，并且在接下来将要遇到的挑战和改良中推荐“有组织持久努力”的最佳方法。[24]

1909年1月，委员会的最终报告（由贝利撰写）递交到罗斯福总统手中。在这份报告中，委员会详细列举了乡村社会的一系列缺陷和不足，某种程度上都源于乡村缺乏有效的社会和经济组织。其中包括农民对于本地区环境知识的了解极度匮乏；乡村学校缺少对于农业生活的适当教育；与成熟的商业利益相比，农民的经济实力相对较弱；乡村道路和交通体系落后；土壤退化的问题十分严重；以及当前亟需高效的乡村领导。[25]

就上述问题，委员会在报告中提出了三方面主要的应对方案。首先，委员会建议对乡村生活进行综合全面的调查和规划，才能采取有洞见、有智慧的行动以改善乡村状况。其次，委员会建议建立全国范围的协作体系，由各州农业大学承担，帮助当地乡村社群提升农耕技术知识。最后，委员会号召成立地方、各州以及全国各层级组织，就农村进步召开会议，将教育、宗教和其他乡村协会也纳入重建美国乡村生活的广阔运动中来。[26]

由于与罗斯福总统联系紧密以及委员会成员的进步主义思想背景，《乡村生活委员会报告》成为一份经典的进步主义陈述，这丝毫不令人惊奇。这份报告对20世纪早期的许多改良主义主题做出了回应。举例来说，对于科学在改善乡村生活所有方面不可限量的潜力，报告展现出近乎令人眩晕的热情。在这方面最引人注目的例证，在于委员们将对乡村状况的科学调查视为在全国范围内改善乡村生活的重要先决条件。委员会建议对全国的乡村进行全面彻底的调查，对自然条件和社会状况做出科学的编目，包括对地形、土壤、气候条件、航道和森林以及对现有交通运输和通信系统、当地工业、社会和经济总体情况、历史数据以及“群体经历”评估等进行调查研究。[27]贝利希望通过这些调查和研究后能够涌现一批“最诚挚、有能力的农场人口”，足以在重建农业生活中自然地担当起领袖的职责。[28]

24

报告中另一处重要的进步主义思想体现在委员会简要论述了重建教育体系将会在引导乡村社会和经济生活中起到核心作用。“无论在何处，教育都与生活息息相关，”报告指出，“所有困难和问题到最后都是教育的问题。”[29]委员们确信，乡村学校的课程表都应与当地普遍的农业诉求紧密联系——与农民的日常生活紧密联系。这不仅将改善和提升乡村生产的效率和技能，对于当地居民而言，还将使农业生活变得更加富有活力，更加诱人。贝利及其改良者同侪相信，改良的结果将会扼制乡村涌向城镇和城市的汹涌人潮。报告还建议，乡村学校可被用作聚集当地人群和举行公民活动的社会中心。在乡村生活改良中，贝利尤其将教育改良提升到至高无上的地位，倡议为城市和乡村的学童开设自然课，他确认此举将会为未来的乡村生活带来深远而持久的影响。我将在后文进一步深入探讨这方面的内容。

最后，报告也重申了进步主义者普遍关注的问题——在工业化高度发展的乡村建设社群精神的必要性。更大规模的社会组织和更加强韧的社群情感对于改善农民的经济状况固然很有必要，但是委员会也认为，首先需要保证乡村居民对于同伴，对于更高的社群理想以及个人领袖的精神需求得到实现。与华盛顿·格拉顿、华特·饶申布士以及其他“社会福音派”牧师的意见一致，报告号召民众从社群的利益出发信奉上帝，强调乡村教堂的社会功用，委员会认为乡村教堂在“铸就社群的道德和精神色彩”方面具有独特的能力。[30]与社会福音派改良者一样，乡村生活委员会的委员们也十分关注城市和乡村人口中持续增长的物质主义和“金钱荒”。他们警告道，知识、社会和道德理想绝不应当被经济和利益追求所掩盖。[31]

25

尽管委员会做出了巨大的努力，这份报告的前景并没有一片光明。罗斯福总统本人对这份报告相当满意，他在收到报告后，于1909年初将其寄给国会审阅，附信赞扬委员会的工作成果并强调乡村生活改良的紧迫形势。总统还请求国会提供充足的资金印刷并分发委员会报告，以向民众进行广泛宣传。然而，总统的请求被断然拒绝，委员会不得不就此停止工作。显然许多国会议员对罗斯福总统急切创办乡村生活委员会（在并未征得他们同意的情况下擅自做出的决定）依然心存怒火。对于一位即将任满离去的总统的意愿，大多数国会议员显然无意应允。[32]由于在关键的孵化期内被切断了财政和政治方面的支持，这份报告很快就无人问津。

不过从整体上而言，乡村生活运动依然取得了一些有限的成果。在某些情况下，乡村生活运动倡议者们设法在农民中推广更加现代的商业思想，促进创立有益于农民经济利益的合作社。在教育阵线上，贝利的改良在小学课程中取得了一些胜利；1914年通过的《史密斯—利弗法》通过国家赠地给大学加强了联邦政府对农业推广工作的支持力度。[33]然而除了这些亮点之外，委员会委员以及其他乡村生活思想家们预计的目标却远远不曾达到。历史学家戴维·丹伯姆将乡村生活运动的失败归咎于多种因素，包括运动倡导者的过分乐观，以及他们在理解乡村民众的价值和需求方面的基本能力不足。丹伯姆还认为，农民和乡村居民实际上十分排斥生活的改变，他们将这些改变视为城市人强加在其身上的负担，对于乡村生活改良的各项提案都反应消极。对于农民来说，这些举措不过是城市对于乡村生活和传统的入侵。[34]

26

自然课、学校花园以及约翰·杜威

贝利在乡村生活委员会之外的著述和活动也显示出，他对委员会的乡村改良日程产生了深远的影响。与此同时，委员会的报告显然没有，或许也无法捕捉到贝利本人对乡村生活的特质以及他在审美、思想和道德层面上的自然认知的许多玄妙之处。实际上，在乡村生活委员会报告出台前后，贝利将上述及相关主题的反思都投射在一系列作品中，展现出他头脑中哲学导向的土地和乡村社会更加复杂的图景。在《自然研究思想》[35]、《自然的前景》，尤其是在《神圣的土地》中，贝利表明了他对教育改良、城市修葺以及环境价值的决心和承诺，力度远远超越乡村生活委员会报告中的文字。

我将在这里集中探讨贝利的教育理念，特别是他将推广自然课和学校花园作为改良项目，以约翰·杜威大力推崇的方式融入进步主义教育改良方法的诸多元素。我将在接下来的部分考察贝利不断发展的（且在哲学上博采众长的）环境伦理思想，包括他对人类和自然关系进行持久反思的巅峰之作：《神圣的土地》。

众所周知，教育改良在乡村生活委员会为改善乡村制订的计划中占据核心位置。然而对于将提升农业效率和生产力的希望寄托在教育改良上，许多乡村生活改良者实际上心存疑虑。他们害怕这样太过理想主义，不切实际。[36]贝利个人大力拥护在乡村小学推广自然课，坚信教育能够解决所有社会弊病，并对此怀有永不放弃的信念，使他与乡村生活委员会中较为功利主义的成员格格不入。康奈尔大学的自然课运动源于大学的农业推广工作，不仅拥有贝利这样的中坚力量，更有安娜·B. 康斯托克和约翰·W. 斯宾塞等教育家。自然课运动的目标为培训乡村以及城市的小学教师如何科学有效地开设自然课，坚信此举将会培养孩子们对大自然的兴趣，训练孩子们的观察力，拓展孩子们的诗意。贝利及其同僚为此准备了一系列的教育小册子和出版物，协助教师建设小学的自然课程。[37]

贝利于1903年在《自然研究思想》一书中提及，他对自然研究的兴趣集中在其“作为改善乡村生活的一种方式”的价值上。[38]在该书中，贝利论述了自然研究、园艺研究和农业研究在改善和振兴乡村生活中如何起到了重要作用，并且举例说明：

> 耕种将人类元素融入大自然，因此会在孩童的脑海中留下十分鲜活的印象……孩子们在学校学到了许多关于城市的知识，对于农耕世界却几乎一无所知。他们应当了解如何从农民的角度看待世界。这将开阔孩子们的眼界，鼓励他们的同情心。[39]

贝利相信自然课会将学生、学校与更广泛的社群事务联系在一起，向乡村的孩子们展现农耕生活的迷人魅力，希望借此可以激励他们留在乡村，最终成为幸福且成功的乡村生产者。与此同时，贝利也期待通过自然课鼓励城市的孩子们关注身边常常被忽略的自然环境，希望城市居民能够更加理解乡村生活和农民。正如贝利所写的，自然课“将我们的思想置于每日行为的轨道中。它将教室与孩子们未来的生活紧密联系起来。它使许多平常且熟悉的事物看起来更具价值”。[40]贝利认为，学生对于“乡村的事物”发生巨大兴趣，有助于对抗乡村的自我隔离感以及乡村居民对于五光十色、充满刺激的城市生活的向往。[41]

然而，除了将乡村的年轻人留在农场的可能性之外，贝利认为自然课计划还有其他重要的意义。这项计划还是对当时普遍“枯燥无味的科学教育”[42]的一次反叛。贝利提及，自然课的大部分价值源于它无法“被缩减成一种体系，无法被剪切或者缩水，无法成为严苛的学校教育方法的一部分”。[43]作为在密歇根乡间长大的年轻人，贝利对于早年融入自然经历的价值深有体会，他深知这不仅可以养成科学观察的习惯，还能够培养对于自然景观的欣赏赞美和伦理关怀。自然课“使孩子与外部世界建立亲密且富有同情心的联系和接触”，促进了“孩子们对于每一种自然事物和现象的强烈兴趣”。[44]贝利还进一步相信，这种对于周遭大自然的热爱是现代社会美好生活的重要组成部分。贝利写道:“如果一个人想要获得幸福，他必须对许多寻常事心存同情。他必须与环境和谐共处。”[45]人类的利益与大自然的各个部分和发展前景紧密纠缠，仅仅依靠在城市工业生活中占据统治地位的纯粹功利主义方法无法获取完满的经验。贝利认为:“当生命的洪流总是与目标背道而驰时，没有人能够高效地行事；当对其生长的环境毫无同情心时，没有人能够感到愉悦和幸福。”[46]

显而易见，贝利对于自然课的理解建立在更加宽广的语意中，比仅仅着力于课程改良的人，或者意在凭此改善新一代农民的技术知识储备和经济效益的人走得更远。贝利认为，自然课的概念可以追溯至苏格拉底和亚里士多德，是一种“教育的理想”，其中自然历史的教导可以使学校和乡村生活再次充满活力。[47]曾经古老的教育理念如今转换为全新的教育哲学，贝利相信在学校展开的自然课运动将会带来教学和生活上的革新：

> 自然课并非仅仅意味着在课程表上添上一门课而已。它不是地理课、阅读课或者算术课的辅助课程，更不是一种虚饰，不是一种情绪，不是一种娱乐，不是感官的备忘录……它与小学基础教育的整个宏观理念息息相关，因此具有基础的性质。自然课充满了个性的表达……自然课运动将比近期的各项运动都更加触及大众，并且感染他们。它将会及时改变我们的思想，进而改变我们的行事方法。[48]

贝利对于自然课计划的热情，尤其是自然课聚焦于如他提及的“做与完成”[49]契合了约翰·杜威的思想；此时，杜威在进步主义时期的教育界提出了类似引人注目的观点。[50]与贝利一样，杜威也大力诟病传统儿童教育的教条和机械。与贝利一样,杜威倡导更加积极且体验式的教育环境,打破传统教育中以机械背诵和教科书为基础的教授方法。杜威宣称:

> 每个真正具有教育意义的过程都应当从"做些什么"开始,在完成的条件和需求中进行观察力、记忆力、想象力和判断力的必要训练。而所做的事情不应当是由监工强加的武断任务,而应当是真正具有内在重要意义的事物,足够激起小学生的强烈兴趣,使其乐在其中。通过这种方法,孩子实现了对自己能力的初次训练和对于世界知识的初次掌握。[51]

杜威认为,自然课运动为大自然和科学教育提供了积极有趣的方法。1915年,杜威在与女儿伊芙琳合著的《明日的学校》一书中对一系列采用"新教育"方式——进步主义的、以学生为中心的、经验主义的教育方法——的学校进行了调查,这些学校坐落在印第安纳州的加里、伊利诺伊州的里弗赛德以及康涅狄格州的格林威治。杜威热情高涨地汇报了全国范围内自然课的推广和发展,着力褒奖自然课计划"意在给自然教育注入活力,小学生们能够对植物和动物建立真正的感情,还能学到真正直观的科学知识,而并非仅是感性的描述和狂野的赞美"。[52]

杜威对待教育的实用观点很多方面来自其实用主义认识论(虽然他避免使用这一词汇),强调"认知"的主动性和建设性——可能犯错却可以自我纠正的探究过程——而不赞同将"知识"视为由调查、实验和判断分别带来的固定信念或者事实。对于杜威而言,只有通过工具主义之光,信念和思想才得以看见;也就是说,只有作为厘清和解决日常生活具体问题的方法,信念和思想才有其价值。在1909年发表的文章《教育的实用主义导向》中,杜威在这种知识的工具主义姿态与现代教育过程之间画下了清晰的分界线。他写道,教育的实用主义方法来自学生在活动和实践中展现出的真正需求和机会。因此"对于学生而言,信息不会作为一种目的聚集、积累并且驱动学生,而是随着行为活动的进展而汇聚 30

起来”。[53]指导学生的实用主义形式将会加强所有思想、真理和理论立场的偶然性，展现出它们不过是某种假设，而并非毫无异议或者不可改变的确定。[54]

在某种程度上，贝利提倡的自然研究方法与杜威强调认知过程中行动和经验方法的重要性不谋而合。两人的同感还不止于此。除了都认同以学生为中心的教育方法之外，杜威还在多年的系列著述中反映出“做中学”的教育理念（或许是今天人们最熟知的杜威哲学），对长期以来将学校（以及学生）与社会事务隔离的做法提出质疑。他在1899年出版的《学校与社会》一书中写道：

> 从学生的立场来看，他们在学校的最大浪费莫过于无法在校内的学习中充分且自由地利用校外获取的经验；然而另一方面，他们又无法将在学校习得的知识应用在日常生活中。这就是学校教育的隔绝——教育与人生的隔绝。一旦学生进入课堂，他不得不在脑子里赶走在家里和邻里间玩耍时兴起的各种想法、兴趣和那时进行的活动。[55]

杜威提供的自由教育理念是取代原有方法的可选思路，关注儿童在具体社会环境下的个人成长和创造力。作为感觉敏锐的观察家，杜威看到了19世纪和20世纪之交的科学、城市和工业现代化发展带来的剧烈社会变革，他认为教育若想对人生产生些许意义，就必须也进行同样重大的变革。[56]杜威建议，每家学校“都必须提供萌芽的社群生活，其间活跃着能够反映更广泛的社会生活中的各种职业，浸透着艺术、历史和科学的精神”。[57]

按照这样的模式，学生不仅将在充满活力、以获取经验为目的的环境中学习，他们还能了解参与公共事务的价值以及为公共生活奉献的责任。杜威认为，这样的环境将使学生掌握成为有智慧且活跃的民主公民所必备的技能、知识以及积极性。由此，每个孩子的成长与社群的健康将会彼此促进，得以加强：

31

> 如果作为整体的学校教育与作为整体的生活联系起来，它的各种繁复目标和理想——文化、纪律、信息和统一——不再产生变体，我们不再需要为一种目标选择一种学习，而为另一种变体再选择另一种。沿着培育社会能力和服务理念之路成长的孩子，会对经验与生活进行广泛且重要的结合，形成统一的目标；而纪律、文化和信息则成为成长的各个阶段。[58]

从理想上而言，学校将会成为杜威口中的“社会中心”，成年人和孩子们将通过社会性、娱乐性和知识性的活动，在那里“分享关于社会生活的知识和精神资源”。[59]

贝利也掌握了学校的公民维度——杜威在论著中正是如此表达（尤其在他的标志性著作《民主与教育》[60]中）。对于贝利而言，自然课计划中最强有力的组成部分就是学校花园的想法。贝利写道，设立学校花园有两个主要目标：第一，实际提高并且改善学校的景观，起到装饰作用；第二，可以在自然课上用于直接指导学生。[61]而且在贝利看来，建设学校花园——贝利建议除了老师和学生，其他市民也应当积极参与其中——是在社群的学校范围内鼓舞和组织地区精神和地区自豪感的良好途径。贝利还相信，这种改善景观的努力将会成为催化剂，促进人们对承载了公民生活和公共利益的事务进行深入思索和探讨。

学校花园一旦建立，贝利就视其为自然课直接教学的重要工具，一种“户外的实验室”。[62]在此过程中，由于花园的建设具有合作性并且隶属公共场合，花园将学校与周边社区连接起来，某种程度上造成了隔绝学校与更广泛社群之间围墙的裂隙。[63]贝利带着特有的乐观，如此描述学校花园的教育、道德和公民功能：

> [学校花园]取代或者至少补充了书本教育；它呈现了许多具有交互性影响的真正问题，为学校的所有自然教育提供了基地，从而缔造了富有创造力的教师队伍，发展出令人鼓舞的对于自然的热情；将学生送入触摸和感受的世界；培养学生的动手能力；塑造尊

32 重劳动的思维；有益学生的身体健康；通过真实、近距离地呈现自然现象和事物，拓展了学生的道德本能；培养学生准确且直接的观察力；鼓励学生热爱大自然；提升学生的艺术感觉；点亮学生的自主爱好；教会学生园艺手艺；发展学生的公民自豪感；有时还可以当作谋生的方式；使老师和学生之间建立更加亲密的关系……为家庭树立远大理想，从而又在学校和社群之间建立了一项紧密联系。[64]

对于学校的小小花园来说，这当然是颇具野心的目标。不过，贝利并未就此止步。他认为学校花园和自然课方法可以广泛应用于范围更加广阔的景观中，包括公园。“必须对公园和公共花园投注更大的兴趣”，贝利写道，他观察到“这些机构现在已经成为公民生活的一部分……[公园]应当与公民生活建立亲密的关联。公园越多，对孩子们就越好”。[65]贝利的思想给予安德鲁·杰克逊·唐宁，尤其是弗雷德里克·劳·奥姆斯特德灵感，令他们创造出传世之作，而贝利将这些努力视为全新乡间审美的一部分：

终有一天，我们将会建造出户外的伟大景观。我们能够排列房屋，控制建筑，安排树木和森林，引导道路和篱防，展示山丘的斜坡，布局农场，移走破坏视觉美感的所有障碍；人们将会离开对自然进行有限模仿的画廊，来到乡间欣赏人类能够缔造的最伟大的艺术作品。[66]

约翰·杜威也分享了贝利对于学校花园的极度热情。杜威在《学校与社会》一书中写道：“通过共同生活并且亲身照料农场和花园里的植物和动物，学生可以获取最直接的植物和动物知识；从传授知识的角度而言，没有任何实物教学课能够些许替代这种形式。”[67]这位哲学家相信，学校花园的益处在于其对城市学生和乡村学童来说一样方便，没有差异；而且更重要的是，学校花园还可以向城市学生介绍大自然和乡间丰富多彩的生活。“毫无疑问，对于大多数城市孩子而言，从蔬菜园开始是最好的选择，”杜威写道，“如果他们自家后院没有小花园，总有邻居家的院子里有花园，他们会非常乐于亲眼发现每天吃下的蔬菜到底来自哪里以及如何被种植出来。”[68]

33

杜威并非仅在关于教育理念和实践的文章中赞扬学校花园的思想。当他还是一名芝加哥大学年轻教授的时候，就于19世纪90年代中期建立了大学“实验学校”（也被称为杜威学校）。巅峰期的杜威学校曾经指导多达140名学生，教员及研究生助教也几近36人。[69]杜威希望，芝加哥大学实验学校的实践可以为其不断发展的教育理念提供实地实验。实验学校还是一处民主的训练场，创造民主的环境，使每名学生都可以积极参与学校社群生活。[70]自然课、园艺课以及其他室内外生存技能的培训是实验学校课程表中重要的组成部分：

> 孩子们来到学校学习如何进行实际操作，他们要做饭，缝纫，用木头和工具完成简单的建造任务；同时围绕这些活动进行相应的学习——包括写作、阅读和算术等。自然课、缝纫以及所谓的手工课本身绝非教育的新特色；对于大学的实验小学而言，或许称得上颇为新奇和特别之处就在于这些课程并非以其他学习的方式呈现，而是围绕孩子们的日常活动进行，并在这些活动的基础上进行更加正规的学习，而且要尽可能地从孩子们自然生发的兴趣中发展而来。[71]

学校花园的概念因而在这种教育“实验”中占据了非常重要的地位。例如，杜威研究专家拉里·希克曼曾经描述在向学生介绍各种知识时，实验学校的花园如何成为尤其有效的工具——包括植物学（学生学会了辨认可食用植物及其分类系统）、历史学（通过教授植物驯化史以及人类如何利用草本植物和纤维的历史）和经济学（学生学到了关于食品生产和分销的知识）。[72]

在《明日的学校》一书中，杜威和伊芙琳提出学校花园还具有额外的公民教育价值：它可以成为连接邻里间的重要有效机制。例如在芝加哥，学校花园就在社群中起到了一系列社会、政治和经济作用：

> 学校花园给公民生活带来了转折点，也就是说，它展示出花园对于孩子们和邻里间的价值：对于孩子们而言，花园成为一种赚钱的方法，或者起到为家庭提供蔬菜、减轻家庭负担的作用；对于社群而言，花园展示出清洁美化邻里环境的作用。如果居民希望自家的后院和空地能够辟成花园，他们就不会再向那里乱丢垃圾，也不会允许其他人这样做。在拥有花园的学校周边街区，这样的示范作用尤其明显，带来了显著的变化。从激起孩子们的兴趣和努力入手，整个社群都开始对开辟花园产生巨大的兴趣，尽力利用每一寸可利用的土地。该社群经济条件并不富裕，因此开辟花园除了可以改变住户后院的面貌外，还可以带来真正的经济收入。[73]

因此学校花园的影响的确可以辐射到更广泛的社群，在这一过程中创造景观美学和健康的新规范，而且可以通过向城市贫困社群提供食物而产生真正的经济利益。此外，杜威还将学校花园和其他自然研究活动视为政治和经济工具，可以截断乡村人口涌向城市的洪流。杜威认为，这些教育改良的努力可以创造一个新环境，“我们的年轻人带着对农民，对农民劳作的真诚尊敬长大，这种敬意应该可以对抗数目巨大的乡村人口拥向城市”。[74]贝利以及其他自然研究改良家正希望获得这种教育和社会影响，尤其体现出贝利希望自然课在大都会时代振兴乡村社会中起到重要作用。

不仅如此，我认为杜威与贝利一样，也看到了学校花园和自然课计划的潜力，可以帮助学生更加深刻地理解自然世界，通过学生对植物、树木和动物的近距离观察和科学研究，通过学生在自然事物和自然环境中直接的感官沉浸，而对自然世界产生尊重。另一方面，从各项自然研究活动（例如学校花园）中获得知识也是活动的目的之一，拓展了学生对于自然历史、植物学和农业的理解，使学生踏上采用进一步的科学研究方法，提出更深入的科学问题之路。杜威和伊芙琳写道，自然研究还能“培育对于植物和动物的同情心，发展情感上和审美上的兴趣”。[75]这种兴趣反过来有助于形成对植物、动物和自然界其他方面积极正面的态度，

在学童心中种下环境伦理规范的种子。　35

杜威显然对于全国范围内众多小学正在推广的自然课印象深刻。他最感兴趣的是这场运动中教学法改良的部分及其开启学生的科学思维和科学质疑方法的能力；我相信杜威还认识到了自然课的如下潜力并表示欣赏——培育学生在情感上、审美上，甚至伦理规范上对于大自然的依恋。杜威于1909年写道："对自然的敬畏以及对人类实际状况的尊重，或许是科学研究最主要的道德素养。"[76]某些固执的观察家视这位实用主义哲学家为目光短浅的实证主义者，然而杜威对于自然研究的热情显然远远超越某种狂热的科学崇拜。

总而言之，贝利（和杜威）将自然课和学校花园视为缔造广泛而重大的教育、公民和道德改良的有效方法。学生、教师和公民都会借此参与公共事务，并且培育出对当地景观和社区的深深自豪之情。贝利还相信在教室、花园、田野和森林里直接传授知识，将会向学生们展现自然世界的多样、美丽和诗情画意。这种情感反过来还可以激励他们对园艺和农业产生更大兴趣，从而对乡村生活的价值越发尊敬。贝利希望，这种对于乡村生活的全新欣赏将会令留在农场的年轻人心满意足并且丰饶高产，浇灭他们试图逃离到城市的欲望，从而保存乡村的生活方式、文化和景观。

虽然贝利的许多思想都带有进步主义色彩，但是他的乡村哲学在许多方面还是过于感情用事。或许正因为此，尽管自然课的热情支持者在20世纪的最初十年取得了一些重要成绩，贝利在自然研究方面更加理想主义和坦率的哲学方法却无论在乡村还是在城市都没能获得有效的支持。在乡间，农民们认为安·M. 凯珀尔所称的贝利的"无差异的、共鸣的"自然课计划与他们的真正需求毫无关系，因此并不予以理会。相反，　36
农民们对职业教育却相当感兴趣，他们认为这些培训对于农业生产更加实用和直接。[77]在城市，人们对贝利方法的反响也与此类似。相比于贝利自觉且自由的自然课教学法，城市学校的教师则寻求更加正规且有指导性的教学方法，尤其是那些被认为将会对学生的城市日常生活有所裨益的技能。[78]

然而，我认为我们能够在贝利对自然课和学校花园的推崇中看到更广泛的教育和社会哲学理念，其中以学童为中心，主动求知的价值以及对于杜威式连接学校与社群公民生活的必要性观点，都呈现出清晰的进步主义思想痕迹。这些允诺将贝利与乡村生活运动中其他较为功利主义的支持者区分开来，他们更重视经济和技术环节，例如提高农业效率等。虽然贝利也毫无疑问地同样支持提升经济和技术效率的努力，但是正如我们看到的这样，他同时更致力于协调乡间生活和乡村环境中更广泛的社会、审美和道德考量。然而，如果想获得贝利环境保护思想更加完整的图景，我们还必须考察其环境保护哲学的巅峰作品《神圣的土地》，贝利在书中对自然的价值以及人类在自然中担负的责任范围做出了持续的反思。

贝利的环境思想

正如我在前文介绍中提及的那样，在将贝利归入美国环境保护的道德和思想传统中时，用于描绘美国环境思想的传统两分法（非此即彼）——也就是说，自然资源保护主义还是环境保存主义，人类中心主义还是非人类中心主义，功利主义还是审美主义，等等——用处并不大。这是因为贝利曾经表达过双方立场的思想（在某些情况下甚至还超越了上述两分法），因此他的确是很难明确分类的思想家。举例来说，贝利拥有许多我们通常与罗斯福—平肖早期进步主义环保运动联系起来的倾向和思想。下面这段话引自贝利于1911年出版的专著《美国乡村生活运动》：

37

我们对地球的自然征服几乎还没有开始。地球还远远没有被探索和开发殆尽……还有高山等待我们去探索，海岸等待我们去征服，巨大绵延的水下地峡等待我们去抽干，百万英亩的土地等待我们去灌溉，更广袤的土地等待我们去利用种植农作物，河流等待我们开凿航道，大片开阔地带等待我们规划建设和征服，还有无数其他伟大的建设等待我们完成，所有这一切都召唤着我们最激进的征服精神，所有这一切都有赖于得到训练的人们。这场竞赛绝不会了无生气。[79]

罗斯福总统在庆贺美国取得的伟大进步时，成为“奋发的人生”的伟大化身，而这里的贝利几乎激情地超越了总统。然而，将作为罗斯福环保主义者（带着所有的夸张和修饰）的贝利与推崇学校花园以及自然研究的谦卑的自然主义者贝利重合起来并不困难。虽然上文引述的贝利言辞雄壮有力，但是从讨论的上下文中我们不难看出，贝利对于描述人类征服地球的兴趣，远不如他试图激发人们对于神圣的耕种生活的兴趣和欣赏的努力，他害怕，乡村人口蜂拥挤向城市后，乡村生活将越来越被视为最好赶紧抛弃的乏味苦工。“农耕将会吸引精通这一技能的人们，将来甚至会比过去吸引更多的人，因为毫无希望、盲目放弃以及宿命论终将被剔除。”[80]即便贝利使用了罗斯福式的宏大语句，我们也不该将他视为以倡导人类文明来提升自然之道。他不过是鼓起勇气尽力尝试，试图遏止乡村人口迅猛锐减的势态。

与此同时，极大降低了珍贵的土壤肥力的浪费和破坏生态的行为，并不能展现贝利头脑中的“征服”。毫无疑问，在哈佛植物标本馆跟随格雷研究的经历大大强化了贝利的达尔文主义观念，他认为“适应”而不是实际上的征服，是人类实践活动最科学与最道德的方法。贝利写道：“农业最有意义的部分，在于种植者必须学习如何使他的劳作适应自然，符合农作物计划，适应气候，适应土壤以及工具。一名聪明的农夫，或者任何聪明人需要学会的第一课，就是如何与自然条件建立正确且适合的关系。”[81]生态上不可持续的糟糕耕种无法适应自然，因为这样的活动摧毁了贝利认为最重要的自然资源——土壤。然而，让贝利感到焦虑的是，自然资源保护主义者在改良运动中似乎对这种最基本的自然资源并未投以足够的重视。贝利于1911年写道： 38

在我看来，自然资源保护运动对于土壤问题并未给予应有的重

> 视。据我所知，他们重点强调了水土流失带来的巨大损失，对于一些不足的农业活动也提出了警告，但是基本上没能触及最主要的问题——这是一个最普遍、最广泛的问题，百万农民或有技巧，或笨拙草率，或偷盗巧取地耕种土地，出产农作物或者畜养家畜。[82]

坚信“人类可以缔造或者糟蹋的最伟大的资源就是土壤”，贝利提议，有效守护全国的土壤资源是更广泛的自然资源保护运动中的乡村生活运动“阶段”。[83]

在贝利看来，在倡导合理有效地利用自然资源方面，乡村生活运动和自然资源保护运动都公开表达了对经济问题的考量，都以最高道德和社会目标为导向，意在为公民，尤其为未来的公民保存充裕的物质基础。[84]“任何人都无权浪费，这既由于上文分析的物质既不属于他，也由于其他人也许正需要他浪费的那部分资源，”贝利强调道，并且得出结论：“自然资源保护运动应当高度节省，这将对个人效率的提高产生直接的作用，因为这既能培养责任感，又能发展出对他人的尊重。”[85]自然资源保护主义因此可能成为培养对同胞公民的关怀以及社会责任感的有效工具。

贝利的乡村自然资源保护思想正如他的自然课和学校花园理念一样，被赋予了强烈的公民维度。地球上的自然资源并非有限几人享有的特权，而是所有公民共享的遗产。“人类没有道德权利剥去地球的表皮”，贝利认为农民对社会的首要道德责任，就是合理有效地利用自己的土地。[86]反过来，社会——如果从实现贝利设想的部分道德契约角度而言——“对人类负有同等责任，应当使人类看到自己在社会上的处境，无须为了维持生活而掠夺地球”。[87]国家应当对农业增加更多社会和经济投资，从而得到在经济上促进生产力，在环境上实现可持续性发展，在社会上保持稳定的农业事业作为回报。贝利心目中勤奋劳作、节俭并富有社会责任感的杰斐逊式优秀农民，将会为不断城市化的社会提供急需的道德镇流器。贝利警示道：“如果没有这样的公民基础作为支撑，没有任何一个国家可以长治久安。”[88]

39

如果贝利试图将自然资源保护运动的目标转向乡村环境改造和关注土壤问题方向，寻求在未来几代内创建农民和社会之间的道德纽带来拓宽公民的视野，意味着他同时向世人贡献了更广泛的自然资源保护使命中有趣且重要的环境伦理。贝利在《神圣的土地》一书中对环境伦理做出了最持久集中的表达，其思想萌芽则可在《自然研究思想》和《自然的前景》等早期著作中寻到踪迹。在《自然研究思想》一书中，贝利以轻蔑的口吻谈及对于大自然的美持以人类中心主义的肤浅态度，举例来说，用于装饰的鲜切花比活的植物价格更昂贵；由于短视的人类中心主义，自然更深层次的形式和功用都被忽略了：

> 人类首先探寻万物之美的习惯与人类古老的自负紧密相连，认为万物都是为了取悦人类而生：人类只对自己的需求感兴趣。万物都是人类的，这也没错，因为他可以利用它，享受它，但是在世界初始，万物并非为人类设计或者“建造”。万物都为人类的特殊需求和快乐而生的想法，简直是无以复加的厚颜无耻。赞美诗作者曾经惊呼：“人是什么，你竟如此顾念他？”而如今的人类已经毫无谦卑之意。[89]

贝利似乎在这里探寻与自然固有价值的结合，承认自然之物与自然系统有其并非用于人类的本质特性。这样的表述当然带有传统环境保存主义思想家的色彩，这些思想家包括伟大的野生世界保护者约翰·缪尔以及较早的浪漫派环保人物梭罗（虽为浪漫派，但是梭罗是毫无疑问的环境保存主义者）。与这些思想家一样，贝利也清晰发现了大自然的奇伟瑰丽及其非物质化的利益。进一步讲，贝利认为科学并未抹去大自然的一切价值，只是揭开了一个值得我们关注和关怀的世界，在有机体展现融入自然的方式中能够寻觅到最深沉的美。[90]

40

在《自然研究思想》中，贝利在对环保态度的探讨中还引入了独特的精神维度，将会在他日后多年的写作中发挥巨大的作用（《神圣的土地》无疑是精神维度表述的巅峰）。在探讨打猎和仁慈对待动物时，尤其在悲叹美洲野牛被过度猎杀时，贝利常常使用精神维度。“低级别的动物并非人类的玩物。”贝利写道，他认为真正的冒险家不会将打猎视作杀戮来进行。[91]实际上，打猎的真正意义正存于其自然主义特性中。“打猎主要是一种享受户外自由世界的方法。随着人类自然精神的增长，人们有许多种方法可以了解田野和树林。户外世界里，照相机正在与陷阱和猎枪展开竞争。”[92]贝利明确说明自己并非公开反对打猎；相反，他认为每个公民都有权自主做出决定。“我只愿建议还有其他的思路。”贝利婉转地写道。[93]虽然尊重作为乡村传统的打猎活动，贝利依然相信一场不再夺取动物生命的运动终将进化人类的心灵，引领人类远离不必要的杀戮，不再毁灭动物群落；贝利的立场让人想起梭罗在《瓦尔登湖》中对“更高法则”的讨论。

《自然研究思想》出版两年后，贝利又推出了《自然的前景》。他在新书中更加深入地探讨了人类与自然关系中的精神层面。贝利在书中强调了对自然采取尊重态度的重要性，这种态度“来自我们对生活中物质的感情，来自我们每天遇到的每件小事和平常事。只有真正意识到地球是神圣的，地球缔造的一切事物都是神圣的，才能真正激发内心对自然的尊重”。[94]然而，正如贝利清晰说明的那样，对于自然的尊重并不意味着阻止人类合理利用地球的自然资源，更不意味着实行禁止人类从土地上获取丰饶生活的环境保存主义教条政策。“人类或许可以征服地球，但是仍然会感到无法利用不属于他的东西，因为人类只是人类，应当对于世间所有事物的权利和福祉表达出最高的敬意。”[95]对于贝利来说，尊重地球及其上的生物可以与主动发展，甚至控制景观并行。

如果贝利在早期作品中只是部分呈现了他对环境思想重要根基的“生态精神”(ecospiritual)的反思，那么《神圣的土地》则以饱满的笔触和篇章充分说明了上述主题。“我们与地球的关系必须上升至精神的领域。”贝利感情充沛地在该书的第二页写下了这样激情的宣言。在就土地共有以及土地使用的社会责任等问题阐释早期思想的基础上，贝利如今赋予了更加深邃的宗教含义：

> 我们生于地球，我们有权使用地球出产的资源；如果我们能够将原始资源视为神圣之物，如果我们能够理解我们与地球所造之物之间的合适关系，我们就能够逃离愚笨的物质主义带来的危险，只有这样，我们在利用资源时的所有自私才会消除。这无疑要求对于所有权做出更好的定义，并且明晰人们在利用它时应负的责任。作为共同的居住地，我们应当明白地球是神圣不可亵渎的。如果一个人不知道如何正确合适地对待地球，他也不会明白应当如何正确合适地对待自己的同胞。[96]

贝利再一次认识到，在对待神圣土地的责任义务与人类拥有利用自然资源的权利之间并无矛盾抵触。对有价值的世界——“神圣不可侵犯的”世界——承担责任，才能检视和抑制“愚钝的物质主义”。同时也必须强调，贝利精神化的环保主义思想保持着明显的社会维度，这一点十分重要。贝利认为，以恰当的方式对待神圣的土地，将会为公民提供正确行动的道德基础。也就是说，“地球的”环境伦理规范还将改善公民间的社会交往。

贝利相信，上述神圣土地的观点与他的信仰并无冲突——他身为植物学家和实验园艺学家的经历使其信奉进化自然主义。他写道：“地球供养着所有生物。它满足所有生物的需求。这种满足是否来自进化过程中的适应并不重要，事实是造物的工作完成得不错。”[97]与他的导师阿萨·格雷一样，贝利发现，同时赞成世界是神圣的产物与达尔文通过自然选择表现的进化论这两种观点并不困难。例如在他稍早的作品《自然的前景》中，贝利就曾评说过宗教与进化两者之间的兼容性。在该书中，贝利声称科学和进化思想远没有消除宇宙起源的宗教观点，实际上它将宗教从过去僵化的信念中解救出来。这样做，将为宗教教化带来显著的进步和理性思想：“进化论代表着对真理的追寻，从坚持教条的僵化思想中脱颖而出。它确认了生命形式的起源是一种自然现象，由规则来掌控。”[98]宗教不能惧怕接受这样的事实，他写道：“无论在自然科学领域，

42

还是在任何其他领域。”[99]贝利相应地抛弃了阿加西等思想家详细解释的特创论，这一理论假设一位爱好干涉的造物者弄乱了地球上生命的走向。“造物的方法和手段并不是天启的一部分。”贝利坚称，并进一步指出他“在《圣经》中没有找到任何使（他）怀疑进化论的线索”。[100]在贝利看来，进化论并没有试图解释造物的基本行为，只是指出了其有机发展。这让贝利在相信神圣造物者存在的同时，也能以进化论的世界观实践科学。

《神圣的土地》中的哲学方法或许能够在我们今天所指的总管式环境伦理中得到最好的解释；一种建立在人类对神圣土地统治认知基础上的道德方法。对于贝利来说，“统治”并非意味着人类的全能；他所说的“统治”不是那种日后在环境界流传的对《圣经・创世记》声名狼藉的“专横”解读。[101]相反，贝利强调这种统治的神圣馈赠所蕴含的责任，写下一篇文章督促地球及其资源应当得到相应的照料和尊重：

> 人类无法在得到所有特权的情况下，却不承受起反应、参与、保持、珍视和合作的义务。我们假定自己不必对无生命之物负起责任，如同我们对地球的想法一样：但是人类应当尊重他置身的环境条件；地球缔造了一切生物；人类正是生物之一；科学一再缩短有生命之物与无生命之物之间的鸿沟，缩短有机物和无机物之间的差异；进化缔造了地球上的生物，造物是一个整体。我们必须全部接受，或者全盘否定。[102]

贝利指出，进化论暗示着人类与其他物种之间的连续性，加强了我们与外部世界的实际联系。在贝利的理解中，所有这一切都是更大范围的造物的一部分。作为地球的总管，人类被置于照料地球的特殊角色，而且对当下和未来的世代肩负责任：“统治并不意味着个人的拥有。在我们身后，还将有世世代代的子孙生存。对于地球所有产出，他们与我们一样拥有同样的权利。地球上的每个灵魂都承担着神圣的责任。我们能否正确利用这个星球上积累的庞大知识？”[103]

43

贝利将人类视为地球管家的思想，自然而然地汲取了许多他在乡村生活运动中的环保感悟——谴责无效和浪费以及敦促自然资源的可持续使用。贝利认为，人类对地球的长久统治带来的几乎都是毁灭性的后果，人类社会没能展现出“好管家最基本的关怀和节俭”，[104]相反，

> 破败的采矿营地被遗弃，任由其毁灭、腐烂；开凿的磷酸岩洞被废弃，破烂贫瘠，无人填埋；广袤的森林被灌木丛和废物垃圾覆盖，丝毫不考虑未来必然要经历漫长的岁月才能减少开矿的垃圾，绿色才能再次覆盖土地，对不得不清理废物，将一切整理有序的后人如此残忍；我们对待自然资源如此漫不经心，甚至连加工它们的所在——各种工厂和制造厂——看上去也是冒犯景观的突兀存在，不洁而混乱，表现出主人对于利用这些资源应当承担的义务毫不在意，对于他们的做法将会给社群带来的影响毫不在意。[105]

毫无疑问，上述言论总体而言表达了人类中心主义的立场，但是贝利的环保总管思想同时也包含了更多非人类中心主义的元素。正如我们所知，这些元素和思想都在其早期作品中展露出蛛丝马迹。在后来的《神圣的土地》中，贝利的阐述更加直接：

> 我们都是感觉灵敏的鲜活造物的组成部分。进化的主题已经颠覆了我们对于造物的态度。鲜活的造物绝非仅以人类为中心，而是以生物为中心。我们认为自然界中最重要的社群，是自生命形式内部而非自外部生发，生命的形式以某种类似宏大序列计划的方式向前向上发展，人类是这一过程中的一部分。我们与所有生物有着基因上的联系，我们的精英是自然的精英。我们不能声称拥有总体上的优势，也无法自认拥有超群的自我重要感。造物才是规范，而非人类。[106]

在早年作品令人惊讶的措辞转换中，贝利对进化中道德含义的解　44

读——在他不断增长的精神承诺支撑下——显然引领他来到了生物中心主义或者生命中心主义世界观的大门前。如果是这样的话，贝利将会与约翰·缪尔一道成为美国环境思想传统中非人类中心主义的早期倡导者。

然而，我相信称呼贝利为生物中心论者并不准确，至少在纯粹或者哲学一致性方面尤其如此。贝利的思想显然与保罗·泰勒等今天的环境哲学家和深层生态学家提倡的生物中心论并不相同。不过无法否认的是，早期非人类中心主义思想在《神圣的土地》的许多段落中（例如此处援引的段落）都得到了显著表现，贝利在其早期著作中也表达过类似的思想；但是与此同时，我们看到他也曾经表达了一系列更加干脆的人类中心主义观点。如果贝利在《神圣的土地》中的成熟环境伦理，由强调对神圣的造物负有责任和他从生物进化过程中解读出对自然承担同等道德而塑造，正如我已经指出的那样，它也同样浸满了贝利在加入乡村生活委员会初期就显著表现出的人类中心主义。《神圣的土地》中保护自然的人本主义根据和生态中心思想，表明贝利并没有采取排外主义或者纯粹的非人类中心立场。因此我认为，当我们面对环境价值问题时，最好将贝利视为一位多元论者，因为他在著作中公开宣称既支持自然的工具性，也认可自然的固有价值，并且拒绝以某种单一或者普遍的道德原则而改变自己的立场。

而且，任何将贝利解读为明确的生态中心论者的观点还必须从某种程度上考虑，贝利内心深处更多是一名农业思想家，而非荒野思想家。鉴于近年来许多“荒野首要”环境保存主义者对农业展开了严厉的批评，“生态中心论农民”一词或许在今天的环保主义者看来十分不合时宜，如果不是自相矛盾的话。然而我认为贝利对这一词汇的语意并不陌生。在贝利看来，神圣的自然——能够实现自我完善的自然——与崇拜（具有适宜道德的）农民在土地上的劳作，两者并不相互矛盾。贝利认为，农民实际上对于保持人类与地球之间亲密的道德感情至关重要，45 在城市化和工业化高速发展的时代尤其如此。[107] 贝利心目中优秀的耕种适应自然条件，尽心保护土壤珍贵的肥力，既为了地球的利益，也为未来公民的福祉着想。在接下来的章节中，我们将看到贝利的观点与维斯·杰克逊等当代新农业主义支持者观点的有趣比较，杰克逊在为建设可持续发展的农业运动中继承了贝利的遗产。

我认为，贝利与纯粹的生态中心论者尚有一定距离，这一点可以从他在《神圣的土地》一书结尾对缪尔做出的有趣评论中得到证实。贝利赞赏缪尔在增强人们对自然和自然史理解方面做出的贡献，但是他并未过多聚焦在缪尔的生物中心思想或者他的野外倡导上，而是将更多笔墨集中在由缪尔一生紧密接触环境得来的社会经验和政治教训上。贝利认为这样与自然亲密的经验“会使人更原始，或者至少使人超脱于判断，独立于群体控制之外”，贝利写道，缪尔与有组织机构、与“庞大组织”和“群体心理学”的距离，使他拥有社会最需要的独立而完整的思想和判断，尤其在一个社会控制严格化和同质化的时代。[108]贝利在这里拒绝将其环境伦理思想从更广泛的政治问题和承诺中分离出来。

鉴于以上所述及的一切，我们应当明白贝利的环境伦理与他的政治思维完全紧密结合，对于在迅猛的城市化和工业化浪潮中民主公民权的生机和美国公民的生活状况尤其关注。贝利在《神圣的土地》中写道：“使地球富饶多产，使地球整洁干净，对它的所出虔诚恭敬，是良好公民及于其上建立的良好农业的特别权利。”[109]贝利在提倡环保主义思想的作品中多次强调公民权益，他这方面的思想在继《神圣的土地》后出版的几本小书中得到了更加充分的发展（包括《民主的基础层面》[110]、《普遍服务：人类的希望》[111]以及《民主是什么？》[112]），贝利这一时期的写作笼罩在即将发生的世界大战的阴云之下。

46

在《民主的基础层面》一书中，这位退休的康奈尔大学农业学院院长写道，在从事学术工作和管理工作时，他曾经在农业实验站上几乎投注了全部精力，而农业实验站对于“所有自治政府人民而言都是意义极为重大的要素”；通过在全美乡村地区推广科学精神，农业实验站还起到了“设置民主基础”的作用。[113]这又是一个鲜明的杜威式观点。这本书后面的部分甚至更为有趣，贝利将农业研究和乡村主题视为“文化研究”，认为它为公民提供了重要的培训。[114]在《民主的基础层面》出版前几年，贝利就在《国家与农民》一书中对农业学院的社会和教育潜力做出了类似的实用进步主义评论：

> 农业学院起到了非常重要的作用，因为它们带来了乡村生活真正有用的训练。我们的农业问题需要根据变化的条件不断做出调整，而这一反复调整只有通过更多知识的扩散才能获得。开阔村野的福利建立在知识和教育的基础之上。然而信息和知识，甚至是教育本身并不能构成改良或者进步。我们需要立法，需要在广泛的社会、经济力量推动下的重新定向；但是，所有这些运动的根基和幕后都只能是教育，如果没有教育，持久的进步根本无从谈起。[115]

如同杜威和赫伯特·克罗利等闻名遐迩的同时期进步主义思想家一样，贝利也对20世纪最初几十年美国政治群体的状况表示深深的忧虑。因此，贝利认为一个经过革新的环保主义乡村社会能够为更具公众精神，更智慧，最终更正直有效的民主国家政权带来希望。贝利在《民主是什么？》中定义民主时，强调全新公民生活中参与的重要性，并且展现了他对民主思想深层道德基础的理解："民主首先是一种感情——一种关乎人格个性的感情。它是一种情感的表达，无论在哪里出生，无论从事何种职业，每个人都应该发展这种能力，并且有机会参与其中。它的动机一方面来自个人主义，另一方面来自自发的公共服务意识——关乎个人和公众的福祉和发展。"[116]与杜威重建自由主义以包含自我和群体生活的社会特性一样，贝利的民主定义寻求在个人主义与公共利益的集体概念之间达成和谐。一方面，贝利认为独特的个性和个人天分——所有未来社会和思想上的进步都将从这种自然变化中得来——必须得到保护，避免受到"机械化习惯带来的现代标准化进程"的影响，在机械化的社会中，"所有社会褶皱都被熨平了"。[117]然而与此同时，个人必须学会并且主动参与公共事务，以寻求共同的更大利益。贝利以良好的进步主义话语总结了民主教育的终极目标，那就是"训练公民达到卓越，习于合作"。[118]

总体而言，贝利强烈的民主和公民信仰、多元化的环境价值理念、进步主义教育哲学，以及他将科学（以及“知识”）应用到人类所有活动领域的热情——上述所有都具体呈现在乡村改良和环境保护项目中——使他成为美国环境思想史上早期的公民实用主义思想家之一。贝利对于景观的伦理反思最终与更加广泛的一套道德和政治价值连接起来，这套价值体系围绕乡村生活的美德以及培育年轻人成为具有环保主义精神的新一代农民和土地管理者的必要性展开，这些新农民将会在20世纪现代化迅猛发展的美国社会中改善并且维持乡村文明。“乡村居民必须从精神上使自己感到愉悦，必须将自己所处的本土环境作为力量和幸福的主要源泉”，贝利相信只有通过对本地的兴趣、欣赏和感激才能发展出“刚健高效的乡村社会”。[119]在贝利的视野中，自然和景观都是工具性的（虽然以一种非物质主义的方式呈现）。采取尊重地球及其产物的适当态度和实践（包括尊重自然的固有价值），可以使公民得到道德明晰和巨大力量，足以抵抗在高速城市化和工业化进程中不断增加的社会同质化和政治疏离感。

结　论

48 让我们将本章讨论的主线合并一处并且回溯这一章的内容，我认为应当将贝利的多元环境伦理视为他于20世纪前二十年中进行的广泛乡村改良图景中的一部分。也就是说，我相信贝利在《神圣的土地》、《自然的前景》以及其他该时期作品中展现出来的环境思想应当被视为对当时更大范围的社会和政治后退的抵抗，他认为采取尊重地球的态度既能够培育好农民，更能够培育好公民。贝利向自然寻求解决方案——向“神圣的土地”寻求解药，医治现代工业社会在审美、道德和政治上的疾病（城市的枯萎、腐败和贪婪等）——开启了美国环境思想史上令人尊敬的传统。与杰斐逊一样，贝利对于农业生活抱有浪漫情怀，认为农耕和农民具有世上独一无二的美德，远远优于城市居民和工业制造者。然而，或许与杰斐逊不同的是，贝利能够意识到农民也会堕落；农作物的生产者也可能浪费而短视，是一位糟糕的土地管家。因此，贝利对于意义深远的教育改良充满信心，尤其认为自然课、学校花园和在乡间实行的农业推广活动具有共同可变的方面。我们今天可能认为，贝利坚信教育和自然是振兴和发展美国乡村生活的关键，看起来似乎过于理想主义，甚至有些天真。然而，这是贝利与约翰·杜威和当时许多城市进步主义改良家领袖的共同认识。

今天，贝利的总管式环境伦理不仅在新农业派学者维斯·杰克逊和温德尔·贝里等人的著作中出现，还在当代许多环境思想和实践中引发回响。在学术前沿，我们可以从汗牛充栋的探索总管式传统来源的环境理论和生态神学著作中证实贝利的间接影响。[120]一种总管式思想更加世俗化（也较为去学术化）的变形在1992年的里约地球峰会等国际会议以及“土地总管项目”和“森林管理委员会”等众多环境保护组织的任务和计划中突然出现。美国国家公园完全拥护“自然资源保护总管”的 49 主张，建立了自己的环境保护研究院，该院位于佛蒙特州伍德斯托克的马什—比林斯—洛克菲勒国家历史公园，推出一系列范围广泛且有教育意义的项目。[121]而打着“自然资源保护总管”旗帜进行的项目常常多种多样，贝利的作品毫无疑问是今天环境总管伦理的重要历史源头。

综上所述，我认为贝利的理论是非凡的愿景，尤其考虑到当时在自然资源保护运动中占据主流的依然是实用主义和技术论。虽然贝利并未给我们留下诸如《瓦尔登湖》或者《沙乡年鉴》那样经典的名著，他却于20世纪的前二十年间撰写了一系列具有重要意义，且在许多方面具有突破性的环保主义作品。无论如何，我认为《神圣的土地》至少可以被视为一部环保经典作品。最后，贝利为第三条道路传统提供了全新的有趣声音，向我们奉献了一种进步主义时期的实用主义思想、公民思维以及农业环境哲学。我相信，这种声音对于今天的我们来说，要比从前熟 50 悉得多。

第三章　刘易斯·芒福德的实用主义自然资源保护论

虽然诸如利伯蒂·海德·贝利等边缘思想家对于环境思想做出了自己的贡献，但是在自然资源的管理和政策制定上，美国环境思想史的记载常常认为吉福德·平肖式的制度化实用主义主导了自然资源保护运动的进程。然而，作为现代环保主义的概念基础，平肖的立场常常受到严厉的全面批评，批评他对自然采取了不合时宜的、狭隘的工具主义观点，批评他依靠以效率为导向的“明智利用”自然资源的模式。我在前文曾经提及，历史上平肖一直以来的对手约翰·缪尔却得到了大众的明显优待，这主要由于他激发审美精神的环境保存主义与今天持有生态中心论的环保主义者的思想产生了更多共鸣。然而，“专业的”自然资源保护运动却被认为只为美国环境故事贡献了生态上统一、道德上可疑的“资源主义”而已。根据这一情节线索——我在第一章中已经提及——我们不得不等到20世纪30年代和40年代的奥尔多·利奥波德提出突破性的土地伦理理论，才使环保主义者的思想超越这些不足的道德基础。[1]

早期的环境史学家或许是发展了这一自然资源保护传统的功臣。特别是塞缪尔·海斯、罗德瑞克·纳什和斯蒂芬·福克斯等人的有力言论，从整体上加强了对经典自然资源保护思想功利主义和技术统治论的解读。[2]然而近年来，新一波历史学家开始逐步挑战自然资源保护的正统理论。这些新作品以各种方式对传统自然资源保护准则和实践提出了更加复杂和具有社会导向的解释。[3]与此同时，对平肖和缪尔等环保领军人物的哲学承诺和政策态度做出理性而富有同情心的修订，使我们对在国家层面驱动自然资源保护运动的政治和道德动机的理解更加透

51

彻。[4]尽管做出了如此重要的努力，但是美国环境思想史上的大多数学者依然继续给20世纪初以及两次世界大战之间的自然资源保护思想涂上坚实的功利主义色彩。

在本章内，我将继续第二章开启的环保主义第三条道路传统的探讨。本章我将特别检视刘易斯·芒福德的区域规划理论，我认为芒福德的理论也同样反映出约翰·杜威的实用主义，尤其是他探究的统一方法和强烈的民主愿景。除了这些有趣的哲学基础之外，芒福德的区域规划理论还是一种新奇，且在历史上被严重低估的尝试，他试图扩大自然资源保护思想的基础，超越该历史时期狭隘的单一资源焦点和众所周知的功利主义承诺。因此，芒福德在此基础上实施的计划或许可被称为实用自然资源保护主义。其实用主义既体现在它包含了人类环境经验各方面的所有内容，又体现在它的方法论及遵循杜威式的民主日程。

我认为这样的叙述中隐含的若干含义，有助于我们理解当代环保主义思想的根源。实际上，将芒福德通过区域规划重建自然资源保护哲学和实践与杜威的实用主义连接起来，我希望借此在美国环境思想的第三条道路传统上添加另一个声音。[5]在此过程中，我试图挑战在两次世界大战之间的环境思想仅局限于一元（一维、线性）功利主义的观点。同时，我也再次对如下观点提出质疑：现代美国环保主义的道德和文化发展是无所不包的非人类中心主义不可避免且天衣无缝的崛起故事；以及据说19世纪著名环保人士缪尔等人表述了自然纯哲学伦理观点的雏形，而奥尔多·利奥波德于20世纪30年代和40年代提出的“土地伦理”是在其基础上发展出的科学上更复杂，哲学上更详尽的非人类中心观点阐述（虽然我们将在第五章集中探讨利奥波德的观点，但是我并不认为应该视他为一名非人类中心论者，尽管他在这方面的确表现出一定的忠诚度）。

52

我的讨论将分为几个部分。首先，我将简要概述20世纪20年代和30年代“共有社会”区域规划运动的思想来源和愿景，尤其是美国区域规划协会及其哲学领导人芒福德采取的方法。[6]在检视过区域规划运动的思想先驱以及芒福德以地域为载体重建自然资源保护日程令人兴奋的尝试后，我将简要地考察芒福德与约翰·杜威在《新共和》杂志上展开的论战，这段有趣的插曲却模糊了人们对于两人拥有共同兴趣和承诺的认知。接下来，我将探讨芒福德的区域规划方法如何从广泛的实用主义逻辑中受益，并且拥有清晰的民主愿景。最后我得出结论，从芒福德第三条道路传统方法中的若干内涵反思当代环保主义的道德承诺和实践日程。

不过在开始之前，我要做出最后一点提示：芒福德十分长寿，他在人生后期的作品（即在第二次世界大战之后发表的作品）无论在语气还是在内容上都与其20世纪20年代和30年代的区域主义著述大为不同。举例来说，芒福德二战后的作品对于科学和技术表现出深深的幻灭（尤其在原子弹爆炸之后），今天的人们常常因为芒福德后期作品中的悲观主义和绝望苦难而记住他，例如《五角大楼的权力》。[7]虽然我对于在芒福德思想研究中设立年代界限带来的问题十分在意，我仍将在本章中集中探讨他在两次世界大战之间的作品，尤其是与区域规划理论相关的作品，那些他活跃在美国区域规划协会（大约1923年至1933年）及其后很短一段时间内的作品。芒福德在这段时期与本顿·麦克凯耶（下一章的主人公）密切合作，同时也是他最严肃秉承实用主义的时期。芒福德在这段时期明确地试图扩展资源保护的传统日程，以容纳更多区域、文化和地理方面的考量。因此，芒福德在这段时期的作品尤其与环境思想中公民实用主义传统的思想进展关系紧密。[8]

53

区域城市的崛起

尽管从许多方面而言，芒福德及其同事在两次世界大战之间的区域规划愿景都是新奇的哲学考量，暗示着创新的政策计划，但它也从其他早期思想中汲取了灵感，包括区域规划史中两位伟人的思想——埃比尼泽·霍华德和帕特里克·格迪斯。

埃比尼泽·霍华德更愿意将自己视为发明家，而非区域规划家。[9]霍华德是一名伦敦的速记员，并非设计或者规划专业出身，同时也是一位热切的城市改良家，他将乡镇和城市规划视为引导19世纪末期英国社会和道德进步的工具。改善公民状况的承诺，尤其为了改善城市居民在经济上和实际生活中的苦难现状，促使霍华德于19世纪90年代提出了开创性的“花园城市”计划。在此过程中，霍华德发展出一套设计哲学，直至20世纪下半叶依然深刻影响着英国和美国的城市规划。在1898年出版的《明天：通往真正改良的和平之路》(1902年再版时书名改为《明天的花园城市》)中，霍华德展示了重建一个小范围协作城市共同体的有趣愿景，这样的城市共同体将会把乡村的社会和环境优势融入城镇，与此同时还能避免乡村和城市由于过量和匮乏而产生的邪恶。[10]

霍华德花园城市的规模相对很小(即便以19世纪末期的标准来看也是如此)；在6 000英亩的土地上只居住着3.2万名居民。然而，这座不大的花园城市拥有完备的城市功能，居住、商业和工业设施的规划布局十分谨慎，以营造健康且“平衡”的生物物理环境。重工业设置在城市边缘，远离居住区。重工业区外就是数千英亩乡村绿色地带，包括森林、公园和农场。这些绿地将会向城市供应农产品，同时还起到天然屏障的作用，可以防止城市过度蔓延至乡村——成为城市生长边界的最初版本。当一座花园城市的规模达到预定界限时，多出来的人口将被划分出来，组成另一座全新规划的花园城市。最终，多个花园城市将会由高速交通网络连接起来，组成一个“社会城市”，即多中心的花园城市链条，既可以集中提供大型都市中心的机会和福利，同时又能够杜绝大都市的社会、经济和环境问题——霍华德眼中维多利亚城市的典型特点。[11]

54

正如罗伯特·菲什曼指出的那样，从许多方面而言，霍华德都是19世纪晚期英国激进主义思想的产物——主要由中产阶级和非马克思主义的社群主义者组成的团体，支持通过土地所有权、房屋和城市规划等方面的激进改良创造平等分权的社会秩序。霍华德的花园城市计划显然由通过城市规划和建筑设计在公民间寻求达成合作、非竞争关系的社会和政治哲学所驱动：

> 这些拥挤的城市已经完成了它们的任务；在自私和贪婪能够

> 建造的社会中，它们已然是最好的了，但是它们却完全无法适应这样的社会——一个我们本性中的社会面需要更多共识的社会，一个即便对自己极端的爱也会引导我们坚守伙伴们更广泛福利的社会。今天的大城市几乎无法适应兄弟友爱的表达，好比教授地球是宇宙中心的天文学著作无法被采纳为学校教材一样。每一代都应当被塑造为符合自己的需求。[12]

尽管霍华德对于花园城市的细节还有些模糊，但是正如芒福德在1945年再版的《明天的花园城市》序言中指出的那样，霍华德的贡献并不在于技术规划方面。他的天才更多体现在理解和描述“在一个组织无序且导向混乱的社会中，平衡社群的性质以及实现平衡必须采取的步骤上”。[13]

对两次世界大战之间的区域规划运动产生重大影响的第二位人物是帕特里克·格迪斯——环境思想史上最为智慧和奇异的思想家。格迪斯是一位特殊的思想家，他博学多识，跟随达尔文的“斗牛犬”托马斯·赫胥黎学习进化论，后来将生物进化论进一步发展为社会进化论，其中也包括城市的发展。格迪斯还特别提出一套区域规划框架，以理解客观环境对人类定居和文化生活的冲击，而且通过他特有的“河谷截面”图示法来展现。在此过程中，格迪斯受到在德国接受训练的法国地理学家埃利斯·雷克吕的巨大影响，雷克吕的著作使这位苏格兰人意识到在塑造社会组织时自然区域的基础性和重要性。为了进一步发展他的区域规划调查，格迪斯提议在为规划乡镇和城市做准备的时候，应当使用跨学科的调查方法来研究区域地理及其社会生活。认可人类及其区域自然条件的研究应当具有坚实的科学支撑，格迪斯借用了法国社会学家弗雷德里克·德·普莱的社会调查方法，并且将其转变为探索地形和社群的最主要规划工具。对于格迪斯来说，这样的调查将在规划定居地和社群时，成为整合地区自然特征和社会特征的最重要方法。[14]

55

格迪斯的调查方法概念化中包含有趣的政治理由。在他看来，区域调查应当是一种高度科学化和系统化的活动，同时也应该是一次彻底的民主尝试。民众与职业规划师共同努力探索，将社群及所在区域的历史、地理和经济数据汇编成集。[15]通过亲身参与规划过程中的重要环节，每个个体都会对社群的历史、当前的社会—生物物理状况——包括人造环境和自然环境的结构及其重要性——产生更加深刻的认识。这种针对所在环境的社会学知识反过来会将社群居民转变为具有公民思维的、开明的"区域自我意识者"。格迪斯的确将区域调查视为实现全新的进步主义民主公民的工具：

> 我们的经验已经显示出，在这种令人鼓舞的调查任务中，过去与现在社群的生活和整体状况以及因而预测的规划，的确首次在很大程度上决定了社群的物质未来；我们已经开启了一场全新的运动——一场激发公民情感，相应带来更加觉醒、开明和慷慨的公民运动。[16]

56

与霍华德一样，格迪斯有时在计划的细节方面表现得相对薄弱。这或许是由于格迪斯与霍华德一样，更多的是一位极具想象力的"发明家"，而不是一位规划技术人员（尽管他多年来写下了数十份城市规划计划，规划城市从爱丁堡到特拉维夫）。[17]正如海伦·梅勒指出的那样，如果说格迪斯不曾准确描绘自然区域的科学准则，那是因为他更加关注区域调研活动本身，尤其是对学校学童的调研，他在这方面的付出更甚于他贡献给形式主义的"边界问题"的时间和努力。[18]如果说他在河谷截面图中显示出的环境决定论及其19世纪末的社会进化论名牌都将随着20世纪的到来而陷入过时境地，那么格迪斯对区域理论做出的前景判断及其创新的方法论将会对未来一代规划者和环境思想家产生强有力的影响。[19]

在受到格迪斯著作激励的规划者中就包括刘易斯·芒福德。事实上，在20世纪20年代和30年代，霍华德的花园城市和格迪斯的区域规划论对芒福德及其同事产生了非常重大的影响，直接促成了1923年美国区域规划协会的成立。美国区域规划协会是一个松散的联盟，成员包括区域规划者、建筑师和社会改良家等，除了芒福德和本顿·麦克凯耶之外，还包括建筑家克拉伦斯·斯泰因和查尔斯·惠特克、规划师亨利·赖特以及经济学家斯图尔特·蔡斯等人。该协会是对19世纪末和20世纪初美国复杂的社会和环境现状在组织上的一种应对。丝毫不令人感到意外，其中不少状况也激发了同时期广为人知的自然资源保护运动，例如人们日益意识到过度开发和损毁自然资源将带来严重的社会和经济后果。美国区域规划协会还关注一系列社会和城市问题，包括加速发展的都市化和毫无规划的工业化导致付出的环境和文化代价。该协会认为这些负面力量加剧了经济上的不平等，从公民手中夺走了他们应得的权益及其获得“好生活”的前景——“好生活”的目标中也包含得到一座体面且负担得起的住房。

57

虽然他们的专业背景和研究兴趣各有不同——实际上这使协会的理论嗜好和政策日程也有所差异——但是美国区域规划协会的成员们都共同关注20世纪工业资本主义汹涌的“大都市化”浪潮导致的自然群落、人工社区和社会社群的加速衰落，他们也因此而团结在一起。他们创造性地汲取霍华德的花园城市模式和格迪斯的区域规划论的精华，来应对这些冲击。美国区域规划协会寻求在大都市与周边自然区域之间进行重建和调整，以谨慎达成城市、乡村和荒野地带在可见的功能性与空间上的平衡。协会推广适合人类尺度的“区域城市”作为可选的城市形态选项，将会在事实上复制许多霍华德花园城市的设计元素，包括规划城市规模限制，在城市周边设立绿色地带以抑制城市扩张，为城市提供食物以及户外娱乐等。[20]

在芒福德和美国区域规划协会的目标中，我们还能够发现景观建筑家、公园规划家弗雷德里克·劳·奥姆斯特德产生的影响。为了缓解19世纪工业城市中拥挤、不健康的生存状况，奥姆斯特德通过一丝不苟地设计自然主义公园和其他景观来改善城市条件，美化城市面貌，试图借此将大自然引入城市居民的生活。奥姆斯特德最著名的作品当然莫过于与建筑家卡尔弗特·沃克斯合作的纽约中央公园计划，堪称景观构建和艺术想象力的大师之作，给人一种在高度都市化的曼哈顿中心地带全靠自然之手就形成了这么一座公园的假象。

对于日后的区域城市模式尤其产生了重要影响的是奥姆斯特德和沃克斯于19世纪60年代后期为伊利诺伊州的里弗赛德设计的“绿色社区”。两人对里弗赛德的设想（常常被人们亲昵地称为“花园郊区”）包含一条长长的、景色优美的“风景区干道”，为芝加哥的居民提供一条出城的方便道路和一个接触田园环境的普遍机会；计划中还包括两旁植满树木的弯曲街道、大型公共休闲绿地以及其他类似公园的场所。奥姆斯特德认为公园（宽泛来说还有自然）对于工业城市社会具有良好的治疗和再生效果。他相信如画的风景和流通的空气能够改善健康状况，对于公民的心理健康也会产生良好的作用。而且与芒福德和其他美国区域规划协会思想的继承人一样，奥姆斯特德也认为富有创造力地利用景观和设计将会有利于更大规模的改良日程。他认为，在人口密集的城市中，公园提供的公众空间起到了非常重要的政治功能。向社会各个阶层开放的公园必然能够减少公民之间的紧张情绪，从而消弭潜在的社会冲突。[21]

58

虽然奥姆斯特德的一些作品以及霍华德花园城市中“本质乡村”的形式都有向郊区倾斜的趋势，但是协会规划的区域城市并非意在逃离城市生活；相反，他们推崇的是分散化的真正城市生活模式，与该区域的自然内涵一致。而且，对于由于越来越多的家庭能够负担得起汽车、新的交通干线和水电站大坝的建设，以及乡村电气化的普及所带来的工业扩散，区域城市也要进行一定程度的控制。不过这些技术进展——对此芒福德跟随格迪斯的观点，将其视为新出现的“新技术”时代值得称道的标志——将允许过度膨胀的大都市人口离开过度拥挤的城市，前往规模较小，也更具有生态特色的地区，这种规模受控的移民形式与城市毫无规划的肆意蔓延完全不同。[22]美国区域规划协会的成员们希望，区域城市的人类尺度将会鼓励有意义的社区建设，为芒福德和麦克凯耶眼中“有机的”和“固有的”价值发展提供机会，也就是那些忠于本地多样化的、活跃的区域文化价值。[23]

美国区域规划协会在皇后区的桑尼赛德公园和新泽西州拉德伯恩

的住房计划是该协会人工环境规划最切实具体的例子，虽然这两项计划远远没有达到区域城市的全尺寸规模。区域规划协会的另一项持久计划是阿巴拉契亚小径，最初由麦克凯耶于1921年在《美国建筑师学会杂志》上发表提出。[24]我们将在接下来的一章中看到，麦克凯耶对于小径的原始设想极为出色——它将成为区域和社群重建的工具，乡村美国对抗不断逼近的大都市化侵袭的藩篱——尤其是它最早将传统的自然资源保护与社群和区域规划联系起来。虽然麦克凯耶计划中更具共产主义色彩的部分从不曾实现，今天的阿巴拉契亚小径仍然具有极高的价值，被视为公众休闲的胜地和社群文化的源泉，始终持续吸引着公众和学术界的目光。[25]

芒福德的“新自然资源保护”区域主义

刘易斯·芒福德是美国区域规划协会的区域主义思想背后的中坚人物，他拥护的理论也得到他的朋友和同事麦克凯耶的大力支持。自称为“城市之子”(纽约)，芒福德从未获得大学学位，尽管他曾经在几所大学就读，后来更在达特茅斯大学、斯坦福大学以及麻省理工学院等诸多国际知名的学府担任访问学者。堪称“公共知识分子”中的精英，芒福德终其一生一直为广大有教化的读者著书立说，超过七十年的职业生涯缔造了数量众多的专著与数不清的文章和评论，令人印象极为深刻。他从1931年到1963年在《纽约客》开设名为《天际》的专栏，很快使其确立了全国顶尖的建筑评论家和城市规划家的名望。芒福德的能力可谓空前绝后，我们很难找到任何一个人如同芒福德一般展现出对各种领域技艺的掌控，包括建筑、区域规划、文学、哲学、艺术史、政治、社会学以及科技史。

正如我之前所说，历史学家和哲学家通常忽略了芒福德在两次世界大战之间在美国自然资源保护运动和环境思想发展中的重要位置；尽管如此，正如我们后来所见，芒福德在20世纪20年代和30年代不断就区域主义和区域规划著书立说，提醒世人警惕自然资源的浪费和退化。芒福德在复兴乔治·帕金斯·马什和奥姆斯特德的环保和景观理念中起到了关键作用——马什是《人类与自然》[26]的作者，今天他被公认为全美环保运动的奠基者和推动者之一。芒福德于1931年在《棕色年代》[27]中重新介绍了马什和奥姆斯特德的理念，当时的人们早已遗忘了这两人。在博学的地理学家马什身上，芒福德同时看到了哲学上的同路人：

60

> 对于马什来说，地理包含着有机生命。19世纪的人类扮演着不负责任、摧毁一切生物的不光彩角色——不幸的是，古典时期的人类已经如此。人类必须变成具有道德的生物，这一时机已经来临：在他摧毁之地进行建造，对他盗取之物进行补偿——总而言之，必须停止玷污和虐待地球。[28]

在奥姆斯特德的著作中，芒福德发现了主动且创新地利用景观为社会、政治和美学目的服务的思想根源，还包括更为具体的通过扩展公园功能（以公园主干道和人行漫步道为表现形式）来中和城市矛盾，将自然世界与当代城市生活的动力联系起来的信念。[29]

除了马什和奥姆斯特德，芒福德还对利伯蒂·海德·贝利等人的环保尝试深深着迷，他认为贝利试图发展出文化上和环境上都更加均衡的世界观——赞美有机生命的世界观，并且承认有机生命对工业文明的巨大价值。芒福德在《城市的文化》一书中写道：

> 贝利是19世纪机械开发表象下潜藏的复兴及再乡村化思想的伟大领袖之一。不断增加的农业学院承担了具体的调研和实际的实验任务，美国农业部也在更广泛的范围内进行这些调研和实验。事实上农业部的土壤调研不仅拥有非常细化的地质数据报告，同时也包含了更加广泛的土地利用调研精华，而这是区域规划的典型工具之一。单位面积的界定虽然武断，但是方法本身值得加以推广。[30]

芒福德的确对贝利的工作深感着迷。他在自传《岁月随笔》中写道，贝利对自然的愿景“从某种程度上抵消了土地商、木材商以及小块土地盘剥者对土地残酷无情的破坏；他们给土地造成伤痕，忽略或者遗忘了许多土地的有机潜力”。[31]芒福德也分担着这位乡村哲学家的忧虑，对于乡村文化的持续衰落和都市统治秩序导致的乡村生活的贬值十分焦心。举例来说，芒福德回应贝利的观点写道，乡村居民从大都市学会

了“鄙视自己当地的历史，避免使用当地的语言和地区口音，尽量模仿都市新闻媒体没有色彩的统一腔调”。[32]芒福德认为，这样的影响造成的后果正是像贝利多年前就已经表示担忧的那样：“不仅使乡村人口大批拥向城市的速度加快，更进一步确定了乡村生活挣扎的状态。”[33]实际上，芒福德如此崇敬贝利的贡献，他提议为《新共和》杂志撰写一篇文章，阐述作为乡村哲学家的贝利在历史上的重要作用。然而，这项提议并未转化为现实。芒福德后来回忆，“20年代的进步主义思想距离乡村利益如此遥远”，因此杂志编辑否决了他的提议。[34]

正如我在前文提及的那样，芒福德积极参与环保问题的探讨主要表现在20世纪20年代和30年代写就的区域规划相关文章中。1914年的秋天，还在城市大学就读的芒福德第一次接触到帕特里克·格迪斯的作品。[35]芒福德早年对于格迪斯思想的迷恋促成了两人间的活跃通信，互通哲学理念，格迪斯成为芒福德最重要的精神导师。然而，他们之间的亲密关系很快就被打破，因为永远散漫的格迪斯试图说服芒福德担任他的文学编辑（并未成功），强迫芒福德身兼合作者和信徒的双重身份，这令芒福德感到十分不快。[36]不过无论如何，格迪斯的哲学思想和个人影响都在芒福德身上打下了深深的印记。正如爱德华·K. 斯潘所写，苏格兰人“鼓励芒福德发展区域主义的核心思想，提醒芒福德坚持从生态学的角度观察和认识人类的习惯，强调人类与自然环境之间的动态关系”。[37]芒福德还采纳了修正版的格迪斯历史方法论，并且受到后者有机主义及其在区域理论展望中角色的重大影响。总之，这一生态—有机整体论将使芒福德的区域规划方法（以及在他与麦克凯耶的影响下，促使美国区域规划协会采取的方法）与同时期也称为区域规划的理论区别开来，例如托马斯·亚当斯的方法以及于1931年设计了“纽约区域规划计划”

的"大都会"区域规划家们的方法。[38]

芒福德首先受到格迪斯区域主义理论的影响，后来又于20世纪20年代参与了美国区域规划协会的工作，他常常在作品中阐明他和同事采纳的规划方法与两次世界大战之间的自然资源保护运动之间的清晰联系。在此过程中，他还意义深远地扩展了自然资源保护主义日程表，并且加强了其基础的哲学合理性。实际上，就人类对于自然和人造景观的影响和依赖，芒福德提出了全新的理解方式。具体而言，我认为芒福德在这一阶段的主要功绩（当然依然是与本顿·麦克凯耶携手）在于缔造了更具哲学和社会野心的自然资源保护主义——具有发展为更综合的政策框架的潜力——而并非这一时期普遍流传的资源发展的功利主义模式。毫无疑问，芒福德塑造了更具整体性的规划模式，从自然区域的重要性及其发展局限出发，而并非从大都市的扩张是无法避免的假设出发。

因此，这种整合式的方法与传统自然资源保护运动中的许多承诺更为契合，但是芒福德以自然区域拥抱社群更加广泛的社会和文化价值，来打破传统环保主义常常显得狭隘的功利主义壁垒和技术统治论回响。正如他于1925年所写的那样：

> 区域规划是一种"新自然资源保护主义"——人类价值与自然资源手挽手，都必须得到保护。在区域规划看来，流失人口的乡村地区与人流拥挤的城市紧密相连；它认为我们忽略了区域资源的巨大潜力，浪费了巨大的时间和精力。持久的农业可以取代盘剥土地，持久的森林可以取代乱伐树木，追寻生命、自由和幸福的持久人类社群可以取代营帐和四散的定居点，稳固的建筑可以取代我们"先行"社区的木材和脚手架——所有这些都反映在区域规划之中。[39]

对于芒福德而言，"自然资源保护主义"的内涵比自然资源对经济发展"持续产出"的平肖式解读要丰富得多，至少平肖对经济发展的理解颇为狭义。相反，芒福德认为自然资源保护主义意味着面临攻击性、摧毁性的工业和都市力量，实现真正持续的社群价值、社会组织和环境健康。同时十分清晰的是，芒福德的提议绝非仅通过蚕食边缘的方法来进行都市规划改良。芒福德写道："区域规划并非意在解决在大都市的庇护下，一片地区可以扩张多远，而是如何分配人口和公民设施，以促进和刺激整个区域活跃且富有创造力的生活。"[40]最终，这需要工业和政治机构采取全新的发展方向，以广泛肯定生命的世界观作为支撑：

> 我们的工业主义一直表现得超脱尘世：它抹黑并丑化了人类的生存环境，而寄希望于未来的工业社会可以实现由利润和红利体现的抽象幸福。已经到了我们必须认真考虑地球利益的时刻，我们必须与提升生命质量的力量和加强生命活力的传统协作。区域主义对当前的许多弊病提供了治疗方案。将注意力集中在本地，锐利地紧盯更加确定地提升生活的每一项活动，文化的或者实践的，卑微的或者慷慨的，都是必须且意义重大的；如果从这一层含义中剥离出来，只局限于远古或者抽象的拯救和幸福策略，那么甚至连最出色的活动也会看起来徒劳无功、毫无意义；它们注定被无垠的不确定性所吞噬。从这个意义上讲，区域主义是生命的回归。[41]

因此在芒福德看来，与自然资源保护者采取的方法相比，区域规划的任务建立在更加文化和生态的基础之上，芒福德认为自然资源保护者只是试图保护荒野免受侵犯以及寻求方法避免自然资源在使用中的浪费。虽然芒福德认为，自然资源保护者在保护大陆罕见特殊的环境方面以及在资源开发时倡导有效利用方法的策略值得赞赏，但是他依然担心这种方法在范围上过于局限，无法引导真正的环境伦理。芒福德写道："如果环境文化已经深入我们的意识，我们的审美鉴赏就不会令我们在如同亚利桑那州的大峡谷那样壮阔的地理景观前多加停留：我们应当对地球上的每一个角落都一视同仁，我们不应对不那么浪漫地域的命运漠不关心。"[42]芒福德在这里已经预见到了当代学者们在这方面的争论，威廉·克罗侬就批评现代环保主义有一种持续的"荒野偏见"。芒福德的

64 结论与克罗侬的一致，那就是我们必须采纳一种更加宽广，更加人性化的环保主义，一种在关怀大自然的同时也慢慢灌输对人类社群关怀的环保主义，一种在认识到荒野重要性的同时也能承认乡村和城市价值的环保主义。[43]

芒福德在这一时期的自然道德导向可以被视为既包括人类中心主义的元素，也包含非人类中心主义的内容，对于地球上的生命（包括人类本身）展现出一种格迪斯式的有机体论和准生物中心的关切，并且对于通过共享文化价值和地域传统而"真正"紧密团结起来的人类社群表现出平等对待，甚至可以说他在这一点上的表达更加强有力。以对待生命、环境和文化的整体看法来定义的有机感，对人造景观（也就是建筑的形式）提供了指导，也对在全新的区域规划框架内重新组织人类社群提供了标准。对芒福德来说，它为机械化意识形态提供了一剂解毒剂——所谓机械化意识形态以数量上的扩张、机械控制以及对于景观和文化残忍的蛮力实践为理论特点。[44]芒福德在《城市的文化》一书中这样写道：

> 地球上的每个生物都是生命之网的一部分：生命存在于生命之网的所有进程和现实中，从最微小的细菌的活动往上，任何特定的生物都可以在其间存在。随着我们对于有机体知识的增加，环境在有机体的发展过程中起到的重要协助作用变得越来越明显；它还承载着人类社会的发展，这一点也越来越明显。如果对于动物和植物来说，生态环境展现出的确存在一种适合的栖息地和适合的联系，人类不也应当是一样的吗？如果每个特定的自然环境都有其自我的平衡，难道在文化中不也会出现相应的情况？[45]

现代都市的发展不仅导致了自然资源的持续浪费和消耗（自然资源保护运动就是对此采取的应对活动），芒福德相信，它同时也从人类的经验中赶走了有机领域。"随着人类道路的不断蔓延，自然被越推越远：人类每天的生活越来越彻底地从土壤，从可见的生长和衰退，从出生和死亡剥离开来。"[46]

芒福德对于自然资源保护论的重建包含了更广阔的区域内涵，而不仅针对单一资源，他不只关注人造环境，也关注自然世界，他一生致力于推广环保主义，他承诺通过区域规划实现人类社群价值的长期可持续发展，因此其理论可以定义为20世纪早期自然资源保护运动理论意义深远的进一步扩展。“如果对于单一资源的保护十分重要，”芒福德写道，“那么保护从经济和社会上整体考虑的区域就更为重要。”[47]与格迪斯一样，芒福德将区域调查作为推进区域主义方法的重要手段。而且与格迪斯一样，芒福德也相信区域规划这一行动具有巨大的公民潜力，并非仅是只需专家理解的狭窄技术活动。不过，芒福德还提出了支持区域规划理论的额外理由和方法论，在其于20世纪30年代更加充分的反思作品中阐述得尤为明确。我认为，芒福德的这些贡献是一种由实用主义激发的探究逻辑，一种清晰的社会学习理论，这一承诺，我认为很大程度上得益于芒福德接触实用主义哲学家约翰·杜威的作品。如果我的上述理解是正确的，至20世纪30年代，芒福德的区域规划方法就已经发展成为公开的实用主义努力。事实上，芒福德将自然资源保护论重建为区域规划理论及其杜威式的规划方式概念化，结合起来形成了一种新的环境哲学：在两次世界大战之间对自然资源保护主义进行整体的实用主义变形。

芒福德与实用主义：支持与反对

芒福德意识到，同时也公开承认约翰·杜威的实用主义对区域规划理论产生的影响，然而我认为他低估了实用主义在其理论中起到的重要作用。回望1957年美国区域规划协会的理论概况，芒福德描述协会秉承的思想原则有多项来源，包括“格迪斯和霍华德的公民思想、托尔斯坦·范伯伦的经济分析法、查尔斯·霍顿·库利的社会学以及约翰·杜威的教育哲学，并没有提到这种新思想与自然资源保护论和生态学有任何联系”。[48]虽然从芒福德强调区域调查的可变性潜力以及规划过程本身，我们可以看到杜威式教育理念的回响，但是杜威的实用主义（尤其是

66 他的探究理论）却是芒福德区域规划理论典型方法的根基。

在第一次世界大战前，芒福德还是城市大学的学生时，就通过“自称实用主义者”约翰·皮克特·特纳的讲授接触到实用主义的雏形，芒福德一度赞颂特纳为实用主义的“忠诚”拥趸。[49]然而芒福德很快就沉浸在格迪斯的作品及其仍处于萌芽期的新柏拉图主义中，引导他朝着完全不同的方向前进。这种转变在芒福德于20世纪20年代发表的文化评论中表达得尤其清晰，在这一点上，他比其他美国实用主义者更加重视文化生活中的象征因素，并且对审美上的超验主义也日益关注。[50]然而我认为有证据显示，芒福德从不曾抛弃其思想中的实用主义元素，即便他对于这些限制的敌意于20世纪20年代集结成了文字。

事实上，芒福德对于实用主义的矛盾情绪于20世纪20年代与约翰·杜威在《新共和》杂志的论战中表现得十分清晰。在对战前文学和文化的权威研究《黄金岁月》中，芒福德批评杜威以及实用主义者（尤其是威廉·詹姆斯）“默许”美国生活中粗鲁的功利主义。[51]试图以重商主义来抹黑实用主义的尝试并不新奇。举例来说，哲学家伯特兰·罗素在多年前就曾经对实用主义做出了类似的谴责，引发了杜威的有力回击。杜威坚称占据统治地位的重商主义具有“反实用主义”的特点，并且为实用主义重塑美国内在的意识形态和实践的重要能力做出辩护。[52]然而在《黄金岁月》中，芒福德还从更宽广的文化和审美角度攻击实用主义。芒福德看到实用主义放弃了富有想象力的艺术和价值，而轻率地向科学和工具主义逻辑投降，向世俗平凡的实用性缴械，从更加完满的审美体验和表达的象征化形式中狼狈撤退。

这些质疑还是对杜威及其实用主义早期批判的预演，伦道夫·伯恩和其他反对杜威的年轻美国激进主义者在第一次世界大战期间将这种
67 质疑推向巅峰。[53]不过，由于芒福德的强硬言辞及其在美国文艺复兴中的重要地位，他的评论颇有新意：

> 杜威先生谈及“发明的内在价值”；但是问题在于，除了根据事实承认发明者无疑是一名艺术家之外，发明本身对其带来的后果无

疑是有益的,不论是一幕自然风景、一幅画、一首诗、一支舞,还是一个颇具美感的宇宙观,对于它们本身而言都是有益的。设计良好的机器也可以拥有同样的审美价值,但是仅就它给勤恳的机械师或者工程师带来的愉悦,却并非设计它的理由。然而艺术并没有其他目的……审美上的愉悦常常会导致其他结果,比这一举动本身更加令人感到幸福。一幕自然风景或许是种植公园的原因,一支舞或许可以促进身体健康,但是艺术的重要准则却是即便没有这些工具性的具体结果依然是美好,如同一种生活模式一般美好,如同美一般美好。没有这些美好,即便智慧生活也将是糟糕的生活,边沁所指图钉游戏和诗歌给人带来的愉悦并无本质差异,表达出功利主义哲学深深的麻醉和否定生命的特点。[54]

芒福德写道,更大的问题始于对早期原始有机文化的分解——原本通过共享符号且与自然环境保持平衡的方式来维持的文化。想象力确信无误地被实际事务所征服,被科学和技术所征服,导致自然臣服在先锋的铁靴下,导致在共同的文化世界观里组织实际活动时几乎不可能“认识到想象力必须发挥的作用”。[55]

为了对抗功利主义和机械的原子论哲学,芒福德诉诸19世纪“黄金时代”的作家们极力赞美的审美力和想象力,芒福德相信在美国文化破碎以及美国内战后诗歌想象力丢失之前,曾经存在过一段结合了伟大希望和精神审美的美妙时光。芒福德始终推崇美国浪漫派作家的作品,尤其是爱默生、梭罗、惠特曼和梅尔维尔的作品。芒福德认为,上述作家的作品展现出有机的特性和文化上的活力,但是在镀金时代的机械和商业重负下已经崩塌粉碎。“在他们的想象中,一个新世界开始从分散的混沌中形成;财富已经就位,科学已经就位,人类更深层次的生活再次出现,不再被他们设想并且使用的工具所阻碍和击溃。对于与他们分享同样想象的我们而言,垂死之人的重生或者实用主义的故态复萌都同样毫无可能;我们又一次开始做起了梭罗的美梦——一个真正完整的人类生活的美梦。”[56]事实上,芒福德认为缺乏与象征性卓越价值的早期衔接,实

68

用主义不过是“打扮漂亮，却无处可去”的可怜人。[57]

杜威在回复中责备芒福德误解了实用主义者对于工具主义的重视，批评他拥护科学和技术潜力的立场；杜威等实用主义者则对在更丰富的审美价值和更完满的文化体验下，机械技术和方法在哲学上的供氧不足表示满意：

> 通常需要既缺乏逻辑感也缺乏幽默感的头脑——如果这两者之间存在任何差异的话——才会试图将工具主义普及化，建立工具的信条，而这一信条只是以更多工具为目的。“工具主义”的对应物正是芒福德先生重视的价值，是自然科学、所有技术、工业和勤勉工作内在的终极目标，而非外在的、先验的，或者通过劝诫才能达成……科学和技术隐含的理想主义不会通过默许而实现，而是通过欣赏理想的价值来实现——使人类的生活更有尊严，更有有意义的价值。过去由于缺乏控制的方法而导致占有的不稳定，以及分配上的武断、偶然和垄断；换句话说，就是缺乏自然科学通过技术装备人类的机制和工具。并非所有口中说着理想的人都能进入理想的乐土，那些理解理想的真正含义、尊重通往理想道路的人，才能到达理想的彼岸。[58]

杜威认为，对工具主义缺乏控制，将会导致芒福德珍视的最终目标在文化上的实现最多也不过是偏颇的、转瞬即逝且武断的。

争论还在继续。芒福德在第二篇反驳文章中写道，与杜威的特性描述正相反，他并非一名与科技划清界限的含糊的理想主义者。相反，芒福德声称自己不过是在寻求文化体验中更加平衡的方法，使其间的科学和技术不致被抬升到超越价值和审美生活。芒福德甚至通过提及与建筑师的亲密联盟来彰显自己实际的资质——这群人“拥有专业判断力，既能从方法上科学地思考，又能从人类终极目标上具有想象力地思考”。[59] 最后，芒福德也对杜威的观点表达尊重，不过在杜威看来不过是明面上褒，实际上贬。“我们并没有抛弃杜威先生。”芒福德写道，表示这样做未

69

免忘恩负义。与此同时，芒福德表示他与伙伴们对实用主义的批评只是从文化上寻求“生命和自然更加宽广的领域和不像杜威先生那么狭隘的解读”。[60]

思想史专家和杜威研究权威学者罗伯特·韦斯特布鲁克发现，芒福德与杜威之间的辩论在许多方面都是彼此不幸的误读。[61]举例来说，芒福德批评杜威是一名技术中心论的功利主义者，这简直离谱。此外，芒福德完全模糊了杜威对于审美考量的兴趣和持续关注，而这种兴趣和关注已经在《自然的经验》[62]等作品中清晰地表达出来（芒福德的确读过此书，但并没有完全领会，基本上忽略了杜威在其哲学系统中将艺术角色的融合视为完备的经验）。杜威甚至继续深入下去，专门撰写了一部探讨审美问题的专著，这种努力或许部分源于受到芒福德批判的刺激。[63]更甚于此，杜威于1934年出版了《共同信仰》一书，以其特有的自然主义方式阐述了自己对于虔诚和宗教信仰的思想。[64]

我认为，就杜威对其“智慧”概念的理解，芒福德错过了其中更具创造力和审美的部分，尤其是它在道德审议中做出富有想象力的概念跳跃时担当的角色。[65]芒福德在这个阶段对杜威的误读更加令人沮丧，因为看起来他似乎已经意识到，至少在某种程度上意识到，哲学家正不断尝试公开探讨这些问题，即便他并不愿意在文章或者专著中承认这一点。举例来说，芒福德在1926年（同年出版了《黄金岁月》）写给帕特里克·格迪斯的信中写道：“杜威现在才开始意识到他的哲学体系中缺乏宗教和艺术的位置；为此，他正做出勇敢的努力来挽回。”[66]

然而两人之间这场论战并非一个人的过错，杜威也对芒福德的思想进行了错误的解读，因此也负有相应的责任。正如凯西·布莱克指出的，杜威忽视了芒福德《黄金岁月》等作品中文化分析的实用主义潜力，尤其是其更广泛的社会批判承诺。[67]而且正如很快就被证实的那样，我还认为杜威并没有认识到芒福德区域规划方法中的实用主义根基，他也没有完全理解芒福德期望科学——一种更加整体的有机主义变种科学——能够帮助改造现代工业文明，使其变得在文化上更加均衡，生态秩序上更加和谐（杜威认为科学的稳定作用最具吸引力）。无论如何，两

70

人思想中的交互不禁使人疑惑，为何他们不能求同存异，聚焦在共有的重要承诺上（在这里必须提及的是，他们的共同之处并不少）。或许布莱克的判断是准确的，他指出芒福德可能并没有意识到自己有多么赞同杜威的思想，因为他“在其文化批评中将杜威作为陪衬”。[68]然而，或许还由于杜威总是在谈“智慧”、“工具”及其一贯阳光普照的进步主义，无形中竖起了一只巨大的靶子，吸引芒福德向其射出猛箭——对于杜威“功利主义个性”灼热却极为曲解的批判，以及对他认为准确地描述了的杜威的实用主义愿景的技术统治论哲学观点的批判。

总之，我同意韦斯特布鲁克和布莱克等对杜威和芒福德之间这场论战采取“兼容并包”态度的观察家们的意见，他们认为芒福德和杜威在思想上的距离远没有他们在《新共和》杂志中掀起的骚乱大（也没有两人当时意识到的差距那么大）。正如我已经提及的那样，我认为两人在方法上的交互再没有比芒福德的区域规划理论表达得更加清晰的了。实际上，我认为芒福德的实用主义承诺在其20世纪30年代撰写的文章中显露无疑。

举例来说，芒福德在1938年出版的《城市的文化》一书中，在阐述以区域规划将科学愿景带入人类实践的必要性时，发表了在我看来是非常强劲的杜威主义观点。具体而言，芒福德相信区域调查的工具在促进个人和集体道德发展过程中具有巨大的潜力：

> 区域调查中的科学手段以及思想合作方法，都是促进道德发展的力量，只有当科学成为日常生活的一部分，而不仅是覆盖在未受批判的深层权威之外的表面习惯，共有的行为准则的基础才能得以积累。[69]

71

这段话看起来仿佛出自杜威之手（如果杜威对区域规划发生兴趣的话）。事实上，这段话以及其他类似的文字记录表明，截至20世纪30年代末，芒福德已经在区域规划实践中采纳了明确的实用主义根据。然而，在我们进一步深入探讨之前，简要概述一下杜威的工具主义观点是十分必要的，因为我认为芒福德在分析区域规划方法时借鉴了惊人相似的逻辑。

杜威对人类经验中遇到的问题采取统一的探究方法，而工具主义就是在此基础上的进一步发展。这种方法既适用于目的，也适用于手段。信念以及与其密切相关的价值和目标都被视为实验的工具——工具主义中的工具——以解决令公众困惑痛苦的社会、道德和技术困境。提出在工具主义框架内采纳连续的方法和目的，或许是哲学家杜威最激进的提议之一。杜威认为，道德原则并非绝对固定不变的，或是飘浮在人类经验争论之上的超脱信仰。相反，它们是“目标位于观点中”，即一种以行动为导向，以智慧的社会探究为方法的假设，根据将混乱不定、“问题重重”的社会现状转变为更加安全和稳定状态的能力进行评估。[70]

为了处理这些状况百出的问题，杜威提议使用探究的方法，直接遵循自然科学和技术领域解决问题的逻辑建立模式。这种方法始于对形势的最初认识，判断当下形势的确“存在问题”，鉴于真正的匮乏而需要探究的介入。第二步对于问题的实质内容进行分析，提出有创见的可能解决方案。第三步需要运用想象力进行评估，评估每一个解决问题的提议在有效、高效修补目前形势方面的实际能力。最终步骤则需要决断：从一系列可选项中挑选最终的行动方案，并将其付诸实践（包括后续对表现的反思和监控）。[71]

72

我相信芒福德会在成熟的区域规划理论概念化中拥护杜威的工具主义方法。正如前文所述，在芒福德城市研究的权威著作《城市的文化》一书中，他对区域规划方法进行了最清晰和持久的探讨，在诸多细节中直观展现出他如何将众多实用主义元素和论点融入其理论探究中。在《城市的文化》中，芒福德描述区域规划行动的过程分为四阶段模式：

> 第一阶段要进行调查。这意味着通过第一手视觉探索以及综合搜集事实，揭示区域复合体所有相关数据……第二阶段的规划要根据社会理想和目的制定需求和活动的重要概况……第三阶段是

> 发挥想象力的重建和规划。在已知事实、观察所得的趋势、预计的需求以及规划的重点目标的基础上，一个区域生活的全新图景已经树立起来……现在规划的三个主要方面——调查、评估和计划——仅是初级准备：接下来的最终阶段才最重要，包含社群吸取计划中的智慧，通过适当的政治和经济机构将其转化为行动。[72]

上述对区域规划行动的描述本质上就是一种杜威式的探究模式，尤其是对事务未来的需求状态"发挥想象力的重建和规划"（正是杜威所指的"戏剧性的预演"）。杜威曾经表示，先前经验的价值必须通过社会智慧的方法"成为新欲望和目标的仆人和工具"；[73]芒福德与杜威的见解相同，他对规划过程中传统与创新的明智结合做出如下评价：

> 然而，这样的规划是工具性的，而非最终性的；规划的载体并非简单的一地或者一片地区；规划的载体是一片区域上的活动，或者说贯穿活动的一片区域……旧有元素与新源泉中的新鲜补充组成的全新组合，造就了它们的外观。[74]

在芒福德看来，区域规划的有机特征使社群得以应对变化的社会和生物物理学条件，改变并修正规划的目标，以符合新的需求和新的环境。在这里，芒福德对实验主义的承诺以及他对区域规划的适应性观点令我们想起杜威的认知理论以及哲学家探究逻辑的互动设计。请参考下面的段落：

73

> 区域规划在其组成中必须包含未来调整的方法。不容改变的规划恐怕比毫无目的拒绝规划的经验论还要混乱无序。更新、灵活和调整，这些对于所有有机规划来说都是最重要的属性。[75]

芒福德对于区域规划不确定、多变化特性的评论，表达了明确的实用经验主义承诺。或许更有趣的是他们对于20世纪晚期生态学和资源科学范畴内“适应性管理”模式发展的期待程度，它们的方法同样表现出强烈的实用主义思想基础。[76]

芒福德对区域规划理论实验性和活跃性的认识，直接与其认为区域规划应当是坚定的民主活动的思想紧密相连。这不仅是职业区域规划者和设计师的视野，这更是重要的公共事业，需要广大非专家的普通人积极参与。将规划的过程向更广泛的民主社群开放，公共协商自我修正的智慧特性就显露出来：

> 认为地理学家、社会学家和工程师仅靠他们自己就能够规划社会需求，支撑一个良好的区域规划目标的想法太过天真：哲学家、教育家、艺术家和普通人的作用绝非无足轻重；除非他们主动积极地参与规划过程，既作为批评者也作为创造者，否则珍视的价值无法注入规划中；除非他们主动积极地参与规划过程，否则最终出台的规划就只是基于过去状况和需求的延续，而没有根据当下情况做出重要修正；只是旧有的状况，不包括新出现的条件。[77]

芒福德在这里得出的结论重复了杜威众所周知的警告——依赖专家将导致付出民主和认识上的代价（“只有穿鞋的人才最知道鞋子是否夹脚，哪里夹脚”）[78]，这也肯定了杜威民主认识的合理性，即通过所有公民都参与的民主协商机构，“社会智慧”得以有效实施，社会问题也能有效公开。[79]在杜威看来，群众广泛参与反思社会目标的对话，有助于根除个人信仰和价值中的谬误以及事与愿违的偏见；在这一点上，杜威与自由主义之父约翰·斯图尔特·密尔的观点一致。[80]杜威于1935年在《自由主义与社会行动》一书中总结了上述观点：“民主的方法——作为有机智慧而言——是将社会冲突公开在其特殊需求能够被看到和评估之处，能够考虑更加全面的利益而进行讨论并且判断之处。”[81]

74

杜威的实用主义与芒福德的区域规划观点除了在方法论和经验论层面上相似之外，我在前文也曾提及，这两种概念化的思想在教育层面也表现出一定程度的呼应。杜威知识论的根基在于确信所有知识都来源于直接经验，来源于在这个世界上进行的活动，我们对周边环境的认识既包括自然层面，也包括社会层面。于是，在这种活动中获取的知识使我们能够有效地转变外部世界，以迎合我们不停变化的社会需求和利益需求。它还使我们能够聪明地修改和调整这些需求和利益，使其更加适合（因而也更加稳定地）支撑我们的环境。对于杜威来说，这样的教育转变对于缔造民主公民而言也同样关键。在他看来，民主就是“社群生活本身的思想”。[82]杜威于1927年写道：

> 我们生来就是与其他生物联系紧密的有机生物，但是我们并非生来就是社群的一员。年轻人必须通过教育被带入定义了社群特色的传统、愿景和利益中：通过坚持不懈的指导以及学习与这种明显联系有关的现象。[83]

与杜威（和贝利）一样，芒福德强调体验教育在公民建立自己是民主社群一员意识中的重要性，他相信亲身参与区域规划活动将在这一教育过程中起到重要作用。“区域规划是公民教育的工具，”芒福德写道，并且补充说明如果没有这样的教育，“他们就只能期待取得部分成功。”[84]为了将年轻一代纳入公共事务和政治体验，区域调查是尤其重要的工具：

> 仅由专家调查员来进行的调查在政治上毫无效用：如果在青少年发展的适当时机，使学童积极参与调查，他们就成为政治生活中功能性教育的中心角色。在小得足以从一座塔、一座山顶或者一架飞机上俯瞰全境的当地社群和附近区域，在年轻人成长到足以担负政治责任的年龄之前，他们可以从探究该地区的每个角落开始，走向未来对政治具体的再吸收——与过去强力政治中充斥了半个世界的模糊愿望、白日梦、空口号以及自命不凡的神话完全不同的另一个选择。[85]

75

跟随格迪斯的脚步，芒福德写道，区域调查的一个主要作用就是教育公民。[86]通过参与调查过程(即协作搜集与社群及其周边自然区域相关的土壤、气候、地理、工业和历史数据等),每个人都能够成为切实参与社群活动的成员,而且将会激起他们对本地环境和文化的强烈感情:

> 人们将会详细了解他们所在的地域以及他们应当如何生活:他们将会经由共同的自然景观、文化、语言和当地特有的方式而团结起来;因而从他们的自尊中将会升华出一种对于其他区域和不同地区特质的理解。他们将会对本地文化及其形态产生活跃的兴趣——也就是他们的社群以及他们自己的个性……没有他们的参与,规划只能是贫瘠的形式主义。[87]

对于芒福德而言,在规划过程中意义重大的公共参与还能在数个层面上启发和改变当地人民,包括社会层面、政治层面和环境层面。它能教会每个人从所在社群的健康、可持续发展及其生态环境上分享共同利益的角度来看待自己。以这种方式观察周边世界,公民参与区域规划的活动就具有杜威在阐述其政治理论的权威著作《公众及其问题》中迫切提倡的恢复持久的社群自我意识的潜力。杜威认为这一公民意识将会为未来的民主社会行动提供重要的基础。"除非恢复当地的社群生活,"杜威总结道,"否则公众便无法充分解决最紧迫的问题:寻找并且认定自我。"[88]因此,在区域规划实践中的公共参与,无论是通过区域调查的方法还是通过参加对社群目标和价值的公开商议,都可以刺激公民的自我组织,并且最终带来更优秀、更智慧的社会问题解决方案。实际上,芒福德向杜威提供了一项非常必要的政治技术——区域规划,采用这一方法,哲学家珍视的民主公众或许可以得到有效实现。 76

总而言之,我认为芒福德在区域规划方面的成熟作品在如下几个方面反映出受到了杜威理论的影响。首先,在芒福德区域规划方法论的工具主义逻辑以及适应性的"智慧探究"中,都可以看到杜威式的观点。其次,芒福德区域规划在论述其合理性根据时采取了杜威式的论点,强调社会学习和公众参与调查和规划过程的教育潜力。最后,芒福德相信区域调查将会缔造全身心投入的民主公民，能够意识到彼此同是一个联系紧密的政治和地理特质社群的成员，这是杜威认定在解决“公众问题”时的重要目标。虽然芒福德于20世纪20年代在文化上和审美上曾经猛烈抨击实用主义，但我仍然认为芒福德区域规划理论的许多方法都深深扎根在杜威理论的土壤中。[89]

芒福德受到杜威理论影响的区域规划方法，与其扩展自然资源保护主义的日程表以包含城市和乡村的景观和超越最大化利用社群的目标相结合，展现出两次世界大战之间自然资源保护哲学有趣的实用主义新形式。对于芒福德而言，区域规划方法帮助公民和规划者面对社群与周边环境的关系时做出进步主义、实用主义的调整和改善，对复兴和推动其过程中的公民生活大有裨益。恢复这一重要的第三条道路传统不仅将芒福德及其区域规划理论带回自然资源和环境保护思想史的考察范畴——单就这一点而言已经足够重要——还对当代环境思想和实践的假设提出了几个重要的问题，我在本书伊始已经提及。因此，我希望以简要地思考这些问题来结束本章的探讨。

结　论

77　我认为，前文对芒福德在两次世界大战之间区域规划思想的分析，给当下反思美国环保主义的历史发展和责任承诺带来几点提示。我希望能够从我对芒福德的分析（以及本书所述）中得出一个结论：现代环保主义思想的道德基础远比学者们原本认为的更加多样。第一，我们的环保主义遗产绝非单一来源，而是具有“多样基础”。除了环境伦理的非人类中心主义描述，事实上还存在着许多意义重大的其他选项，例如本章探讨的芒福德的实用主义自然资源保护论。虽然明显迷恋自然和社会的有机论观点，但是芒福德通过区域规划复兴人类文化生活的人本主义和人文关怀并没有纠结于面对非人类的自然界建立独立“道德地位”的问题，也没有要求公民傲睨来自人类经验和活动的价值，这些价值似乎已经成为当代非人类中心环保主义的明确特征。芒福德给我们提供的是更加宽广和完整的环保主义日程表，一个包含了人类的道德、文化和政治价值的目标，同时也对整体上的非人类中心主义（即有机论）制定一些限制的日程表。而且，芒福德的哲学方法如同贝利一样，意义深远地背离了传统的功利主义和原子论——当时统治着专业自然资源保护运动的理论。

第二，芒福德的理论展现出“环保实用主义”的深刻历史根源，其根基在美国思想土壤中蔓延之广远远超越之前的想象。十分重要的是，远在20世纪80年代和90年代涌现的专业的环境伦理和自封的“环保实用主义者”之前，环保主义思想中就已经发现了可辨识的实用主义元素。正如我在这里指出的，芒福德于20世纪20年代和30年代清晰阐明了实用环保主义的早期形态。我们在利伯蒂·海德·贝利于20世纪前二十年的作品中也看到了实用主义因素。环境思想中甚至拥有更深的实用主义根基。举例来说，唐纳德·沃斯特在其史诗般的约翰·威斯利·鲍威尔传记中写道，这位伟大的19世纪探险家和自然资源保护者在他的后期作品中采取一种实验性的、可变化的真理观，沃斯特将其形容为彻底的实用主义，即便鲍威尔本人在20世纪初并没有清晰地探讨实用主义者的作品。[90]因此，环境思想中的实用主义并非由20世纪晚期的环境哲学家们发展而来，而是建立在美国自然资源保护源动力的根基之上。 78

第三，我认为芒福德提醒我们，在社会和文化层面稳定的环保主义需要将复杂的人类经验整体融入景观中，包括城市、乡村和荒野（以及其间所有的交会处）。为了达到这一目标，环保主义者除了要寻求区域规划和设计专家在环境政策和管理范畴的支持和贡献之外，还应当尽力探寻其他潜在的联盟。有影响力的发展和运动还包括例如新城市主义（将在第六章中详细探讨）、工业生态运动、生态规划以及可持续建筑等，这里只是列举其中几个，它们都致力于引导人类将社群、发展和生产性努力纳入更加生态友好的渠道中（而且通常以芒福德及同事多年前就期待的方式）。我认为这些努力都是发挥作用的环境实用主义表现，对“智慧实践”感兴趣的环保主义理论家和实践者可以与这些联盟达成更综合的互动，从而达到目的。正如卓越的技术史学家托马斯·P. 休斯指出，我们需要理解我们赋予“生态技术”系统的价值和选择——彼此交叉和混合的人造环境和自然环境——我们应该学会如何运用技术适应自然并与之互动，而不是征服和摧毁它。[91]我认为芒福德比在他之前或在他之后的任何人都更加理解上述观点。

第四，我希望我对芒福德思想的讨论（以及对其他第三条道路传统思想家的讨论）能够阐明美国环境思想并非孤立于更宽广的思想承诺而发展起来。成熟的反思性环境思想也并非独立于美国社会和哲学思想的发展。实际上环境思想不是，也永远不会是一种独立的“自然意识形态”，也不可能代表西方哲学和政治传统的根本断裂。相反，它本身受到更深层次的道德、政治和社会趋势的延缓。环境思想在寻找以极大程度独立于传统为特色的“新环境伦理”时，是从上述根源而来，而不是弃绝这些根基；在多变的周边环境中——包含文化、人造、技术和自然环境——我们应当探索这种哲学遗产，努力理解我们所在的位置和应当负起的责任。

79

最后，我认为芒福德的例子提醒我们，环保主义者应当更加关注思想史传统。人们熟知的非人类中心主义论点虽然在某些方面的确十分有趣，但是却过于简单，无法针对各种情况加以区别。思想史的记录比非人类中心主义观点的描述散乱得多，概念上也更加多样。举例来说，当我们放松对“自然资源保护”、“规划”以及“环保主义”等词汇的语义限制后，一个全新的智慧景观概念就突显出来，诸如贝利和芒福德等思想家的思想就成为在实用主义激发下互相连通的环境思想的组成部分——基本上至今依然不在当今学者和环境活动家视野内的思想。

在下一章，我们将会看到芒福德的好朋友和美国区域规划协会的同事本顿·麦克凯耶如何进一步扩展这一传统，包括麦克凯耶如何以其非凡的阿巴拉契亚小径计划抵达了美国哲学和政治传统的沃土，这是麦克凯耶（以及美国区域规划协会）对于美国景观做出的最持久贡献。

80

第四章　荒野与“明智的地方”：

本顿·麦克凯耶的阿巴拉契亚小径

利伯蒂·海德·贝利和刘易斯·芒福德提醒了我们，实际上美国环境保护主义者的叙述比传统的环保主义观点在思想层面上更加多样，也更深地根植于公民和政治生活。他们的作品也揭示出美国环保主义存在着一种实用主义传统，一种在20世纪初超越了自然资源保护论和社群规划的综合伦理哲学导向。然而正如我在前文中指出，这种传统却长期以来在环境思想的历史图景中隐秘不见。许多环境理论家（以及许多环境政策实践者）认定“经典的”自然资源保护论传统只是一种无法令人满意的功利主义，相反，他们在奥尔多·利奥波德后来的作品（以及更多内涵丰富的生态作品）和20世纪60年代和70年代末出现的更加激进的生态意识形态中寻求更多的道德灵感。然而我认为贝利的思想展现出自然资源保护论传统在哲学上的富饶和生机；实际上，在丰富的实用主义和公民主义前景中，贝利的作品甚至具有内在价值的初级形态，而这种内在价值通常被视为真正环境伦理的标志。

如果说今天的学术界和某些民间环保主义者存在一种对早期自然资源保护思想（及其农业主义的变体）不予理会的趋势，将其视为道德上的贫瘠，那么美国区域规划传统在环境伦理发展讨论中的遭遇也好不到哪里（实际上它们通常被一同忽略）。造成这种状况，也许在很大程度上是由于规划者对于人造景观的先入为主，同时也是由于他们传统且通常不害臊的伦理人本主义。正如我们已经在第三章中讨论的那样，芒福德 81 的区域规划方法直接揭示了自然资源保护者对过度开发自然资源的焦虑，与此同时它还扩展包含了更广泛的文化导向和公民区域调查的参与方法。将美国区域规划传统纳入现代环保主义基础的讨论范畴中，我希望借此可以扩大后者的思想血统，同时强调20世纪前半叶公民实用主义在环境思想中的力量。

在本章中，我将通过考察本顿·麦克凯耶——一位既从自然资源保护论者，又从区域规划论者那里搜罗布料裁衣的思想家——的作品，继续探究第三条道路传统，即处于纯粹的人类中心主义和非人类中心主义阵营间的第三条可选的环保主义理论。作为一位经过训练的林务官，从行动与品行上都隶属自然资源保护论者，麦克凯耶还是芒福德的好朋友，以及在两次世界大战之间区域规划运动中的忠实盟友。麦克凯耶为20世纪20年代和30年代（及其后）的自然资源保护运动和区域规划做出了一系列意义重大的贡献，却未受到公正评判和充分赏识。与贝利一样，麦克凯耶在美国环保主义运动中也是寂寂无名，他在环保运动思想史上被其荒野保护协会的同事奥尔多·利奥波德巨大威望的阴影所笼罩。因此我接下来的探讨（以及前文的讨论一起）力图恢复麦克凯耶的作品和见解在当代环保运动图景中应有的地位，为美国环保主义运动中的公民实用主义传统添加另一个独特而强劲的声音。

与“城市之子”芒福德不同，至少从其对环保思想及实践最卓越的贡献而言，介绍麦克凯耶要从荒野开始。

“荒野争论”中被淹没的声音

在1998年的文集《伟大的新荒野争论》中，编辑J. 贝尔德·柯倍德和迈克尔·内尔森将这部多卷本庞大文集的第一部分献给了美国荒野思想中“具有历史性影响力”的文章选集。[1]出现在这一部分中的大部分姓名的确来自各个庞杂的领域（至少在环保主义者圈子内），包括爱默生和梭罗等浪漫主义先驱，还有鲍勃·马歇尔、奥尔多·利奥波德和西格德·奥尔森等20世纪的荒野倡导者。将这些“被广为接受的”支持荒野的杰出人物编纂在一起，编辑们自然没有错；实际上，任何就荒野主题进行的值得一提的描述如果没有提到上述人物，无疑都是不完整的。然

82

而，编辑们是不是犯下了忽略的罪，却是另一回事。在这一方面，忽略了麦克凯耶的贡献——与马歇尔和利奥波德等人一道于20世纪30年代建立了荒野保护协会——我们就很难为编辑们辩护。文集并没有收录麦克凯耶及其作品固然不幸，然而考虑到本卷对于整体主题的巨大推动力，为此将全部责难归于柯倍德和内尔森则未免有失公允。这是因为正如我已经指出的那样，如果不是大多数，至少许多哲学和历史上的同事，确实普遍忽视了麦克凯耶对美国荒野思想和环境哲学做出的贡献。这种状态或许会发生改变，尤其鉴于拉里·安德森细致完整的传记研究最终给予了麦克凯耶应得的严肃历史待遇。[2]然而直至今天，我敢打赌，大多数环境伦理学家对于麦克凯耶及其作品依然所知甚少。这真让人羞愧，因为麦克凯耶是一位常常有先见之明的有趣的实用环境思想家，我认为我们今天依然可以从他身上获益良多。

我们尤其要详细探讨麦克凯耶在20世纪最具文化价值、最成功的荒野计划之一中发挥的创见性的想象力：阿巴拉契亚小径。支撑小径原始设计的概念十分非凡，尤其当我们事后想起麦克凯耶将荒野保护和社群生活这两条传统上彼此分离的线索编织在一起的新奇尝试，就越发感到其思想的超前。以其社会进步主义特色来看，麦克凯耶在这一早期计划中的思想（及其接下来二十年中的大多数作品），都比利奥波德在同一时期的先锋荒野思想要更领先一步（我们将在下一章中看到，即便利奥波德的作品也反映出相当广泛的政治维度，环境哲学家们对此甚至几乎不曾注意）。

对于将人类社群的制度和文化特色与自然景观整合起来的重要性，麦克凯耶表现出完全的早熟。这一结论绝没有丝毫贬损利奥波德对美国环境伦理和政策贡献（包括与荒野有关的贡献）的意思，因为利奥波德的影响无疑是深远且不可替代的。审视麦克凯耶的作品，可以揭示出荒野思想中重要的文化和政治线索，然而这条线索并没有得到公正的传播。幸运的是，令人鼓舞的迹象表明几个学者已经开始填补这一空白，他们采用更加联系前因后果的社会思维方法来研究环境史，展现美国自然资源保护理论的复杂性。[3]此外，在环境哲学等其他姐妹学科中出现

83

的明显的实用主义方法成为重要的补充，尤其在寻求修正环境思想的道德基础以适合更加多元化语境的研究中。[4]"环境实用主义"一词含有的重要信息之一就是环境哲学(包括与荒野相关的理论)不能也不该被迫行进到预定的进化道路之上。也就是说，随着历史和道德探究更加复杂和微妙的方法逐渐被纳入语境，人们开始意识到无论从言辞上，还是从规范上，宣扬非人类中心主义崛起的意识形态描述都有所不足。

我认为，将麦克凯耶与贝利和芒福德并列为环境思想传统中的第三条道路传统学者，有着令人信服的理由。麦克凯耶通过发展阿巴拉契亚小径保护自然是清晰的伦理计划，他意义深远地避免向从文化体验中移除的一套道德理想提出诉求。相反，麦克凯耶在人类社群价值和承诺的持续重建过程中，不断寻找荒野景观存在的根据。与芒福德遇到了杜威类似，通过接受美国最杰出的哲学代表人物之一乔赛亚·罗伊斯的教化，麦克凯耶与美国哲学传统直接相通。虽然罗伊斯今天主要以其(非实用主义的)绝对主义哲学而闻名，却与威廉·詹姆斯和约翰·杜威等更明确表明实用主义立场的同事们颇有共识。我相信麦克凯耶的荒野思想受到了罗伊斯社会哲学的巨大影响，尤其是罗伊斯将"更高级"或者"明智"的地方视为抵抗都市对区域文化和社群生活威胁的方法。而且，在麦克凯耶的作品中还有亨利·戴维·梭罗的环保主义思想痕迹，甚至还有推动美利坚合众国建立的美国政治地方主义古老形式的回声。

84

带着上述思考，我将在本章集中探讨以下问题：首先，我将探讨罗伊斯地方主义著作的主要元素，提炼出我认为极大地影响了麦克凯耶思想的特征。其次，我将评判罗伊斯的思想以及更加古老的环境和政治承诺在多大程度上塑造了麦克凯耶的阿巴拉契亚小径计划设计，并且考察麦克凯耶如何将小径计划设想成帮助实现阿巴拉契亚地区更广泛的社会改良的实用主义政治工具。麦克凯耶对于荒野保护的区域主义观点从不曾在自然资源保护者的圈子内引发强烈关注，尽管自然资源保护运动的领袖之一利奥波德在这方面强烈赞同麦克凯耶的思想。最后，我以反思麦克凯耶的环保作品与对荒野在环保主义日程中的意义和重要性的持久争论之间的关系，结束本章的分析。

罗伊斯“明智的地方主义”

虽然乔赛亚·罗伊斯（1855—1916年）还没有如同同时代实用主义同僚一般，得到哲学界的完全肯定，但是他仍然是美国哲学传统的扛鼎之人，与查尔斯·桑德斯·皮尔斯、威廉·詹姆斯、乔治·桑塔耶拿、约翰·杜威和阿尔弗雷德·诺思·怀特海等卓越的知识分子比肩。上述许多人物都将聚集在哈佛大学：詹姆斯和罗伊斯是同事和好朋友（也常常是学术思想争辩上的对手）；桑塔耶拿是罗伊斯的学生，后来与罗伊斯和詹姆斯成为同事。作为美国后康德时代理想主义的重要人物，形而上学、逻辑学和伦理学的思想先驱，罗伊斯最重要以及最具历史影响力的作品包括《哲学的宗教方面》[5]、《世界与个人》[6]、《忠诚的哲学》[7]以及《基督教的问题》[8]。

85

正如前文所述，虽然罗伊斯的绝对主义和理想主义哲学承诺中大部分与詹姆斯和杜威等思想家的多元主义和自然主义相矛盾——尤其在其早年著作中，但是他的晚期作品则与其实用主义同侪的思想颇为一致。[9]绝对主义在其哲学体系中渐渐式微，罗伊斯晚期的思想就某种程度上而言更加实用主义，他开始更多谈及与土地直接相关的社会和道德哲学问题（即便上述观点常常带有理想主义的普世特点）。举例来说，罗伊斯虽然对于实现并且维护“可爱社群”的纯哲学目标十分关注，但是同时也关注该目标的伦理和社会学的愿景，并借此与杜威联合起来，而杜威彼此缠绕的道德和政治思想正由类似的共同经验发展而来，虽然建立在并不那么超验主义和自然主义的根据之上。[10]

1902年，罗伊斯在爱荷华大学面对美国优秀大学生全国荣誉学会发表了关于“地方主义”的主题演讲。这篇演讲后来被收入文集《种族问题、地方主义以及其他美国问题》中，罗伊斯的这部文集是他试图将“忠诚”道德理想付诸实践的表现，也是他探讨当前系列社会问题最明确的一次尝试。[11]通过对“地方”的定义，罗伊斯得以详细解释这一语义丰富的概念，希望可以借此经验主义地实现他的社群哲学概念。通过“地方主义”,罗伊斯不仅寻求唤起他所说的“当地方言的特质”,而且还有更加广泛的“一定区域内的风尚、规矩和习惯”。[12]而且在他看来,“地方主义”一词就意味着对于这种文化形式的明确喜爱和自豪,一种对当地理想的忠诚,这些都是地方主义基本的道德特点。意识到该概念的地理指称对象必须明确其含义程度,罗伊斯提出了下述定义:

86

> 在我现在看来,一个县,一个州,甚至是更大范围的部分国土,例如新英格兰地区,都可以组成所谓地方。地方可以意味着国家领土范围内的任一部分,在地理上和社会上充分地团结在一起,拥有真正的共同意识,对本地的思想和习俗感到骄傲,感到本地与国内的其他地区有明显的区别。而对于“地方主义”的含义,首先是地方拥有自己的习俗和理想的一种趋势;其次是这些习俗和理想本身;再次是引领当地居民珍视自己的传统、信仰和期望的热爱与骄傲。[13]

然而,罗伊斯很快就将真正的地方主义与尖刻或者“错误的”地方偏见区分开来——正是这种地方偏见导致了美国内战的爆发。罗伊斯写道:“国家的统一始终需要我们的奉献,需要我们在某些方向上超越所有的地方主义思想界限。在未来,我国不同地域之间的共同感情需要持续的、始终如新的培育。”[14]正是意识到以“当地思想的独立”来平衡道德和政治上普遍主义的重要性,阻止了罗伊斯的思想沦落到任何一种自卫的、四面受敌的狭隘乡土观念。罗伊斯预测道:“如果总能伴随着做出巨大牺牲的意愿,以使伟大的公共机构、高贵的建筑以及美丽的环境表达出社群坚守的理想价值,那么地方主义就不会变得危险地狭隘。”[15]如何平衡对本地的忠诚与对更加都市化或全球化的追求之间互相依存的关系,在几近一个世纪之后,依然是我们面临的最具挑战的公共哲学命题之一。[16]罗伊斯对于地方利益物质表现的有趣阐释表明了社群生活和环境品质之间的紧密联系,我们将在后文中看到,本顿·麦克凯耶对此也表示赞同。

罗伊斯强调“明智的”地方的种种益处，将其视为对20世纪早期现代社会承受的各种主要罪恶的反击。首要的问题就是社会疏离感，尤其是将外来者（既包括外国移民，也包括本地的“流浪者”）同化到本地社群编织紧密的网络中的必要性。“陌生人、旅居者以及新移民”——如果想要避免破坏团结，所有这些人都必须被整合到当地生活中。[17]在罗伊斯看来，只有通过地方“精神”的培育——参与本地文化事务——这些外来人才能被纳入共同的社群体验中。某种程度上带有预言性质，罗伊斯似乎尤其关注不断增长的个人流动性以及频繁变更住所给社区价值带来的影响，今天我们通常将这一主题置于“地方意识”标题下探讨。罗伊斯本人就是移居的加利福尼亚人，他亲身经历了外来者融入新环境时遭遇的种种困难。虽然罗伊斯的解析极为概要和笼统，并未提供具体深刻的分析，但是他对美国现代工业社会中流浪迷失的个体问题的认识的确非常生动，而这一问题在20世纪末的美国生活中依然是悬而未决的主要社会问题。[18]

87

罗伊斯相信明智的地方主义可以对抗的第二种令人困惑的趋势，是他所指的现代美国生活中的“同化倾向”。罗伊斯对此解释道：

> 由于边远地区交通的便利、公众教育的普及以及工业和社会权威的协作和集中化，现代文明的某些方面明显在全国范围内变得同化，在某种程度上这种同化甚至遍及人类文明世界：每日读同样的新闻，分享同样的想法，向同样压倒性的社会力量屈服，生活在同样的时尚中，贬斥个性，接近千篇一律、令人厌倦的平庸。[19]

根据罗伊斯的观点，社会和文化层面的统一是20世纪早期技术和政治革命的灾难性产物；交谈、思考和生活的本地方式逐渐在现代文明的同化磨床上磨成粉末。杜威后来在《公众及其问题》中也对这种力量对人类共同经验的威胁表达过类似的忧虑：“蒸汽和电力创造的伟大社会或许是一个社会，”杜威写道，“却不是一个社群。”[20]与这种同化倾向紧密相关的是第三种弊病："暴徒精神"的爆发以及对民主政府的危害。受到法国心理学家古斯塔夫·勒庞的著作《乌合之众》[21]的巨大影响，罗伊斯认为无论个人接受了何等高度的教化，"作为暴徒，他们的心理历程都是低级的"。因此他们无法成为安全的统治者。只有"在小群体中共同商讨的人，尊重彼此独立个性的人，同时经常诚恳评判彼此的人，对于大众所言永远心怀疑虑的人"才能被信任委以承担民众政府的责任。[22]地方不仅是个人逃离蒸汽压路机般强大的暴徒精神的救赎，还是美国真正民主的最后一座要塞。

因此，罗伊斯对于培育明智地方主义的恳求，实际上是对20世纪早期在身边文化生活中体会到的层出不穷，不断增长的社会、道德和政治问题的实用主义反应。正如约翰·J. 麦克德莫特观察到的那样，随着罗伊斯较为局部的社会反思淡出历史画卷，他的地方主义思想依然具有强大的规范力。麦克德莫特写道："罗伊斯确切地指出文化教育面临的重大困境。如果我们试图缔造完美的人类社群，例如罗伊斯设想的'可爱'或者'伟大'的社群，我们当然不能隔绝与其他文化、主张和思想的联系……对于罗伊斯而言，社群是对当地环境承诺深刻而完整地盛放。"[23]

对社群的个性化描述无疑占据了罗伊斯晚年生活的大部分时光，他此时的著作呈现出更加社会化（甚至是准政治化）的特色。[24]在人生最后的系列文章之一《伟大社群的希望》[25]中，罗伊斯期盼一个地跨全球、国际性的社群，一个超越民族和地理国界的社群，一个在第一次世界大战狂暴的国际冲突阴影下对兄弟友爱温柔诉求的社群。这一希冀在许多方面是其早期地方主义思想的延展，以罗伊斯试图平衡其地方主义的"中庸之道"作为补充，即在国际范围内，在更大规模统一中实现多样化：

> 凭借将各个民族国家紧密联系在一起的纽带，未来伟大的社群将毫无疑问是国际化的。鄙视各国独立性的国际主义没有立足之地；试图用我们未来变成"没有国家的人"这种同样毫无价值的欲望来取代当下寻求征服人类的国际主义也毫无出路。……未来的世界公民将不会失去他们各自的国家。塑造了当前国家现状的彼

> 此间的持续敌意将会成为过去；而如今甚至在和平时期，个人心中依然存在如此多的厌恶憎恨和心思涣散……无论在人类社会生活的哪个层级，能够拯救我们的只有团结。[26]

89

虽然罗伊斯对于人类社群的社会性和政治性（而不是纯粹的形而上方面）越来越关注，但是他从未（在任何范围内）就规划和维持这样的社会秩序提供任何实用主义方案——他对政治技术的忽视使得他比杜威更感愧疚。[27]然而，我们很难否认的是，罗伊斯辨识出了对于美国地方社群的特点和形式而言一系列真正的威胁。虽然罗伊斯坚信给予适当养分的社群实践和传统能够有效中和这些危险，但是这些危险显然需要更多具体的计划来应对，对此这位哲学家却无法提供。我认为，罗伊斯的许多思想很快就可以在本顿·麦克凯耶的自然资源保护作品中找到切实的表达，尤其在他为阿巴拉契亚小径撰写的早期章程中。与其说麦克凯耶是一位照顾具体细节的策略家，不如说他是一位概念化的规划者和恢宏场景的想象者，无论如何我相信他的作品提供了一种实用性的载体，能够传达罗伊斯地方思想的价值。

自然资源保护与社群

本顿·麦克凯耶于1879年出生于康涅狄格州，他的父亲斯蒂尔·麦克凯耶是19世纪末波士顿著名的画家、演员、剧院经理和剧作家。麦克凯耶家族的兄弟姐妹们有幸得到了上天慷慨恩赐的天赋。他的弟弟珀西紧跟父亲的脚步，成为一位受人敬重的诗人和剧作家；他的姐姐黑兹尔则紧随其后成为一名成功的舞台剧演员以及有影响力的妇女参政主义者。本顿的哥哥詹姆斯·麦德伯里则令人惊奇地拥有双面人生，一方面作为工业化学家，另一方面则是达特茅斯大学的哲学教授。在19世纪和20世纪之交，詹姆斯以“美国化的社会主义”为主题的作品在纽约城的左翼分子中激起小小涟漪——混合了社会民主思想与对功利主义理论强有力的实证解读。

本顿在八岁前几乎都待在纽约城，1888年他随全家搬到了马萨诸塞 90 州的雪莉城。在这座典型的新英格兰村庄中的生活很快就使小本顿变成了日后的朋友刘易斯·芒福德口中“典型的北方佬”，那里的公众精神和乡村环境使本顿的哲学想象力越烧越旺盛，直至1975年于96岁高龄去世为止。虽然其间也曾在其他地方生活——包括坎布里奇、纽约城和华盛顿——他却总是一再回到雪莉城。[28]

麦克凯耶于1896年进入哈佛大学，接受文科博雅教育，从而沉浸于自然科学和人文科学的启发中。在威廉姆·莫里斯·戴维斯和纳撒尼尔·索斯盖特·谢勒等地理学家和地质学家的指导下，麦克凯耶开始学习并欣赏自然景观复杂的工作机制和令人惊叹的审美奇观。保罗·布莱恩特于1965年发表的论文是直至近期为止唯一一部综合研究麦克凯耶的传记作品，他在论文中指出，这些卓越的学者对年轻的麦克凯耶产生了巨大的影响，使其对环境的兴趣不断增长；戴维斯在地理简介课上的开篇词尤其撞击着麦克凯耶年轻的心。“先生们，”戴维斯教授在学生们面前举起了一只地球仪说道，“这就是你们将要学习的主题——这个星球，这里的土地、水、大气和生命；植物、动物和人类的居所——作为居所的地球。”[29]这位地理学家在陈述中表达出的自然观——作为居所的自然环境——将会贯穿麦克凯耶自然资源保护哲学的始终，其中包括其最重要的荒野思想。

谢勒当时是劳伦斯科学学院的院长，他教授的“基础地质学”面向300名学生，是该学院最受欢迎的课程。[30]作为路易斯·阿加西的学生，谢勒是美国地质学和地理学界的著名人物，同时也是科学上的多面手和普及专家。谢勒还是早期自然资源保护运动的卓越领导者，尽管如此，他也与麦克凯耶一样，美国的自然资源保护史和环境保护史上都鲜少提及他的名字。[31]作为乔治·帕金斯·马什的追随者，同时也受到浪漫自然哲学的巨大影响，谢勒的环保理念同时反映出自然资源保护主义传统和保存主义传统。而且，他的科学考察工作使其与美国地质调查局的 91 自然资源保护主义先锋约翰·威斯利·鲍威尔以及善于雄辩的美国实用主义哲学奠基人查尔斯·桑德斯·皮尔斯紧密合作——从1859年到

1891年，皮尔斯为美国海岸和大地测量局工作，这是这位哲学家一生中唯一稳定的一项工作。[32]这些紧密的合作和影响无疑在谢勒的思想中留下了清晰的印记，有趣的是我们可以在麦克凯耶后来的自然资源保护哲学中看到类似的实用主义、功利主义和浪漫超验主义的奇异混合。[33]

麦克凯耶在哈佛的老师还包括乔赛亚·罗伊斯。布莱恩特在简要描述罗伊斯对麦克凯耶思想发展产生的影响时发现，麦克凯耶并没有因为他接受的学院教育而变成坚守技术论的哲学家，在麦克凯耶的思想中存在着一条与罗伊斯思想平行的强有力线索。布莱恩特认为这种影响主要是形而上的，尤其表现在麦克凯耶对罗伊斯将自然看作“社会产物”的观点深感赞同。[34]这当然是真的，不过我认为这并没有完整展现出罗伊斯的哲学与麦克凯耶接下来发展出的环保主义理论之间的重大关系。当然，对于思想借鉴的推测必须谨慎进行。然而，我认为有证据可以支持这一观点，即在麦克凯耶后来的环保主义哲学中有罗伊斯地方主义的回响。

1900年，麦克凯耶完成了哈佛大学的学业，此时距离罗伊斯在艾奥瓦发表演讲还有两年的时间，距离这篇演讲公开发表还有八年的时间，因此麦克凯耶很可能是在教授的课堂上习得了罗伊斯的主要观点。麦克凯耶于1903年重返哈佛大学攻读林业硕士学位，并于1905年毕业。直至1910年，麦克凯耶都与哈佛大学联系紧密，在美国国家林业局工作的同时也在哈佛大学兼职教授林业课程。鉴于此，以及麦克凯耶旺盛的求知欲和他嗜好哲学讨论的特点，怀疑麦克凯耶在此期间对老师的地方主义思想有所思考，看起来非常合理。[35]无论如何，我们的确在他们的哲学立场中看到许多相似之处。 92

在接受了当时林业管理的功利主义传统训练后，麦克凯耶于1905年加入了美国国家林业局，该局在局长吉福德·平肖的领导下于当年刚刚正式成立。麦克凯耶工作的早期职责包括为新英格兰地区的农民和林务员提供小片林地管理的适当技术。1912年，他接受任务，为美国地质调查局测绘新罕布什尔州白山的集水区，该项目是建立白山国家森林公园的基础。在战争期间，麦克凯耶考察了中西部州北部地区被砍伐殆尽的森林地带，在林业和农业合作社的配合下，制订计划在被遗弃的“树桩土地”上重新安置定居人口。麦克凯耶称其为“乡村再移民”，这一项目融入了麦克凯耶对社群规划和自然资源保护持续且交缠的兴趣。此后不久，由于早期工作成果斐然，麦克凯耶被调往美国劳工部，他于1919年在此发表了《就业与自然资源》的报告。[36]麦克凯耶将这份报告视为自己的第一部专著，在报告中呼吁联邦政府在未定居的土地和已经组织成形的社群中创造新的工作机会；呼吁政府关注自然资源的保护；在经济上重建农业、林业和矿业，以适应社会稳定的目标。

麦克凯耶描述的新农业社群、林业社群和矿业社群是符合经济合作理想的典范，因此为繁荣的社群生活提供了更加持久和良好的文化和自然环境。麦克凯耶希望凭借智慧的规划，终结在中西部湖区等地区广泛存在的，在社会上和生态上都极为有害的“匆忙逃走”乡村资源关系模式。因此，促进稳定社群定居的计划就与发展更加负责、持续收获的资源保护方法紧密联系起来。虽然自然资源保护在当时的环保界并不是新鲜概念，但是麦克凯耶对更广泛的系列社会和经济问题的极度关注无疑将他与其他同时代的林业人员区分开来，也与他在哈佛接受的狭义林业训练清晰地划下界限。结果截至1920年，作为自然资源保护者和社群规划者的麦克凯耶的简历已经足以令人印象深刻——如果不是绝无仅有的——虽然在此阶段政治激进主义者对他的大部分计划都十分赞同，它们却几乎不曾得到政府的真正支持。[37]

93

麦克凯耶的早期职业生涯一直在寻求通过自然资源保护以及经济规划建立更加稳固的社群。与罗伊斯一样，麦克凯耶也十分关注流浪无根的个人造成的问题——这里的问题是指美国人在离开故土、蔓延到大陆各个角落的时候，实施的准无政府状态和短视的林业、农业和矿业活动；麦克凯耶认为，稳定社群生活的地方价值对这些问题做出了实用且有建设性的回应。正如前文曾经指出的那样，麦克凯耶在这方面最强有力的计划便是于1921年推出的阿巴拉契亚小径计划。他借此计划具体呈现了增强与荒野保护一致的共同经验的有力工具，因此为创新且实用的环境哲学铺下了基石。

阿巴拉契亚小径：保卫“本土”美国

麦克凯耶为阿巴拉契亚小径制定的历史性规划直接来源于一次可悲的个人经历。1921年春天，麦克凯耶的妻子、忠实的女权主义者和社会活动家贝蒂在经历一段严重的抑郁后自杀身亡。绝望之下，麦克凯耶接受了朋友，《美国建筑师学会杂志》编辑查尔斯·哈里斯·惠特克的邀请，前往惠特克位于新泽西州北奥利弗的农庄住一段日子（麦克凯耶和妻子此前住在纽约）。麦克凯耶于6月抵达农庄，不久就开始围绕区域规划主题进行创作，最初他只是将其称为“备忘录”。备忘录很快就扩充成为一项包罗万象且野心勃勃的计划——沿着阿巴拉契亚山的山脊线建造一条全新的休闲小径。惠特克对此十分感兴趣，他把这一计划告诉了朋友克拉伦斯·S. 斯泰因——一位与其志趣相投的社会进步主义者和建筑师。1921年7月10日，麦克凯耶、惠特克和斯泰因在哈德逊公会农场附近相聚，该农场当时是城市青年合作营以及社会改良者的聚集地。在这次会面中，惠特克表示希望能够在《美国建筑师学会杂志》上 94 发表麦克凯耶的阿巴拉契亚小径计划，斯泰因则告诉麦克凯耶他将会通过学会杂志的社群规划委员会进一步宣传小径计划。[38]这次会面成为美国自然资源保护史和环境规划史上的里程碑，它不仅启动了阿巴拉契亚小径的发展，其间思想和个人的联盟还很快汇聚到了美国区域规划协会。

将从缅因州到佐治亚州的一段荒野小路计划描述为“面对生存问题的新方法”，麦克凯耶的阿巴拉契亚小径计划书出现在《美国建筑师学会杂志》上，开篇是一段对改善娱乐休闲审美的请求：“解决生存问题的传统方法通常与工作有关，而不是玩乐。我们能提高工作效率吗？我们能解决劳动力问题吗？如果是这样，我们可以扩大休闲娱乐的机会。”[39]然而，麦克凯耶此言的目的在于“反转这种思维过程”。换句话说，他认为真正的关注在于平等的另一面，例如提出这样的问题：“我们能提高休闲效率吗？”以及“我们能发展出休闲娱乐的机会来解决劳动力问题吗？”[40]他迅速略过关于休闲效率的功利主义言论，明确阐述他头脑中有比简单提倡将荒野视为“逃离的乌托邦”更多的想法。在表述休闲相关问题时，麦克凯耶开启了一道门，这道门通往对美国社会和政治社群价值与自然环境之间关系的更加深刻而复杂的再审视。

根据麦克凯耶的观点，除了显而易见的治疗作用和实际益处之外，阿巴拉契亚山脊上的艰难跋涉将会使人们将自身被掠夺、死气沉沉的都市存在感投射到更加广泛的哲学语境中。不仅如此，他还认为沿着小径对一路上的自然环境进行“恬适的研究”，将会鼓励人们重新评价美国生活中愚蠢的商业主义和个人主义；体验荒野自然还将使人们的生产关系再度充满活力：

> 人们将从正确的视角真正评价工业——作为生活的手段而不是生活本身。真正参与休闲和非工业生活——整个社会系统地参与而不是少数人断断续续地参与——应当强调其与工业生活之间的区别。应当刺激扩大对休闲的需求，而相应地减少对工业生活的需求。它会给劳工运动投注新的活力。这样的生活和研究应当强调挖掘工业问题根源的必要性，避免表面化思维和冲动举动。借此可以尽可能公正地仔细研究农民、矿工和伐木工的问题。这样的方法将带来理解下的平衡。[41]

95

我认为麦克凯耶的上述理论与环境哲学家布莱恩·诺顿所称的自然世界经历的“转换价值”极为类似，认识到自然经历有许多方法“可以促进人们对过度物质化和消费主义的倾向产生疑问，进而将之抛弃”。[42]这些“感受到的过度物质化和消费主义倾向”是指不加质疑的“给予”，一个人不假思索或者对有疑虑的事物不加适当评估便有的欲望（例如建立在资源基础上的商品需求，而不考虑获得和使用它们造成的生态后果）。实际上，诺顿认为在自然中获取的反思经历，可以引领人们改变对待环境的态度和价值观念，塑造更具生态友好性的承诺。

在环保思想史上，这种思想无疑具有令人印象深刻的正宗血统。我们可以在许多美国超验主义者的作品中找到类似的立场，尤其在麦克凯耶的哲学偶像亨利·戴维·梭罗的作品中，梭罗将自然经历视为批判19世纪中期政治和社会生活的有力道德武器。正如鲍勃·派珀曼·泰勒观察到的那样：

> 《瓦尔登湖》中自然的角色实际上非常政治化：在梭罗看来，它是打破传统智慧枷锁的工具——那些阻止我们严肃地质疑现状及欲望的必要性，或者想象另外一种可能性的传统智慧。它是一种社会批判的工具，但是这一工具却与众不同：它普遍可用，而且对民主社会的所有公民而言都是一种必备资源。[43]

麦克凯耶对于人们在小径上体验休闲和非工业生活的预言，及其对20世纪政治经济颇具洞察力的观点，都是对梭罗重要的自然观的清晰回响。让我们看看《瓦尔登湖》中描述“春天”的段落：　96

> 如果不是被还未开发的森林和草地环绕着，我们的乡村生活将会停滞下来。我们需要荒野来慰藉……自然对我们来说，永远也不够。一看到不知疲倦的生命活力、规模宏大的自然现象、布满残骸的海岸、荒野上或生机盎然或腐朽死去的树木、孕育了雷电的云，还有持续下了三周的大雨带来的洪水，我们一定会精神抖擞。我们需要亲眼看到我们的极限被跨越，有些生命在我们不曾漫步的地方自由呼吸。[44]

虽然梭罗面对类似缅因州卡塔丁山等地的原始荒野环境感到挫败，然而他却了解其重要的政治和社会意义；荒野是对人类的自大和毫无节制的检视，对我们的道德和物质极限的提醒。因此对于梭罗和麦克凯耶而言，未被污染的自然为我们提供了与美国工业和商业价值隔开的必要距离，从而可以真正审视它——也就是说它是手段，而并非最终的目标。[45]

麦克凯耶对阿巴拉契亚小径计划赋予的改良希望——将是一种探寻工业问题的“根源”以及设想互相补偿的社会和道德秩序的工具——

与梭罗在《瓦尔登湖》中对寻找坚实“湖底”的几近迷恋相呼应。在“冬天的湖”部分，梭罗冒险登上冰面调查瓦尔登湖的深度，当地传闻湖水深不见底。虽然梭罗发现瓦尔登湖毫无疑问非常深，而且湖水纯净珍奇，但他同时也确认了瓦尔登湖的确拥有坚实的湖底。梭罗经验主义的一面对这一发现非常满意，但是他心中超验主义的一面还是想要探究得更多：“我感谢这片湖，深邃而纯净，可以成为一种象征。当人们仍然相信无限的时候，就会认为有些湖沼深不可测。”[46]坚实的湖底对于梭罗来说非常重要，因为它为自然提供了形而上的道德基础，即传统和社会制度之外的一个点，从这一点出发他可以公正地评估19世纪中期的美国文化和经济。

然而与此同时，梭罗的自然无法像他希望的那样成为真正孤立的领域；它的“底”在很大程度上也是人类的创造。正如沃尔特·本·麦考斯曾经指出的那样，对于梭罗来说，调查瓦尔登湖（以及对自然的总体诉 97 求）在很大意义上也是个人对自我自然的宣告；自然世界反映着其定义本应反对的文化和社会价值。[47]即便如此，对于超越人类基础的信仰以及对于自然的无限感——相信深不见底的湖水——对于梭罗来说依然重要，因为这样的信仰能够鼓励人类反思自己在这个世界上的位置，从而更感到自然的神秘和人类的卑微。在梭罗的作品中，信仰自然的广博及其不可思议最终表现出一种实用主义品质。即便瓦尔登湖只是一汪简单深邃的湖水，它象征性的深不见底作为道德评判的基础发挥作用；从总体而言，自然可以提升我们的文化和政治抱负。

虽然梭罗显然是麦克凯耶思想上的先驱之一，但是麦克凯耶却以更深刻的形而上学的思辨与这位北方自然主义同乡分道扬镳了（麦克凯耶似乎仅假设人类的价值和意愿彻底嵌入自然之中）。然而，麦克凯耶与梭罗都赞同自然具有实用主义基础，人类在与荒野亲密接触的过程中产生了独一无二的体验和文化价值，这是保护它的理由，也是批判工业美国的经济和社会忠诚的工具。因此，麦克凯耶的阿巴拉契亚小径计划吸取了这一美国环保思想古老而重要的传统，自然成为诊断社会疾病以及突显美国道德和政治改良适当过程的修辞手法。[48]

虽然阿巴拉契亚小径计划被视为批判沉闷窒息的工业主义的计划，但是它的设计初衷则是为了应对麦克凯耶在现代城市化发展过程中看到的一些令人警觉的趋势：在社会和环境层面具有毁灭性的都市化力量侵蚀着真正的乡村社群。麦克凯耶在1927年写道：“这种过度紧张的机械化文明……对我们的本土，对我们应许文化的入侵，犹如一支外国军队的入侵。‘都市美国’是一个矛盾体，它并非真实美国的任一部分，它是一种外来影响，本土及其允诺必须与之抗衡。”[49]然而必须指出的是，麦克凯耶并非提倡某种激进的反城市化。与芒福德一样，麦克凯耶相信“真正的”城市形式是平衡的区域景观的一部分，既包含乡村，也包含蛮荒秘境。他于1928年写道，在更大地理范围内构想并规划的更小型、更有机的“区域城市”展现着“融合了（城市、社群甚至是原始）各种生活的巨大而美妙的乐章，抗击现代都市标准化存在那迟缓无趣的刺耳杂音”。[50]因此，罗伊斯或许会这样说，区域城市社群会成为对抗饱受错误都市形式折磨的现代文明所产生的同化效果的堡垒。

98

麦克凯耶如摩尼教徒般支持“本土的”，反对“城市的”，是其环境哲学的中心思想。1927年，当麦克凯耶在蓝山俱乐部谈及小径的设计目的时说道：“那是对土地的热爱，对原始自然和人类本性的热爱；山峰脊线和同志情谊的诱惑使我们乐于想象自己身处故土深处。”“总之，”他总结道，“阿巴拉契亚小径的目标是建立一个‘本土美国’。”[51]这一针对美国生活的社会重建计划意味着小径本身并非目的，而是像麦克凯耶所说的“满足更多基本需求的基础”。具体而言，包括“为了满足一系列急需的社会教育的配备，以及看到共同目标的思想力量，但这种思想力量并非彼此仇视而乱作一团，而是彼此独立又能够融合为一体的存在”。[52]正如麦克凯耶所说，调度小径固有的社会和生物物理资源来抵抗入侵的大都市化影响，是一种在平衡的自然环境下发展共同思想和共有文化体验的方式。“共同思想和真正环境的发展……在社群和乡间比在建筑和道路测绘中更加深刻”[53]，因此我们需要利用所有可以利用的、切实可行的方式方法——例如阿巴拉契亚小径计划等——来发展共有文化，以使社群和乡间得到真正的活力。

我认为，不论是麦克凯耶本土美国的有机理想，还是罗伊斯明智地
99 方的概念，都非常卓越。显而易见的是，两人思想的共通之处在于强调区域共有生活以及保护区域不受都市疏离化和机械化力量的侵袭。“对文化生活最有传导力的模式看起来就是社群。”麦克凯耶写道，并做出结论，无论其范围大小，真正的社群如同地方一样，“与大众有着本质的区别。那是拥有非常重要的共同地理利益的一群人”。[54]麦克凯耶在真正或者本土环境培育下的共同思想理论，与罗伊斯对地方拥有重要的统一意识的评论，无疑是同一道理的不同说法。而且我们将在下一章中看到，奥尔多·利奥波德的思想也突出地强调自然与人类广泛的公共利益的联合。

除了受到罗伊斯和梭罗思想的影响，麦克凯耶对阿巴拉契亚小径的设想或许还借鉴了最深层次的美国政治经验。美国著名历史学家伯纳德·贝林在其新书《开启一个全新世界》中讨论了地方这一角色的重要性——它塑造了美国建国之父们的政治想象。贝林写道，美国独立战争一代（即杰斐逊、亚当斯和富兰克林等人）“是现代史上最具创造力的群体之一”[55]，他认为他们的创造力很大程度上归功于他们的所在——当时的北大西洋腹地——远离欧洲大都市。贝林认为，建国之父们从当地的传统和价值中吸取了强有力的道德节操，从而为他们反抗欧洲的大都市力量塑造了政治语境。这种美国地方主义也赋予了他们想象力上的巨大跳跃，使他们能够放开去设想全新的宪政民主秩序：

> 他们的地方主义以及从中得到的自我道德高度，滋养了他们的政治想象力。他们对自己在业已建立的大都市世界中的位置并不确定，他们感到自己并不受那个世界的约束；他们已经准备好向那样的世界提出挑战……一般来说，决定和激励了建国之父们的想象力，从而使他们创造一个新世界的能力，实际上来源于已经成形的大都市之外，带着由来已久、深埋心底、神秘难言的牵连和承诺。他们从古远的优势出发，用冷静且充满批判和挑战的眼光，看待他们眼中占据统治地位的秩序现状，他们看到的却是衰退、由于自满得

> 意和自我陶醉的苦心经营而带来的疲惫不堪，以及对于新鲜能量和充满想象力的设计的脆弱回应。拒绝被传统吓倒，对于自己的正直和创造力信心百倍，他们要知道为什么事情必须是它们现在的样子；他们拥有想象力和能量来设想更加接近每日生活现实的活法，更可能为人类带来幸福的活法。[56]

100

麦克凯耶推崇本土文化对抗大都市化，他将阿巴拉契亚小径设想为本土力量抗击工业和经济对乡间的侵蚀，我认为，这正是内涵丰富的民主的一部分和美国地方抵抗和创造的逻辑。在1928年的著作《新探险》中，麦克凯耶以伟大的戏剧家之子口中可以期待的最佳修辞，展现其广泛的区域规划理论及其角色在引领文化和政治力量抗击都市化侵袭中的作用。他写道，阿巴拉契亚地区成为竞争激烈的战场。一方面是精神麻痹、环境损毁的“铁文明”，从东部的巨大城市流向阿巴拉契亚乡间。做好战斗准备，抵御联合起来的个人主义和都市主义“外来”势力，是麦克凯耶建立在自然基础上的地方主义的主要思想：

> 在建立国家公园和国家保护林地的运动中，可以看到地方主义的细微证据，用以恢复梭罗在昙花一现间为我们展示的自然领域，通过本地的戏剧来发展艺术，否则就在我们的社会激发“精神的形式”……在普通公民的背心下跳动着一颗热烈追求自由的心，发出潜在的战栗，这颗心已经开始觉醒。区域规划者最急迫的工作就是为这种觉醒做好准备——不过不是通过建立在都市化“瓶颈”上毫无建设性的荒诞努力，而是通过回到山脊的创造性努力，在那里，充满内在人类价值的本土世界（具体而言就是本土美国）等待着被重建和发展为适合生活的土地。[57]

麦克凯耶的小径设计在真正意义上，是一次新型政治路线的尝试。麦克凯耶本土美国的文化和价值被发展为一种可供选择的社会秩序，一种可以通过人为控制的区域景观规划来实现的现实。

除了其政治和社会承诺外，阿巴拉契亚小径计划还是一种强有力的环境伦理表达，虽然这一计划最终更偏向人本主义，而不是非人类中心主义。从这方面来说，正如前文讨论过的那样，罗伊斯和麦克凯耶的环境存在论有相似之处；他们都赞成这样的观点：自然实际上充满了人类的价值。“我们的工作就是要为鸟儿和树木缔造一个美国避难所，”麦克凯耶写道，“是的，然后通过它们来拯救我们自己。”[58]本土美国的“内在人类价值”，即地方的有机社群文化，形成了麦克凯耶计划规范的核心内容。然而这样的价值是地方文化与原始荒野之间交互的结果，为公民提供的特殊体验与都市环境形成了鲜明的对比。虽然他的立场颇为人类中心主义，但是麦克凯耶对于非人类自然界的观点绝非傲慢自大的人本主义。相反，关注并且期待改善自然环境一直与人类道德和社会条件的改善紧密相关。[59]

101

虽然将罗伊斯看作一位自然资源保护哲学家或者环境思想家似乎做了过多延展，不过这位哈佛大学教授的确表示过类似的情感。与麦克凯耶一样，罗伊斯根据人类社群的公民事务和普遍利益来看待对自然（和人造）环境的理解和尊重。他写道，明智的地方主义精神明确地体现在“不断增加的公共图书馆中，在公共公园的展示中，在当地历史学会的作品中，在乡村改善协会的事业中”。[60]罗伊斯与麦克凯耶一样，都对现代工业文明冲击自然世界的美丽和完整忧心忡忡。他于1908年写道：

> 让地方越来越多地寻求自己的装饰。我在这里要谈及一件事，所有美国社群直至近期几乎依然严重忽略的一件事。就其物质目标而言，在决心给予社群周边环境高贵、庄重和美丽这一方面，促进本地的自豪感本应是最重要的核心。我们美国人用了太多时间和精力在伤害景观的基础上建立新社群，却在美化我们已有的村镇和城市上努力太少。我们已经开始改变这一切，虽然我无权以对国家美景热爱的增长程度表示关心的审美法官身份发表意见，但是我强烈坚持，如果继续过分的举动，没有社群能够在其公共建筑或者乡镇和城市的环境中

创造真正的美丽和庄重，而且必将因此受到应得的惩罚。[61]　102

环境品质因而成为地方价值的表达，为罗伊斯极力推崇的忠诚提供了更高道德原则的训练。[62]

如果说麦克凯耶的阿巴拉契亚小径计划在罗伊斯的地方主义和美国思想的早期环境和政治传统中找到了许多哲学引导，那么他还从其熟知的西北地区小径自然资源保护计划以及他过去的职业经验中吸取了实际的灵感。例如，麦克凯耶从新罕布什尔州白山的阿巴拉契亚山俱乐部以及佛蒙特州绿山俱乐部的“幽长小径”中汲取了规划动议中的特别经验。实际上，麦克凯耶将阿巴拉契亚小径计划视为这些项目逻辑上的延展，尤其是对“幽长小径”的一种延展，他曾经亲口说过，他本来提议在“阿巴拉契亚山的整个天际线复制一条‘幽长小径’”。[63]然而，小径操作模式的最主要灵感则来自他早期在美国劳工部从事的自然资源保护和安置定居工作。

麦克凯耶在1921年的文章中提议，沿着小径发展系列社群定居点，先从搭建临时帐篷开始，继而建设固定的、有规划的休闲社群，这样的社群也可以为科学考察和身体康复所用。最后，作为补充的大型食品和农场营地，“本着合作社的精神”，为农业基地提供新的户外生活设施。沿着小径建立的持久林地社群反过来也加入这一协作体系，如同农业合作社一样，能够为新的乡村人口提供就业机会以及健康的生活环境。麦克凯耶希望安全的阿巴拉契亚“领地”的积极发展能够阻止乡村人口蜂拥向东海岸已经拥挤不堪的城市。声称小径的目的在于为户外社群生活更加广泛和综合的发展建设基地，麦克凯耶无疑在寻求阿巴拉契亚地区的休闲和治疗价值与深入的社会民主和经济改良之间的紧密联系。正如他所写的，阿巴拉契亚小径将会成为一个“住房和社群建筑项目”，是　103
一项颇具野心的社会和环境重建任务，已经超出了用于休闲和娱乐的东部荒野小径的程度。[64]

这些具体目标清晰表露出一个广泛且在当时史无前例的规划项目。麦克凯耶于1931年写道:“我们努力的全部目标针对一个领域，而并非一条小径。小径是我们追寻的整体目标的入口——那个我们称为原始影响的永恒的整体目标。”[65]这种“原始”影响的发展(他更喜欢用这一词汇，而不是“荒野”)引发了连锁的地理和文化任务，它比荒野保护的狭义目标范围更广，也更具野心。正如他在原始计划的副标题中清晰表明的那样，阿巴拉契亚小径试图进一步发展区域规划理论——20世纪20年代和30年代初期抵达巅峰的一场思想和实践运动。正如我们在第三章中探讨的那样，美国区域规划协会致力于将英国的“花园城市”理想带入美国——从审美上、政治上和生态上重建城市和乡村环境的一种去中心化绿色愿景。马克·卢卡雷利发现，麦克凯耶和芒福德等区域规划协会的会员原本就试图将中立且延展的花园城市带入复杂的区域城市概念中，以实现改变现代工业生活语境的宏大目标。卢卡雷利这样写道:“城市生活并不会消失，而只是拥有了不同的语境……自然世界将被感知：花园城市将提供乡村风景、农产品和电力；它将培育建筑和文学以及特定类型的行业等。”[66]

麦克凯耶和芒福德是美国区域规划协会最强有力的理论领袖，于20世纪20年代在引领协会发展方向上发挥了巨大的影响力。具体而言，在区域及其文化潜力的发展上，他们推动协会向更加兼容并包的环境方向发展，而协会的许多住宅专家和区域规划者都没能立刻接受这一方向。[67]麦克凯耶的阿巴拉契亚小径计划对于协会在这方面的关注尤其重要。正如爱德华·斯潘所写的那样，阿巴拉契亚小径计划“显著扩大了区域规划的界限和潜力，承诺打破大城市及其周边地区的成见”。[68]芒福德在《新探险》的前言中写道，麦克凯耶的设想“在我们所有的工作中占据决定性地位，修正了我们的城市思维方法，开阔了我们的眼界，将古老美国、东部荒野和西部边疆的声音和触感带入了我们的生活——那是我们咎由自取地忽视了的传统”。[69]

104

区域主义与自然资源保护

如果说麦克凯耶的阿巴拉契亚小径计划的原始和乡村导向扩展了

区域规划协会的建筑师和规划者们的想象力，他在自然资源保护群体中的影响力，尤其在20世纪20年代早期及中期对荒野思想和相关政策制定的影响力，则是另一个故事。奥尔多·利奥波德于1921年在《林业杂志》上发表文章《林业游乐政策中的荒野及其地位》，首次对荒野保护的必要性做出了详细阐述。[70]认为吉福德·平肖“最大化利用”的信条应当扩展到既从工业化侵入性娱乐的角度，又从旅游发展的角度适应荒野保护，利奥波德表示森林地带的休闲用途还是“少数者权利”——年轻的林业局每天都会忽略的一种权利。正如保罗·萨特恰当指出的那样，这一荒野保护的早期观点与大多数观察家的意见相左，并不是利奥波德试图从“资源利用政治中浪漫地逃脱”。[71]相反，利奥波德的观点是对两次世界大战之间美国具体的技术和消费趋势的直接反应，包括汽车产业的发展、不断增长的道路建设，以及在共有土地上不断攀升的娱乐需求。

虽然萨特富有洞见的分析还原了利奥波德早期荒野思想中一个重要的社会和物质主义因素，从某种糟糕的思想史沼泽中拯救了自然资源保护主义者，我还是认为，在麦克凯耶提出阿巴拉契亚小径计划时，利奥波德在公共领域保护荒野的动议建立在十分温和的社会哲学基础之上，至少在1921年，几乎不曾超越美国公众对原始娱乐价值的保护和需求。 105
然而十年过去了，利奥波德明显可以凭借更加广泛的文化和公民根基，进一步扩大荒野保护的观点，包括对荒野贡献的经典进步主义主张、荒野对于美国性格养成的影响以及公众对于荒野更加浓厚的兴趣。到了20世纪40年代，利奥波德经常使用荒野保护的生态学基本原理，尽管在这一时期，他在其理论承诺的连续性上表现出一定的倾向性（我们将在下一章中讨论利奥波德的贡献）。[72]

麦克凯耶当然同意利奥波德早期的观点，这些观点与麦克凯耶本人的观点非常类似。不过在将社群价值和区域主义文化整合到荒野规划和保护这方面而言，麦克凯耶在20世纪20年代早期还是要比利奥波德走得更远一些。利奥波德十分赞赏麦克凯耶的区域理论，于1930年对麦克凯耶不久前发表在《林业杂志》中自嘲他们共享职业的一篇文章反应热烈。“这种东西（区域主义）正是林业工作者需要的，”利奥波德在一封写给麦克凯耶的私人信件中写道，“即使他们中的大多数人无法理解。”[73]麦克凯耶同样也对利奥波德的观点做出了积极回应，他认为利奥波德于20世纪20年代进行的一系列荒野研究做出了“涉及区域规划心理学范畴的为数不多的贡献之一”。[74]同样清晰的是，麦克凯耶将区域规划任务视为当时自然资源专业管理的一部分，认为区域规划协会“应当承担起罗斯福—平肖时期自然资源保护运动的进一步发展”。[75]

尽管做出了如上结论，麦克凯耶的区域主义阿巴拉契亚小径计划却从未得到自然资源保护主义者或者荒野保护主义者的真正关注。虽然这条登山小径将会在接下来的几十年间成为现实，但是它却从未发展成为麦克凯耶在最初计划中设计的社会变革工具；这是麦克凯耶在劳工部工作期间不得不接受的政治裁决。罗纳德·弗雷斯塔评论小径的最终状态为一种“非建设性的城市休闲选项”，专业规划师和土地管理者对于小径的娱乐设施最感兴趣，他们篡改了小径原有的社群建设目标，激进主义者和劳动阶层对小径实际上采取放弃态度，而麦克凯耶最初正是对这类顾客的光临充满了殷切的期待。[76]小径没能成为罗伊斯的明智地方，麦克凯耶的思想在自然资源保护史上几乎无人问津，暗示着当时的区域规划与自然资源保护运动之间存在着分裂。事实上，尽管麦克凯耶和利奥波德在思想理论上有共通性，甚至在实际行动中也彼此协作（例如共同建立了荒野保护协会），他们之间的关系最为恰当的表述依然是一个错过的机会。罗伯特·戈特利布对此的分析颇为透彻，他写道：“自然资源保护主义者与区域规划者之间的联系从没有超越原始的纽带（在麦克凯耶和利奥波德之间），尤其是荒野保护协会等自然资源保护协会以及塞拉俱乐部，它们与大萧条时期激进的城市和工业运动完全不沾边。”[77]这种分离的讽刺性后果就是罗伯特·多尔曼所指的“单一焦点的环境政策”，实际上使荒野比从前任何时候都更加危险：

106

> 非常简单，如果伯纳德·德沃托能够得到大力拥护，或者利奥波德和麦克凯耶的荒野保护协会的游说能够激发公众施加压力，阻止对于莽荒秘境的劫掠（例如国家恐龙化石保护区），荒野也许可以

不被城市的核心生活方式和态度所影响，或者受其条件局限。因为这一设定（大多数美国人一年生活五十周）被忽略，小块荒野在城市生活的“冰川作用”下脆弱不堪，无论它的初衷多么有益——它也只能提供有限几条进入道路，使公众一览保护主义者口中赞不绝口、值得一看的景观。因此，它不过是没有准备好的环保主义的文化基础。[78]

这并不意味着麦克凯耶在阿巴拉契亚小径计划的最初支持消失殆尽，美国区域规划协会于20世纪30年代中期分崩离析之后，就放弃了他的区域规划理论；也不意味着利奥波德没有意识到采取更加宽广的荒野规划视角的必要性，包括利用一系列城市和乡村土地。然而，麦克凯耶小径计划的进步主义和创新元素虽多，却从未被自然资源保护主义运动接受；计划与美国区域规划协会的命运息息相关，却几乎淹没在美国环保历史中。我认为这实在令人感到遗憾，因为麦克凯耶已经为我们提供了一套耐人寻味的环境哲学，尤其对我们思考人类社群的价值与保护资源和荒野的公共理由之间的关系极有启发性。 107

结论：麦克凯耶在荒野争论中的位置

在本章伊始，我曾经抱怨就荒野在美国文化和社会中意义的当代争论忽略了麦克凯耶。从总体而言，这场论战在威廉·克罗侬等环境“历史主义者”或者“构成主义者”与诗人加里·斯奈德和哲学家霍尔姆斯·罗尔斯顿等环境“本质主义者”之间展开。克罗侬极力推进荒野的历史主义阵线，尤其表现在其颇有争议的著名文章《荒野的麻烦；或者说回到了错误的自然》中，这篇文章收录在他编辑的、以人与自然关系为主题的论文集《非凡的土地》中。[79]克罗侬认为，传承下来的荒野思想存在深刻的缺陷，需要进行“重新思考”：

荒野的问题在于它安静地表达并且重现了它的信徒试图抛弃

的价值。回顾历史，我们越来越接近荒野思想的核心，它代表了逃离责任的错误希望。……没有发挥作用的自然景观之梦不过是那些从来不用劳作谋生的人们的幻想——那些食物来自超级市场或者饭馆而并非田地的城市人的想象……荒野包含着双重想象，在这双重想象中，人类完全置于自然之外……回顾历史，在逃亡之歌的汽笛声中，在它重现的危险将人类置于自然之外的双重主义中——在上述所有方式中，20世纪末的荒野成为负责任的环保主义者的严重威胁。[80]

相反，克罗侬写道，我们应该接受事实，承认荒野是一个深奥的人类创造物、不断进化的社会产物，以各种形式与花园的神秘、浪漫主义的壮丽以及正在消失或者已经消失的边疆的怀旧之情相融合。克罗侬认为，现代荒野思想中依然存留着许多上述画面，失去希望、神志恍惚的环保主义者带着“我们能够逃离世界的忧虑和麻烦的幻想——那个过往常常令我们陷入的世界”。[81]克罗侬表示，现代环保主义者谬误的荒野神话导致了很多负面结果，包括对于人类在土地上的劳动价值的无礼贬低、忽略乡镇和城市中较为平凡的风景而只重视原始景观，即所谓“宏伟的户外”，以及精英人士对于城市和乡村穷人的鄙视，这些穷人的住所距离环保主义者幻想中不通道路的百万英亩壮美景观十万八千里。

108

作为回应，加里·斯奈德等本质主义批评家认为，对荒野概念的这种历史主义分析比“拿着高薪的知识分子的愚蠢观点好不了多少，他们努力击倒自然，击倒珍视自然的人们，做着这些事情的同时还标榜自己聪明和进步”。[82]且不谈斯奈德直率的语气，他在叙述中提到自然时使用了大写的N，代表着本质主义者对荒野概念形而上范畴的尊敬，环境哲学家霍尔姆斯·罗尔斯顿也分享同样的承诺。不赞同克罗侬宣称的荒野思想具有文化依附性，罗尔斯顿表示在荒野自然强烈的非人类中心主义价值观基础上，荒野思想具有道德上的普世性：

荒野并非一种思想状态；而是先于思想状态的存在。我们或许

> 缺乏接近绝对真理的实体道路；我们却的确有方法接近某些非凡的现象，那些已经在我们的思想之外发生，而且将会持续在思想和文化之外发生的现象。不论人类在什么样的自然（什么样的“荒野”）中具体表达自己及需求，有些自然超越人类的需求而继续存在，例如荒野生态系统。[83]

罗尔斯顿从自主自然“非凡现象”更广泛的哲学主张得出保护荒野的伦理规则。客观的自然价值“就在外面”，就我们关于荒野的文化景象和喜好而言，那是一个我们完全无法控制或者彻底探讨的世界，无论它们在任何一个时间和地点。意识到自然价值在文化上的独立性，马上就会引发一系列伦理责任和义务，如果我们希望与环境建立有原则的联系，我们就必须遵守这些责任和义务。

然而在变化的文化和社会里，将克罗侬和其他历史主义者就荒野的意义和重要性发表的观点视为支持更加激进的主张——荒野景观纯粹是人类思想的发明；也就是说，除非作为在我们变换的文化自我意象中神话的呈现，否则它们就不存在——也是错误的。罗尔斯顿等批评家似乎认为荒野思想的文化和历史根源以及环境价值等观点，暗示着一种理想主义状态——现实的自然被视为仅是人类思想的投射（或者许多人类思想在文化交响乐中百家齐鸣）。当然，克罗侬和其他具有同样思想的历史主义者并不赞同这样的观点；他们的构成主义是在认识论层面和伦理层面的（即更多与我们如何了解并且评价荒野相关），而不是形而上学层面的。在这场特殊的战斗中，罗尔斯顿和其他“自然本质主义论者”似乎要与稻草人般的假想敌展开角逐。

109

谈及当代美国环保主义荒野思想的意义及其利用的争论，我们或许要问，本顿·麦克凯耶早期的荒野哲学如何契合当今的这场论战。从前文的讨论中我们可以清晰地看出，麦克凯耶具有文化驱动力的荒野保护观点——将保护原始环境与社会改良联系起来，对一个区域的城市和野生景观的整体关注，以及他极力试图扩大野生自然对现代美国社会的丰富“影响”——将会使其成为荒野构成主义的核心先驱之一。例如克罗侬在文章末尾曾经做出重要的建议:“我们需要包含自然景观的整个连续体,同时它也是文化的,其间的城市、郊区、田园地带和荒野都各就各位,我们允许自己在无须损毁其他的状况下进行庆祝。”[84]麦克凯耶(在这种情况下还有芒福德)对此将会欣然表示赞同。

我相信,麦克凯耶支持荒野保护的理由是其实用主义主张的核心,探讨这种区域规划保护项目在复兴社群价值和公民生活中担当的角色,包括经济、工业以及美国东部地区人口趋势的改良和重建。麦克凯耶并未寻求将其阿巴拉契亚地区荒野保护的观点置于对荒野自然价值的任何一种形而上的基础位置,即那些困扰克罗侬等历史主义者的、与历史无关的、自然世界的神话图景。相反,他保护荒野的理由主要来自期盼在美国社会扩大“原始影响力”的愿望,借此可以滋养社群精神的成长和公共思想的民主文化。这些社会和道德目标——麦克凯耶的环保主义目标——当然在某种程度上反映出罗伊斯对“明智地方主义”的呼唤,尽管作为自然资源保护论者的麦克凯耶从来没有清晰声明他欠下了这位哈佛大学的前哲学教授思想上的债。

110

而且,远非赞成不奏效的景观理想,麦克凯耶寻求一种平衡的区域环境,其中包括在重组关系中的城市、农村以及原始地带元素,这是一种鼓励更加合作和民主的经济秩序,一种体现人类在地球上劳动的社会性的真正形式。所有这些都支持如下判断:对于麦克凯耶来说,荒野保护是更广泛的自然资源保护运动设想的一部分,不只是一种保护自然环境免受大都市侵袭的方式,而是一种改良道德和政治社群的进步主义工具,一种在大都市时代建立可选择的固有社会和文化秩序的工具。

在其近期出版的著作《北美再野生化》中,荒野活动家和前地球优先成员戴夫·弗曼宣称,麦克凯耶的阿巴拉契亚小径思想是野地计划在思想上和实践上的先驱;野地计划是从自然资源保护生物学和景观生态学领域出发,希望“再次连接,再次恢复并再次野生化”北美的一次尝试。[85]简而言之,野地计划支持大胆、大范围的自然资源保护设想。该计划的目标众多,包括在其生态系统中广泛恢复和保护肉食动物,消除野生世界范围内保护动植物运动的障碍,从大多数公共土地上驱逐攻击性的物种和家畜，以及在美洲恢复和保护大范围的野生世界的一系列策略。

虽然麦克凯耶的荒野哲学与再野生化日程中某些单独部分可以并立（我认为麦克凯耶会赞成野地计划的部分努力，例如为景观更好连通性的努力以及对不通道路地区不断增长的关注方面），但是我认为与麦克凯耶能够接受的情形相比，弗曼以及许多野地计划的同事在荒野恢复和保护方面的假设较为死板教条。举例来说，下面一段话出自再野生化运动的推动者迈克·苏尔和瑞德·诺斯在《野生地球》杂志中发表的文章，该杂志是野地计划的官方出版物。作为运动科学领袖的苏尔和诺斯在这里表达出对公众抗拒野地计划日程的潜在担忧：

111

> 有些活跃分子非常担心某些利害相关者的态度，尤其是那些对于狼以及其他肉食动物持有负面观感的人。在设计阶段过多考虑上述问题会给计划带来一定的危险，使政治过早介入保护计划中。一个环保计划无法在生态中心目标和社会经济目标间平分秋色，否则前者将永远无法实现。生物必须是“底线”。……在保护项目的规划和实施中由于胆怯而止步不前，是对大地的背叛。[86]

对于苏尔和诺斯而言，再野生化的需求必然应该将生态中心价值置于环保事业的核心和首要解决目标。然而“政治”，可能包括公众对再野生化努力的优点及总体目标的讨论和褒贬，不应“过早”干预生物保留地的规划和设计。换句话说，资源保护规划过程的性质是纯粹科学的（生物的）。从总体上而言，中立温和的方法应被抛弃；事实上，在资源保护项目中如果不能坚定不移地推进生物中心再野生化日程，就是对自然世界的“背叛”。

虽然弗曼的评论铿锵有力，但是我们几乎没有看到他的思维方式继承了任何麦克凯耶的遗产。麦克凯耶荒野哲学中深化的公民和文化趋势似乎完全丢失了。麦克凯耶试图在促进荒野价值的同时，敬重（并且复兴）乡村传统和持久发挥作用的景观；再野生化运动的推崇者却与他不同，就荒野保护日程而言，他们几乎将许多同样的利益相关人（即乡村生产者）视为障碍，甚至连公民自然资源保护论者也在野地计划中受到 112 排挤。他们的角色似乎被局限在帮助野地计划的科学家和支持者实现生态上预先决定的保护计划中，而不是发挥积极的作用，参与制定建立在广阔基础上荒野恢复策略的价值和目标。[87]野地计划的哲学源头因此并没有麦克凯耶在两次世界大战之间的环保思想，即第三条环保道路传统的活水注入，而是来自深层生态学的生态中心环保主义。

鉴于当前对于荒野思想概念和实际含义及其对环保主义重要性的争论，我认为麦克凯耶的作品应当得到更多关注。尤其如果美国的环保主义如同政治理论家莱斯利·蒂勒所说向更加“合作—进化”的方法倾斜——那些以整合社会和生态承诺为目的的方法，而不是在假设环境价值和人类政治经济不兼容的基础上采取不妥协的环保主义方法——上述结论就更加正确无疑。[88]最后，我认为麦克凯耶的阿巴拉契亚设想是一个提示，我们对于荒野的焦虑和担忧——虽然历史上吸引环保主义者注意力的总是其他部分——不需要与对社群的社会、道德和经济健康焦虑相抗衡。恰当的荒野保护实际上是发展良好的社群生活的核心，是传输罗伊斯虽然古老，却依然十分具有吸引力的明智地方理想的遗失 113 之船。

第五章　奥尔多·利奥波德、土地健康与公共利益

环境伦理之父

与本顿·麦克凯耶不同（在这一方面与贝利和芒福德也不同），奥尔多·利奥波德在美国环境思想史上占据着显赫的地位。他的卓越声誉主要来自利奥波德强有力的文学遗产，大多数读者都将注意力集中在其中最具代表性的一部小书上。利奥波德所著的《沙乡年鉴》[1]是一部优美的自然素描集、环保主义挽歌和哲学反思录，被广泛视为环保主义文学的经典佳作。《沙乡年鉴》、《瓦尔登湖》和《寂静的春天》[2]一并被公认为塑造了现代环保意识的不多的经典著作，《沙乡年鉴》更被视为当代环境保护伦理的奠基性文献。或许正是由于利奥波德在环境伦理的思想起源和发展中占据的重要地位，以及他的生活经历和著述如此丰富且充满了哲学意味，就利奥波德为环境伦理发展留下的遗产的真正性质，人们始终争议不休。举例来说，许多观察家，或许是绝大多数观察家都视利奥波德在土地伦理中表达的成熟思想为一种非人类中心主义表述，在生态系统和发展演化中强调人类独立的道德身份（对此理解不一）。然而另一小部分观察家则从利奥波德的文字中看到了更加谦卑、从生态层面更加自我抑制的人本主义。而双方的观点似乎都能从利奥波德的文字中找到佐证，这令争论变得更加复杂。这些佐证不仅来自《沙乡年鉴》，也来自利奥波德早期的文章，其中许多篇文章近二十年才公开发表。

115

我将在接下来的篇章中分析利奥波德的思想，我采取的方法将会避免在上述非人类中心主义与人类中心主义的争论中选择立场。沿着前面章节中对贝利、麦克凯耶和芒福德的分析路线，我将把利奥波德的观点置于更加广泛的概念范围内分析，而非局限在惯常的环保主义探讨中。更加确切地说，我不会将利奥波德视为仅仅关注“道德考量”等哲学问题的地区性“自然哲学家”，而是一位更具公众视野的思想家，一位关注从美国进步的物质主义理想导致的疑难杂症到“公众利益”合理组成问题的思想家。我认为这些思想是利奥波德环保主义视野的重要组成部分，但是当代环境伦理讨论对于利奥波德对美国社会发展的科技和商业趋势的广泛评论以及对公共利益的正面解释并未给予充分重视。

这并不意味着我们将会忽视或者对利奥波德具体的环境伦理观点轻描淡写，事实上作为最杰出的第三条环保道路传统思想家，利奥波德明确表达出一种公共利益观点，与狭义和广义的功利主义与技术统治论景象背道而驰。我认为利奥波德思想策略的关键在于他在后期著作中将“土地健康”作为一种公共利益的实质性概念来使用。如果我接下来的论述言之有理，那么利奥波德应当被视为“公共哲学家”，即对意义重大的社会和政治问题发表见解的思想家，而不仅仅是一位环保主义哲学家，仅狭隘地围绕非人类的大自然价值的问题探讨的学者。

从林务官到土地伦理学家

正如上文提及的那样，利奥波德十分幸运，他在过去的三十年间获得了学术界的高度关注。因此环境研究领域的从业人员对他的生平也相当熟悉。尽管如此，我仍然觉得有必要花些时间来梳理利奥波德人生及工作中的关键时刻，因为这些经历将为我们后续的讨论提供必要的背景语境。

116 与利伯蒂·海德·贝利一样，奥尔多·利奥波德也出生在美国的中西部。1887年，利奥波德出生在艾奥瓦州的伯灵顿。在密西西比河畔自由成长，小利奥波德不乏机会探索大自然的美妙戏剧，很快就锻炼出一双敏锐的眼睛，能够分辨错综复杂的环境现象，并在心中种下了动植物审美和伦理的种子，这种子将会在日后的写作中萌芽，并且开出繁美的花儿。1904年，利奥波德前往东部，在新泽西的劳斯维伦斯中学度过了一年的时光。凭借对户外所有事物的狂热以及对在新泽西乡间长途徒步旅行的热爱，他在同学中赢得了“自然主义者”的美名。[3]利奥波德对自然史和环境保护的兴趣不断增长，很快使其走进了耶鲁大学谢菲尔德科学学院的大门。1905年，利奥波德进入耶鲁大学学习。第二年，他转入耶鲁大学林学院继续深造，这里是全国首屈一指的林业研究院。耶鲁大学林学院在利奥波德入学的几年前才在吉福德·平肖家族的馈赠下刚刚成立，反映出罗斯福—平肖环保主义日程的哲学思想和行政偏好。该学院的任务是培养新一代职业林务官，以高效且科学的方法来管理刚刚设立的全国森林保护区，以保证木材和草料的可持续生产，保护森林流域免遭过度砍伐和重要供水锐减的困扰。[4]1908年，耶鲁大学授予利奥波德林业硕士学位。

与其未来的同事、环保战友本顿·麦克凯耶一样，利奥波德也是美国历史上首批经过专业训练的林务官之一，在接下来的十五年间，有十四年都在亚利桑那和新墨西哥的美国林业局坚守岗位，这两个州的林业局组成了美国林业局新的西南区（第三区）。利奥波德早年在亚利桑那阿帕奇国家森林公园的工作包含多项任务，从勘察树木到控制肉食动物。其中控制肉食动物项目导致了恶名昭彰的猎杀狼群，数十年后利奥波德在收入《沙乡年鉴》的文章《像山峦般思考》中对此做出了反思。与当时其他环境保护专业人士（以及大多数市民）一致，利奥波德早年将狼、美洲狮、郊狼、狐狸和其他肉食动物视为捕食有价值牲畜和森林动物的无价值的“恶棍”。后来的利奥波德回想这段经历，常常哀叹他被误导，并且懊悔自己在道德层面上极为幼稚不成熟。

117

利奥波德在林业局的职位迅速上升，很快从阿帕奇国家森林公园管理助手升至新墨西哥州卡尔森国家森林公园的主管。然而，他于1913年生了一场大病，病势沉重，不得不暂离职务长达一年多的时间。他重新工作后，担任新墨西哥州阿尔伯克基地区牧业办公室的管理人员。在这个新岗位上，利奥波德主要将精力集中在猎场保护上，在全州范围内促进猎场保护的发展，并且协助成立了几个猎场保护协会。[5]1918年，战争导致猎场保护可能得到的援助几近枯竭，利奥波德离开林业局，在阿尔伯克基商会担任秘书长，并且希望能在这个位置上继续推广该地区的猎场保护。然而一年之后，利奥波德又回到了林业局，这次的职务是地区行动主席，承担着一系列高难度且不可或缺的职责，从人事任免、财政事务到森林防火，以及在该地区两千万英亩的国家森林公园土地上从事道路和铁路的建设。[6]

在接下来的五年里，利奥波德忙于处理一系列西南地区的环境保护和管理问题。这些问题远远超越了传统林务所关心的问题，实际上包含了荒野保护早期标志性的努力。举例来说，利奥波德于1921年在《林业杂志》中发表文章《林业游乐政策中的荒野及其地位》，文章声称，至少在某些情况下，在资源保护中占据统治地位的平肖模式推崇的“最大化利用”原则需要保留荒野地区，以提供“原始的”游乐体验。[7]正如柯特·迈因观察到的那样，利奥波德的早期观点起到了预期的作用，在林务从业者中开启了荒野保护的主题。[8]三年后，(在景观建筑师亚瑟·卡哈特等其他林业局同事的共同努力下)利奥波德在国家森林公园中推广荒野保护取得了一定的成果，终于在新墨西哥州建立了吉拉荒野保护区。直至20世纪20年代中叶，利奥波德一直就荒野问题发表文章，不断扩大他的讨论范围，包含了荒野景观承载的文化和历史价值，并且强调荒野的公众重要性和社会价值。[9]

118

在同一时期，利奥波德还开始就美国西南部水域的功能生态学发展出一系列复杂的观点，他在这方面的认知都直接来源于实地考察。他观察到过度放牧给山谷地区带来的伤害以及对他描述为“一触即发”的西南干旱地带脆弱的生态平衡造成的威胁。[10]土壤流失、河流泥沙淤积、矿产耗尽、耕地流失以及缺乏灌溉，这一切都预示着人类在这一地区的发展正处于不可持续的道路上，而且沿途不断收到日益增长的生态危机警告信号。20世纪20年代早期和中期，利奥波德在一系列演讲和文章中记录了上述危险的生态状况。其中就这一主题最透彻的论述是于1923

年撰写的《美国西南部自然资源保护的几个基本问题》，但是直至1979年才公开发表在《环境伦理》杂志上。[11]这篇文章或许是利奥波德真正落于笔端，首次尝试与人与自然关系中的深层哲学进行力量角逐，并且探讨人与自然的关系在西南部景观的文化活动中的含义。利奥波德在文章中的评论引起了环境哲学家们的巨大兴趣，主要是由于他公开挑战有机主义和非人类主义世界观，他在文章中证明这种世界观不过是一种形而上的罕见思想沉迷。

1924年，利奥波德来到位于威斯康星州麦迪逊的美国林业产品实验室工作。他很快就从实验室的工程师和科学家同事中脱颖而出。他惊人的写作天赋和高超的组织能力成为实验室工作的极佳保障。[12]利奥波德在麦迪逊负责监管实验室减少工业废材的项目，撰写《房屋建筑商资源保护》等文章，试图将自然资源保护与个人消费行为以及良好公民实践联系起来。[13]然而到了1928年，他已经做好了继续前行的准备。1928年6月底，他离开了林业局，接受运动性武器和弹药制造研究所的委托，展开一次大型的猎场调查。在十八个月的时间里，利奥波德走遍了中西部北部地区的荒野，调查栖息地的状况，与农民和当地人交谈，在当地的图书馆流连，与本地政府官员商谈。[14]1931年，他将这次调查获得的所有信息编纂在《中部各州北部地区猎场调查报告》中。这份报告立刻将他推到了狩猎管理领域全国权威的地位上。[15]两年后，利奥波德出版了专著《狩猎管理》，使其声誉更加宏大，而这部著作将在数十年间对荒野管理和保护实践产生巨大的影响。[16]那时的利奥波德还在位于麦迪逊的威斯康星大学的农业经济系教授狩猎管理，这一教职将其置于教学和体制上的核心位置，担负着塑造一代荒野管理者的职责。

119

同样在1933年，利奥波德发表了《自然资源保护伦理》，这篇文章是美国环境伦理历史发展中的里程碑，也标志着利奥波德回归自然资源保护问题更加哲学层面的探讨，那是他在十年前的《美国西南部自然资源保护的几个基本问题》中已经开始思索的问题。[17]在《自然资源保护伦理》中，利奥波德汲取了他早年的观察成果，以及他在西南部流域以及近期在中部各州北部地区的猎场调查经验。"与土地建立和谐的关系是十分复杂的事情，其结果与文明紧密相关的程度恐怕大大超出历史学家的意识。”利奥波德写道，他接下来补充道，真正的文明不可能建立在征服死亡的地球的基础上，真正的文明只能“与家畜、野生动物、植物和土地等建立彼此独立的合作，这种平衡的状态很可能在任何时刻由于任何一方的失败而被破坏”。[18]

在研究狩猎管理方法的有趣文集中，利奥波德探讨了或许可以“控制”人类与自然关系的三种选择：立法、私利和伦理。利奥波德做出结论，前两种方法最终都无法成事（而且对于土地已经严重退化和贬值的区域而言，不管是强制立法还是诉诸私有土地所有人的私利看起来都毫无希望），他认为只有将伦理关注延展到自然世界，才是唯一正途。“土地关系依然是严格意义上的经济关系，包含着特权但是却没有义务。”他写道，他的这些文字于十五年后成为其令人难忘的文章《土地伦理》的一部分。[19]利奥波德对新政的自然资源保护怀有十分矛盾的感情——他并不相信联邦政府的方法足以协调或者能够有效解决在私人土地上的资源保护问题——但是他在这一阶段受到了部分诱惑，因为他参与了威斯康星州西南部的浣熊谷实验，这是由新近合并的土壤侵蚀防护局展开的新政展示项目。集合了当地农民自发的努力来恢复和保护土地，浣熊谷项目采取了资源保护的综合方法，这是利奥波德早年在林业局时就推崇的方法。[20]

120

无论就职业发展而言，还是思想的哲学进展而言，1935年都是利奥波德取得重大成果的一年。这一年，他获得了威斯康星州索克县一块土壤被侵蚀的废弃农场，利奥波德带领全家经过缓慢而痛苦的努力，开始逐渐恢复这里的生态健康。老旧农场上的鸡舍是这片土地上唯一还伫立的房屋，经过一家人的清理最终变成一座周末度假屋。[21]被充满爱意地称为“小棚屋”的这座度假屋，将会成为利奥波德未来写作和思考的所在；他在农场对自然世界进行诗性的冥思，造就了日后《沙乡年鉴》第一部分中描述性的散文。同年，利奥波德的研究急切地回到荒野问题上，这也是他在20世纪20年代早期和中期在林业局任职时发表的诸多文章的主要主题。利奥波德还加入了刚刚成立的荒野保护协会，该协会致力于保护荒野土地和价值，使其免受两次世界大战之间工业化旅游业带来的狂热修路潮的侵袭。[22]

1935年8月，利奥波德终于去了欧洲，他与人数不多的美国林务工作人员一道参观德国的森林，考察经过数个世纪密集管理后的森林生态状况。19世纪初的德国林务官决定以生长快、产量高的云杉和松树取代本地自然生长的针阔混交林，却导致木材产量的减少和广泛的土壤损伤。虽然如今倡导自然主义的林业运动开始在这个国家占据主导地位，但是德国森林的可悲状况给利奥波德留下了极为深刻的印象，为不健康的土地管理带来的可怕后果做出了鲜活的例证。[23]

121

20世纪30年代后半期，利奥波德的自然资源保护思想继续发展成熟。他已经放弃了原本希望消灭狼和其他肉食动物的观点，因为意识到捕食在生态系统中担当必要的角色；而且他开始将注意力越来越多地转向非狩猎物种。利奥波德始终朝着更加整体，更加生态化的土地管理模式前进。1936年9月，利奥波德沿着墨西哥北部西马德雷山脉瑞奥加维兰的狩猎之旅，进一步加强了他的信念。自然地理及历史因素保卫了马德雷山脉免受利奥波德在西南地区和密集管理的德国森林中看到的那种资源滥用。对于利奥波德来说，这次旅行成为一次强有力的经验佐证。“马德雷山脉与我热爱的亚利桑那州和新墨西哥州的山脉极为相似，但是由于惧怕印第安人，人们不曾在马德雷山上放牧和畜养家畜。我在这里第一次清晰地意识到，土地就是一个有机体，我一生中看到的都是生病的土地，但是这里生物群落依然保持着完美的原始健康。”[24]马德雷山相对原始的自然条件为利奥波德提供了一个保持土地健康、功能良好的切实可见的模式。在这一过程中，他还明白了保存荒野的一种新的科学根据；我们需要了解健康的土地系统（未开发的荒野）的动力学原理，这样就可以识别非健康的土地，从而开始扭转土地病态的进程。因此，荒野对于新兴的土地生态学具有不可估量的巨大价值，更不用说对所有形式的土地保护和恢复努力的巨大价值。

1939年发表在《林业杂志》的卓越文章《土地的生物学观点》，体现了利奥波德这一阶段广阔的科学和哲学视角。[25]他谈道，生态学的兴起将传统的“经济生物学者”置于两难境地:“他一只手伸向多年积累的成果——这种或者那种物种,负有功效或者缺乏功效;另一只手却掀开了生物群落的面纱,看到物种之间如此错综复杂的协作和竞争,发现没有人能够判断效用从何处开始,或者从何处终结。”利奥波德认为,唯一可以证实的结论就是“生物群落作为一个整体是具有功效的,生物群落不只包括植物和动物,还包括土壤和水”。[26]在这篇突破性的文章中,利奥

122

波德第一次仔细阐述了他对生物金字塔概念的理解,描述土地为在“土壤、植物和动物组成的循环中”流动的“能量之泉”。[27]利奥波德在讨论中,将生物群落(土地金字塔的各层组成)的结构和复杂性与其健康的功能清晰地联系起来,暗示着人类对生态金字塔进行的非自然“暴力”修正(例如猎杀食肉动物、耗尽土壤肥力、污染河道等)如果足够严重的话,造成的状况将使社群再也无法进行成功的调整。[28]

在发展生物金字塔的“精神概念”以及总体的生态群落模式时,利奥波德受到了年轻的英国生态学家查尔斯·埃尔顿的影响,埃尔顿在1927年出版的著作《动物生态学》中提出了直至今天依然沿用的生态学核心概念“生态龛”、“食物链”以及“食物数量金字塔”等(后者与不同营养级别动物的大小和相对充裕与否有关)。[29]利奥波德与埃尔顿于1931年在魁北克召开的马特迈科会议上相遇,两人很快结下了友谊,并且保持通信。[30]在这一时期,利奥波德大概还受到另一位英国科学家植物生态学家阿瑟·坦斯利作品的影响。1935年,坦斯利在《生态》杂志上发表了划时代的文章,最早提出了“生态系统”一词,并且为接下来20世纪40年代和50年代的生态系统研究工作设定了日程。[31]在这篇文章中坦斯利意义重大的洞见之一——无疑对利奥波德的生物群落概念产生了重要影响——就是将生物和物理过程都整合到统一的生态系统概念中。因此利奥波德在《土地的生物学观点》一文中得以表达出土地系统的初级观点,以及有生命和无生命因素活跃的相互作用和发展进程。

整个20世纪40年代,利奥波德都在继续发展他的土地生态理论。随着他对生物群落结构和功能理解的日益加深,他在研究论文中越来越将理论重点放在统一的“土地健康”概念上。与此同时,他也撰写了

一系列抒情的半自传散文，取材自他积累的土地管理经验和对大自然的观察，从他早年在西南地区的经历写到当下坐在威斯康星农场"小棚屋"里的所思所想。沿着这样的道路前行，1944年4月，利奥波德写下了前文曾经提及的《像山峦般思考》。这是利奥波德最广为人知的名文之一，他在文中诗意且强劲地阐述了他对捕食者的价值及其在生态导向的环境管理计划中的重要地位的认识过程。[32]

123

利奥波德写下这篇文章的时候，他正处于一场最沮丧的旷日持久的自然资源保护政治侵袭事件中：发生在20世纪40年代早期和中期的威斯康星"鹿之争"。大批白尾鹿入侵威斯康星州的北部森林，这是由长期以来的一系列管理决策累积的后果，其中包括猎杀捕食者（《像山峦般思考》一文已经对此发出了悲叹）、关闭狩猎季以及采取防火措施等，而大量的白尾鹿成为该州野生世界管理者和林务人员日益头疼的问题。植被惨遭破坏、大量白尾鹿却依然饥肠辘辘，这表示鹿群的数量过于庞大，山脉森林已经无法负荷。

1942年9月，利奥波德被任命为由九人组成的"公民白尾鹿委员会"的主席，该委员会负责调查白尾鹿状况，并向州自然资源保护委员会递交最终报告。接下来的酷冬导致大量白尾鹿由于饥饿而相继死去，但牧草区也几乎被啃得精光。1943年5月，利奥波德带领的委员会向州自然资源保护委员会建议，当年秋天开启的打猎季可以猎杀无角鹿。他们还建议关闭雄鹿狩猎季以调整鹿群的性别结构，并且向公众强调，他们的计划绝不是为了迎合狩猎运动家们的需求。最后，州自然资源保护委员会决定狩猎季在秋天如期开放，但是既开放无角鹿狩猎，也开放雄鹿狩猎。这一决定显示出他们不愿激怒那些狩猎运动家，因为他们是威斯康星州一支传统的政治力量。然而，1943年秋天狩猎季的进展并不像委员会和利奥波德设想的那样顺利。虽然在四天的时间里猎杀了十多万只白尾鹿，但是猎杀的地理区域分配并不均匀，非法猎杀和滥杀的报告很快就流传四处。[33]

公众得知消息后掀起了轩然大波。民众立刻成立了拯救威斯康星州白尾鹿委员会，并且艰难地刊行了一份属于委员会的报纸，编辑在报

124

道中无情地抨击利奥波德支持鹿群的毁灭计划。许多州北部居民要么拒绝承认，要么完全不理解鹿群激增导致的问题。该地区度假村主和休闲娱乐利益集团尤其不愿看到当地的图腾动物——度假者最爱的动物之一——在自然资源保护委员会的支持下被"屠杀"。[34]虽然骚乱的政治形势以及公众对于减少鹿群数量以保护森林健康的思想非常抗拒，使委员会在这十年中剩下的时间里不断妥协，只能拿出部分解决问题的方案，但是利奥波德对此并没有让步。他在1946年撰写但并未发表的文章《自然资源保护委员的冒险》[35]中，记录了对这段经历的一些想法。

在这段时期，利奥波德依然继续完善其广阔的自然资源保护理论。1947年6月，在全美园林俱乐部的明尼阿波利斯年会上，利奥波德进行了题目为《生态良知》的演讲。[36]他有力地恳请每名公民承担起保护土地的责任来，这种行为需要在公民中培育"生态良知"，正如他的演讲题目所指。利奥波德说道，这样的责任要求每个人都意识到促进社群的"完整、美丽和稳定"应当承担的伦理义务，而社群包括土壤、植物、野生世界和人类。[37]这篇演讲在很多方面都堪称利奥波德数十年来伦理理论发展的巅峰之作，也是他最入木三分地将伦理反思和论证与土地是积极的生态社群的科学观点结合起来的一次努力。利奥波德在《生态良知》中对于公民对良好的土地利用实践负有责任的评论，于两年后出现在《沙乡年鉴》的《土地伦理》部分中。而土地伦理部分是全书最终也是最具哲学思辨色彩的部分。《沙乡年鉴》中的其他部分更具描述性，叙述了他在索克县农场的"小棚屋"周边看到上演的生态"戏剧"，以及对在跨越美国中西部、西南部和墨西哥北部的旅行中看到景观的反思。

写作完成后，利奥波德竭力试图出版他的手稿。克诺夫出版社和麦克米兰出版公司都拒绝了他，后者以战时纸张紧张为由，而前者抱怨他的文章语气和篇幅长短都太多变，无法结成连贯性的文集。最后凭借利奥波德的儿子鲁纳的不懈努力，牛津大学出版社终于接受了手稿，并于1949年出版。[38]然而令人感到非常遗憾的是，这部著作出版时作者已经离世；利奥波德在"小棚屋"附近帮助邻居扑灭灌木丛火灾时不幸突发心脏病，去世时还不满61岁。虽然《沙乡年鉴》面世后赢得了读者的

125

交口称赞，但是直至20世纪60年代，这部作品才获得了更广泛的读者支持，因为推出了不再昂贵的平装本，而且利奥波德的声音开始在日益关注环境问题的读者中产生共鸣。今天，《沙乡年鉴》被视为环保作品中的杰作，与蕾切尔·卡森的《寂静的春天》一道成为现代环保主义文学为数不多的经典作品。

环境伦理的遗产

当今天的环境伦理学家膜拜《沙乡年鉴》时，其中的《土地伦理》无疑是得到最多关注的文章，这里的缘由很好理解。为人类和自然的新型关系寻找道德基础的哲学家和其他人等，看到利奥波德在文章末尾颇有争议的一段话时难免会感到震惊，J. 贝尔德·柯倍德将这段话称作对土地伦理的“道德格言摘要”:“当一件事趋于保存生物群落的完整、稳定和美丽的时候，它就是对的。否则，它就是错的。”[39]直接截取自其他几篇早期文章，利奥波德在《土地伦理》中完美结合了来自《自然资源保护伦理》和《生态良知》的哲学讨论，将其嵌入《土地的生物学观点》中发展出来的生态社群或者生态系统概念。结果便是注入了生态主义的道德前景，敦促人们承担维持本地多样性和作为自我再生、“健康”景观核心成分的土壤肥力的义务。[40]利奥波德在文章几近结尾处写道，“如果没有对它的爱、尊重和敬仰”，并且伴随着对其价值的高度评价——并非体现为金钱的价值，而是“在哲学意义上”的价值——伦理与土地的适当结合就不可能存在，利奥波德似乎在暗示土地伦理需要将价值直接分配给生物群落（即内在价值）。[41]这样的解读似乎得到格言摘要的支持，更不用说文章中他所指的土壤、水、植物和动物拥有“继续存在的权利”的其他评论。[42] 126

事实上，这是环境哲学家们对土地伦理占据支配地位的解读。对于那些阅读利奥波德作品后支持其非人类中心主义环境伦理的读者而言，他们的领导人是J. 贝尔德·柯倍德。柯倍德始终坚持认为，利奥波德针对的一直是生物群落的直接道德状态，表示他通过休谟—达尔文式的主观道德感情（在柯倍德看来，就是伦理的依据）从人类社群扩展到生物群落（即自然）的框架，将内在价值归功于自然系统。[43]根据柯倍德的观点，利奥波德的土地伦理因此是整体性的，无论是从它支持较大系统及其组成的动力和过程，还是从其非人类中心主义的特征而言都是如此，因为它以活跃的内在价值而不是工具性的价值来与这一系统相匹配。

利奥波德环境思想中一系列相关的非人类中心主义的处理方法，似乎更加证实了柯倍德的解读。乔治·德瓦尔和比尔·塞申斯将利奥波德编入深层生态学传统，表示利奥波德对深层生态学的“最终规范”之一贡献颇多：“生物中心平等”思想，或者称为地球上所有有机体和实际存在物都拥有的内在价值。[44]与此类似，马克斯·奥尔施莱格将利奥波德的生态哲学描述为“基础或者深层生态学”，一种“颠覆性的科学”，针对机械主义、原子主义以及各种笛卡尔式的困扰进行文化和科学上的反击。[45]哲学家艾瑞克·卡茨也表达过相似的意见，认为利奥波德对环境伦理的主要和持久贡献在于他抛弃了人类中心主义，以及将道德考量从人类延展到非人类和整体的生态群落。[46]

正如我在前文中曾经提及的那样，利奥波德土地伦理的非人类中心主义主张虽然在实践中占据主要地位，但是并非没有受到挑战。对利奥波德环境伦理的非人类中心主义旋律最持续的批判来自哲学家布莱127恩·诺顿。诺顿于1988年在《保护生物学》杂志发表文章《论利奥波德土地伦理的一致性》，首次明确表达了自己的态度。[47]诺顿不同意在利奥波德身上发生了深刻的思想或者道德转变（即从一名功利主义林务官转变为一位非人类中心主义土地伦理家），他在这篇文章中表示，恰好相反，利奥波德对待自然的态度始终如一，相信它最终比任何事物都更具人类中心主义特质。诺顿特别提到利奥波德通过亚瑟·特文宁·哈德利的著作与哲学实用主义接驳；利奥波德在耶鲁大学就读时，哈德利是耶鲁大学的校长。利奥波德在1923年的文章《美国西南部自然资源保护的几个基本问题》中对哈德利表达了谢意，诺顿在1988年的文章中对此做出了详细评说，其间有趣地提及了利奥波德为数不多的、我们今天看来同时拥有人类中心主义和非人类中心主义特质的这篇文章。诺顿写道，利奥波德打破了两种立场间明显的哲学僵局，通过从哈德利处借用的对真理的实用主义定义，这位林务官哲学家得以回避非人类中心主义思想立场的最终合理性问题。然而诺顿也指出，利奥波德虽然在非人类中心主义问题上含糊其词，却依然能够从更具人类中心主义的有益于人类长期生存角度出发，对不可持续的文化实践活动提出严肃批评。

总之，柯倍德等哲学家曾经并且一直认为利奥波德是一位推崇非人类中心主义的圣人，提出了生物群落的直接道德考量问题；但是诺顿却将利奥波德看作一位开明的环境管理者和实用主义知识学家，对达成可持续的土地利用的目标，以及判断经过长时间经验证明的价值和文化活动十分关切。诺顿认为，利奥波德的这一立场实际上使其在担负自然的直接道德责任问题上成为不可知论者。[48]

另一位试图将利奥波德归于实用主义传统范畴的哲学家是杜威研究专家拉里·希克曼。希克曼认为，利奥波德的土地伦理与杜威实用主义自然观的某些特质具有兼容性。根据希克曼的观点，杜威的哲学以利奥波德理解的方式鼓励了“管理”:“对于不满处的思想改造，以使其令人满意。”[49]除了在人类行动层面上的工具主义逻辑之外，希克曼还发现杜威与利奥波德拥有共同的社群观念及其依据，他们对于自然系统中文化(和人类经验)的嵌入性观点也十分类似。然而希克曼表示，杜威并不像利奥波德那样愿意宣称基础“权利”的存在——当利奥波德谈及有机体持续存在的“权利”时——希克曼相信杜威的实用主义完全有能力支持土地伦理。希克曼提出，格言摘要中表达的自然系统的完整、美丽和稳定，可以被定义成杜威语境中的“立即评估”的善意。也就是说，它们对个体产生了一种即刻的“审美愉悦”。这些善意反过来变得非常宝贵，“作为持续出现价值的源泉，包括审美、经济、科学、技术和宗教价值”。[50]

128

正如我在本章伊始提及的那样，利奥波德的作品既包括非人类中心主义的篇章，也呈现出人类中心主义或者实用主义特征，而且论述这两种立场的篇幅都不短。每一段能够激起人本主义热情的话语，似乎都有同样洪亮的声音以几乎长短相同的一段文字表达非人类中心主义立场

(事实上,《沙乡年鉴》中就包含这两种立场,利奥波德的许多其他作品中也是如此)。每种解释都以不同的方式契合着利奥波德的职业生涯和个人经历。[51]除此之外,我认为还应提及重要的一点,而这一点似乎在讨论中并未触及,那就是无论是柯倍德还是诺顿,这些对利奥波德的作品做出不同解读的对手,都承认利奥波德在其作品中结合了人类中心主义和非人类中心主义的观点,他对自然的伦理方法用柯倍德的话来讲,就是既"义务"(强调人类直面生物群落应承担的责任)又"谨慎"(以人类福祉和福利为导向)。[52]然而柯倍德坚持这两种观点之间存在几乎康德式的锋利裂口,诺顿则故意将一摊浑水搅得更乱,分析利奥波德在诸如《美国西南部自然资源保护的几个基本问题》等文章中采取实用主义立场,使两种导向都成为可持续发展世界观的潜在组成部分,必须在人类文化经验的竞技场上接受挑战和判断。换句话说,虽然柯倍德认为土地伦理拥有谨慎(或者工具主义)的一面,但是他选择强调利奥波德作品中对道德标准的探讨及其非人类中心主义维度。而对诺顿而言,虽然他已经意识到利奥波德思想中的非人类中心主义的方面,却选择加强其实用主义认识论的分量,声称利奥波德的作品提供了环境管理的实用主义哲学。

129

大多数哲学家和活动家对于利奥波德作品中明显的环境伦理维度给予了极大关注,尤其是那些似乎谈及自然价值的哲学地位以及人类对于土地社群承担道德义务的性质的段落,但是他们在很大程度上忽略了利奥波德思想中的公共范畴和政治维度。这当然并不让人吃惊,鉴于大多数伦理学家的视野相对狭窄,尤其是非人类中心论者,在"道德考量"问题上和希望将利奥波德的承诺与某种环境价值本体论融为一体方面尤其如此。然而鲍勃·派珀曼·泰勒最近表示,我们应该根据其规范的政治特质重新思考利奥波德的哲学。泰勒认为,事实上利奥波德应被视为民主教育家或者政治思想家才更为合适,而不是受到局限的环境伦理学家。泰勒认为,利奥波德在文章中有意激发一种正在消失的美国政治传统,这种传统以自给自足、节制、约束和必然的公民义务为核心价值。泰勒相信,利奥波德写作的目的更多是为在愚钝的功利主义时代复兴美国的政治文化,而不是集中在建立自然独立的道德价值这一相对被删减的哲学任务上。[53]在泰勒看来，利奥波德详细论述了一种经典的政治愿景，从对自然能力的认识中汲取养分，教会公民尊重自然限制，学会谦卑和自我牺牲。泰勒还进一步说明，利奥波德试图将其伦理观点置于科学框架的做法——为发展“土地伦理”进行的重大努力——代表着被排除在政治策略之外的例外，而不是伟大的圆满成功。根据泰勒的观点，利奥波德只在民主道德传统遭遇巨大的个人挫折时才做出这样的努力。[54] 130

将利奥波德解读成为一位公民思想家的观点，也得到了历史学家、利奥波德传记作者苏珊·弗莱德的认可。具体而言，因其对公民权问题的关注和积极参与社群的政治生活，弗莱德将利奥波德置于共和政治传统之中。[55]为了支持她的观点，弗莱德列举出利奥波德在职业生涯中参与的一系列公共事业，从在西南地区组织野地保护协会的早期努力、在阿尔伯克基的商会工作中极力促进城市修葺，到20世纪30年代积极参与浣熊谷项目。弗莱德还表示，利奥波德亲手修复小棚屋的经历使他将私有土地上的劳作活动视为公民权的实践，积极重建和维护土地健康不仅有益于土地主人，还有益于社群的整体利益。对于利奥波德而言，弗莱德写道，社群包括人类，也包括非人类的动物和植物。[56]

我支持这种将利奥波德的定位向思想和活动家领域扩展的努力。在本章的余下部分中，我将在这一解读的基础上继续深耕，将利奥波德置于这一立场，我认为至少在某种程度上可以将诺顿、泰勒和弗莱德心中具有实用主义、公民思维导向的利奥波德与柯倍德和其他非人类中心主义者心中具有内在价值思维的利奥波德融为一体。在我看来，利奥波德是一位实际的公共哲学家——他对于公民共有的生物多样性和富饶多产的利益十分关注，或者说对于“健康的”自然环境十分关注。我认为这样的解读与实用主义者和公民思维相符，实际上同时也至少在某种程度上符合非人类中心主义者认为利奥波德支持自然内在价值的观点。我并非强调利奥波德应当被主要看作一位政治或者实用主义政策的理论家，而是相信公共利益是其哲学的重要组成部分，而这部分很好地容纳了其成熟科学的土地伦理观。

然而，首先让我们回溯利奥波德的一生及其思想，观察公共利益和 131

土地健康概念如何在他的作品中一步步走向成熟，审视他如何最终将它们融为一体，并在20世纪40年代的晚期作品中将其纳入独一无二的第三条环保主义道路。

从公共利益到土地健康

关于利奥波德对于公共利益发生兴趣的最早迹象，我们或许可以在他没有发表的文章手稿《阿尔伯克基的公民生活》中找到。这是他于1918年对阿尔伯克基妇女俱乐部发表演讲的文稿。[57]当时，利奥波德担任阿尔伯克基商会的秘书长，他的演讲很明显是要起到唤醒公众的目的。显然受到了进步主义改良动力的影响，利奥波德谈到培育“公共精神”的必要性，他将这一必要性定义为“在实践中思想上的无私”。他进一步倡导，这种公共精神观念就是“20世纪的新道德”。[58]利奥波德说道，深刻的公民责任感是美国政治传统的核心精髓，“民主社群和公民之间拥有一定的互惠权利和义务，若要有效卸下所有或者任何一种权利义务，都需要有思想的公民依次绝对地负起责任”。[59]他继续与听众分享他的希望，他希望阿尔伯克基所有的社会俱乐部和社会组织——从商会、扶轮社和基瓦尼俱乐部，到各种商人协会、公共健康和福利团体——都能组织起来，“开始朝向共同的目标奋进”。[60]利奥波德尤其哀叹当下缺乏贸易、手工业和劳工组织。他颇为婉转地提到在历史上曾经抵制“商人”参与公共事业，但是他现在公开声明希望所有团体能够很快看到“如此明显地为公共利益服务的项目，从而给予最广泛的支持”。[61]

利奥波德指出，现在就有这样一个项目，那就是在阿尔伯克基中心商业区建造一座巨大的公民中心广场。利奥波德进一步阐述了这个项目的合理性：无论公民何时需要组织某种公共利益团体或者举行户外集会，他们除了依靠其他市民、公司、集团或者其他私人利益方提供资源、空间或者服务而别无他法，而且上述资源、空间或者服务通常都是收费的。利奥波德问道，相反，为什么不建造一座社群大厦和公共广场，从而为公民团体和市民提供集会或者探讨公共项目和公共事业的空间？利奥波德恳请建造更具功能性和更加方便的公民建筑，无疑与当时进步主义的活跃动议有关。事实上，这项建造公民中心提议的设计元素，与当时的社会中心和城市美化运动的倡导颇为类似。[62]利奥波德还建议阿尔伯克基所有的新建筑都采用西班牙或者秘鲁印第安人式的设计，这样不仅可以提升区域文化和认同感，还能在当地注入公民自豪感，推动城市整体的商业繁荣。

利奥波德在1924年的文章《先锋和山壑》中明确呼吁公共利益的规范力，他再次以年代顺序记录下亚利桑那州和新墨西哥州山谷中的土壤侵蚀问题。他指出，这些地区的居民面临着最为严峻的问题：他们应该"剥掉"本地一层皮而继续生活，还是应该"找到一种留有成长和改善空间的持久文明社群"？[63]这篇文章出于几个原因而意义非凡，包括它对西南地区的土壤侵蚀问题做出了简明的陈述，它还认识到只有私有土地所有人（在这种情况中是放牧者和农民）承担起明智利用土地的责任才能扭转颓势，这也是利奥波德日后土地伦理的核心思想。这篇文章著名的原因还由于利奥波德将西南地区的生态条件与公共利益紧密联系起来，指出由于私有土地所有人在贫瘠的土地上短视地过度放牧导致公共利益受到了威胁。"为了保护公众的利益"，利奥波德写道，核心资源应当采取公有制，而且一切公有资源都应置于某种公共规范管理之下。[64]然而，他很快就对土地公有制解决自然资源保护问题的能力感到失望。但是无论如何，这篇文章清晰地表达出利奥波德将富于产出且稳定的土地社群与公共利益紧密联系起来，并给公共利益附以规范的力量作为改良土地所有制及规范其使用的根据。虽然利奥波德并没有清晰地定义，但是他暗示西南地区牧场的公共利益与该地区未来的经济前景紧密相关，如今受到个人土地所有者在私利驱使下密集地剥夺当地资源的威胁。

133

利奥波德在接下来的一年中持续宣传公共利益，这次是作为保护荒野免受道路侵袭运动的一部分。然而与他在《先锋和山壑》中的用语不同，公共利益如今呈现出决定性的非经济特点。在美国荒野哲学和政策发展的重要指引《作为土地利用模式的荒野》一文中，利奥波德指出，道路入侵荒野景观不仅几乎无法带来任何经济价值，而且就在少数几处道路建造的确带来经济回报的地方，“从公共利益的角度而言，这种道路修建也毫无必要，远远不如在找不到停车位的拥挤城市里建设一个人人需求、空缺可用的停车位能获取的经济回报高”。他建议，相反，公共利益“需要谨慎规划荒野地区体系，在其边界内永久性地反转普通的经济进程”。[65]我们可以看出，利奥波德在这里使用公共利益作为伦理和政治杠杆，抗击他认为应该对贬损或者摧毁土地公共价值负责的破坏性经济利益。在这里，荒野的文化和娱乐价值为美国人提供机会，感受早已逝去的边疆体验中独立而粗糙的美感。

利奥波德对自然资源保护政策中公共利益这一概念最重要的诉求之一，可以从他发表于1934年的文章《自然资源保护经济》中读到。在这篇文章中，他对新政项目中政府对土地保护采取的碎片化、不协调方式提出了严厉批评。[66]对于联邦购买土地，以及使用政府补贴的方式来达到资源保护的目标，利奥波德一直深感疑虑。这些政策当然发挥了一些作用，但是利奥波德认为，这些举措并没有触及问题的核心，即改良私有土地所有人的土地使用标准的必要性，从而使他们符合良性的土地劳作原则。他写道：“应当防止的是任何和所有类型的破坏性私人土地使用。应当鼓励的是将公共和私人利益结合到极致的土地利用方法。”[67]不论他们是否知晓，私有土地所有人都对保卫这片土地上的公共利益负有责任：

134

> 如果一个地主恰好在拥有的土地界限内包含一只鹰巢，或者鹭鸟的栖息地，或者一小块长满仙履兰的土地，或者原始草原的一小块遗存，或者一棵古老的橡树，或者一串印第安的护堤土堆——这位地主就是公共利益的监护人，与种植森林或者开掘水渠相比，对此应当承担同等甚至有时更大的责任。由于实行单线法规，我们已经陷入混乱的局面，很难就每种“少数利益”制定新的、独立的禁止或者支持的政策，若要实施或者管理就更加困难。这种僵局或许为更广泛的自然资源保护政策提供了一条线索。它暗示着对于某种

融入了利益、彻底简化的环保法律的需求，这种需求为每块土地设立了土地利用的单一准则："这片土地上所有资源的公共利益都得到保护了吗？"[68]

利奥波德显然在寻求实施自然资源保护政策的新方法，超越新政原子论"单线法令"，他认为单线法令过于狭隘地将注意力集中在自然资源保护巨大拼图中的个别几块上（例如只关注土壤问题，只关注森林问题，只关注狩猎物种或者非狩猎物种问题），而不是集中在整个土地社群上。不论是在私人土地上还是公共土地上，作为自然资源保护政策和实践标准的公共利益，提供了某种利奥波德追寻的"综合性的融入方法"。事实上，利奥波德认为自然资源保护最终将会"酬谢那些保护了公共利益的私有土地所有人"[69]，这里的公共利益指的是荒野和自然中的审美和历史价值，或许还包括对自然本身价值的尊重。

1935年在经历了三个月的德国之行后，利奥波德又一次在未发表的文章《荒野》中谈及这一主题。受到过分且密集人工干预的德国森林给利奥波德留下了难忘的印象，他绝不希望美国重蹈德国的覆辙。"我希望我们能够开始认识已经清楚明了地呈现在德国景观上的真理：大多数人工过分干预的土地利用实践即便成功，也都是以牺牲公众利益为代价的。猎场看守人以非自然的方式得到了大量野鸡，却以牺牲了公众的鹰和猫头鹰为代价。养鱼人以非自然的方式得到了鱼儿丰收，却以牺牲了公众的鹭鸟、秋沙鸭和燕鸥为代价。育林人以非自然的方式得到了木材的增加，却以牺牲了土壤为代价。"[70]虽然利奥波德还无法在概念化的框架中以生态学语言完整呈现他的思想——不过不久之后他就做到了这一点——很清楚的是，此时的利奥波德如同在撰写《自然资源保护经济》之前一样，一直致力于在生态多样化、富饶多产的土地社群中探索处于紧要关头的公共利益的定义，这种公共利益围绕着多样化的公共事业（包括娱乐和审美价值，或许甚至还包括内在价值）。

135

20世纪30年代中期之后，利奥波德在著作中渐渐不再提及公共利益这一概念。我并不认为这意味着他的思想在概念上产生了转变，而是代表着一种进化的科学理解以及论述策略的必然结果。到30年代末，通过对公共利益的生态解读，利奥波德抓住了土地系统结构和功能上更加科学的模式，而这种模式为如下两个概念服务：生物群落和土地健康。这两个概念为利奥波德提供了公共利益在生态科学上强有力的规范定义，这种定义在其早期作品中就已经有所呈现，但是当时的利奥波德还无法清晰阐明。然而到了1939年，利奥波德在密尔沃基召开的美国森林学会与美国生态学会的联合会议上发表的演说，表现出他已经完全致力于生物群落概念的研究。这篇名为《土地的生物学观点》（后来发表在《林业杂志》中）的演讲词正如我们在前文所说，将会形成利奥波德在《沙乡年鉴》中呈现出的土地伦理的科学基石。几年前，利奥波德就曾经表示需要一种融入各种土地利益的全新综合自然资源保护政策，现在他终于看到以科学词汇完成的概念统一。他写道："生态学将是所有自然科学的新熔点。"[71]生物群落的思想汲取了埃尔顿的"食物数量金字塔"模式和坦斯利的"生态系统"概念，为利奥波德提供了一个研究生态系统运作连贯而简洁的模式——一种清晰的精神意象，或许更重要的是提供了一个判断土地利用实践和人类经济和技术发展的标准。

136 20世纪40年代早期和中期，利奥波德在一系列文章中进一步阐述了土地健康是自然资源保护的整合性目标的观点，这些文章包括《作为土地实验室的荒野》[72]、《自然资源保护：整体还是部分？》[73]，尤其是直至1999年才公开发表的《土地健康概念与自然资源保护》。[74]回溯十多年前在《美国西南部自然资源保护的几个基本问题》中考察的有机主义生态范式，利奥波德推出的土地健康概念与生物正常运作功能的健康类似。虽然他给出的特性描述并不需要将土地社群设想为直接拥有有机体的感觉（即拥有字面上定义的"利益"的明确生物），因而也并不要求它对"活着的地球"或者过时的克莱门特式超个体范式做出思想上的承诺，但是利奥波德的确相信这种相似性使我们能够在直觉上理解并且容易发现"土地疾病"的各种迹象。他认为，无法控制的物种消失，生物学上的"害虫"的传播，土壤侵蚀速率的异常，土壤肥力退化的加速等趋势可以被准确地视为土地系统健康衰退的明确征兆。

整个40年代，利奥波德都致力于精炼土地健康的结构和功能标准。他于40年代早期撰写了《生物土地利用》一文，但是直至1999年这篇文章才公开发表。在这篇文章里，利奥波德再次探讨了为达成自然资源保护目标而采取各种不协调的权宜之计，最终只能带来失败；他表示在控制土壤侵蚀和洪水、作物轮作、改善林地等孤立的环保努力中使用的零碎的技术方法，距离取得真正的进步还远远不够。利奥波德认为，这些方法缺乏集体的或者共同的目的。对此，他建议要实现“作为一个整体的土地的稳定”，或者土地健康。[75]

利奥波德认为，评估土地的健康和稳定程度有两项基本标准：土壤的肥力和动植物的多样性。[76]通过借用埃尔顿的食物链概念和数量金字塔模式，这两项指标联系在了一起。利奥波德写道，“当它的食物链运行有序，同一种食物可以在食物链中无数次循环”，土地社群就会稳定，这一过程对于维护土壤的肥力至关重要。[77]利奥波德所说的稳定并非指生态系统的单一均衡；正如我们在前文讨论过的那样，利奥波德不愿完全支持生态秩序的静态观点。相反，他的头脑中显然构想着一种更加积极活跃的稳定，那就是今天的生态学者所指的维护生态弹性和复杂性，即土地（生态系统）在一定时间内，吸收变化、保持物种数量和互动重要限度的能力。[78]健康的土地能够承载充足的生物复杂性，从而保持自我运作，能够弹性消化长期的干扰。[79]

137

在1944年发表的文章《自然资源保护：整体还是部分？》中，利奥波德对土地健康思想做出了最清晰的阐述。他写道，自然资源保护是“一种土地的健康状况”，同时再次提及土地与有机生物的类似。土地健康是土壤、水、植物和动物“充满活力的自我更新”。利奥波德总结道：“从这个意义上而言，土地就是有机生物，自然资源保护照料其功能的完整，或者说健康。”[80]很明显，利奥波德对于土地生物特性的讨论更加偏向形而上的理论化，他在行文时使用的限定条件就可以证明这一点（即“从这个意义上而言……”）。[81]然而，这只是一个强大的隐喻，而不是强大的规范标准，利奥波德继续表示，应当采纳土地健康作为自然资源保护的核心目标。他宣布，这是土地生态学和管理学的“统一概念”。[82]就这样，它为私人和公共自然资源保护努力缔造了一条经验法则。在尽可能的程度上，我们应该尝试保护土地社群的多样性和复杂性。值得感谢的是，在这个问题上，利奥波德既不是天真的空想家，也不是自然资源保护理论家；他承认人类对于土地的干涉是不可避免的，人类也是地球环境的一部分。但是他也写道，在他提议的土地健康标准的指引下，这种干涉应当“尽可能地少，尽可能地温柔”。[83]

那么如何能够令人信服土地健康可以在最迫切需要它的地方达成，也就是在私人土地上？利奥波德重申了他的信念，为了完成目标，仅仅依靠利润和土地所有者的私利是远远不够的。只有社群的福利、健康或者“团结”的土地上的个人自豪感，才能激励土地所有者和更广泛的公众。利奥波德表示，良好的土地利用实践一定“首先是对社群的责任”。[84]这一评论的语境暗示着利奥波德主要所指的是人类社群，也就是说土地利用是对更广泛的公共利益的承诺。在这篇文章的末尾，他再次深化了自己的阐述，指出统一的自然资源保护必须“作为对社群的义务，而不是盈利的机会”而得到推进。[85]利奥波德在1941年撰写的《规划野生世界》(这又是一篇近期才公开发表的文章) 中，强化了上述解读。他写道:“稳定的(健康的) 土地对于人类福利而言至关重要。因此抛弃任何一部分土地机制——依赖高瞻远瞩的关照才能存在——都是极不明智的。这些被抛弃的部分很可能日后被发现对于保持土地的稳定非常有用。”[86]在《土地利用与民主》一文中，利奥波德再次重申了土地健康与人类利益的关系，具体而言，是人类的文化生存:“文化是土地集体功能的一种意识状态。以单一物种毁灭性的统治为前提的文化，注定是短命的。”[87]于是我们可以看到，利奥波德清晰构想出土地健康与人类利益 (在这种情况下指的是人类的生存) 紧密相连，这是一个自然价值的人类中心主义立场范式。如果一种文化以“生病的”土地社群为基础，那么它既不可能繁荣，也不可能长久存在。

1944年，利奥波德撰写了《土地健康概念与自然资源保护》，但是这篇文章也要等到1999年才首次公开发表。利奥波德在文中重新叙述了土地健康的人类中心主义立场。他还开启了大门以包含较少物质，甚至是准内在的价值：

> 生物群处处美丽地聚合在一起，但是其中只有部分能够产出私人土地主的利润。健康的土地是唯一永久有利可图的土地，但前提是生物群必须保持整体健康的状态，如果生物群的大部分并不出产适于销售的产品，我们就无法仅以经济依据来考量其生态保护价值……将实用的事物从美丽的事物上剥离，从而使两者都降至隶属特定的群体或者系统，这对社会进步一直具有巨大杀伤力，而且现在正威胁着社会结构赖以存在的土地基础。[88]

虽然健康的土地系统对于长期生产力至关重要，但是利奥波德认为，私人土地主在经济利润的刺激下将不会在自己的土地上支持行之有效的自然资源保护。这不仅由于对地主而言有太多物质利益在诱惑他们继续剥削土地，根本不考虑任何生态和社会代价，从而使土地加速退化，而且利奥波德指出，更由于在许多情况下，土地社群的重要成分和过程都被视为几乎不具市场价值，尽管经过长期维持土地健康本会带来巨大的市场价值。

139

然而，更严肃的批评针对的是一种毫无希望的双重自然判断法。利奥波德描述的“实用的事物从美丽的事物上剥离”，即没有看到自然的方法和目的的交互作用，他指出，真正的社会进步必须在政策和实践中认识并且实现整体的价值观。否则社会只能采用呈现危险的、不平衡的方法继续管理土地。占据主要考量的经济导向只给生物群落附加一种价值，即市场价值，来驱使个人和机构廉价出售土地健康。如果没有生物社群的审美特质及其在更大范围的文化共鸣——这种特质和共鸣本可以惩罚和约束经济动机，防止社会冷酷无情地对待土地——利奥波德认为有效采取自然资源保护措施的前景并不光明。因此他写道，真正的挑战是“既能达到实用，又能无损美丽，以此为目标行动”。[89]如果仅以经济上能否满足人类私利为判断标准，永久或者长期的土地健康就无法实现；它还需要广泛共享的土地审美和文化价值，或者那些功用性之外的价值。利奥波德于1938年写道："在实际操作中，美学与功用完全彼此交织在一起。仅以一方为基础对土地做出的实践，都是我们不明白自己在做什么，或者我们做错了的明显证据。"[90]

从土地健康到公共利益

现在，虽然利奥波德心中的审美价值可以被解释为具有人类中心主义和工具主义特质（因为它取悦或者满足了人类的喜好），我认为在利奥波德40年代的作品中，也呈现出对自然内在价值与日俱增的详细剖析。并不令人感到惊讶，这种倾向在《沙乡年鉴》的《土地伦理》文章中表现得尤为明显。例证就是前文曾经提及的，利奥波德对于土地社群拥有"继续存在的权利"的评论。[91]另一个例证是他观察到，土地伦理反映了"生态良知"的存在，表现为个人对于土地健康应当承担的义务和责任，利奥波德暗示这种责任感也是对土地本身的直接伦理关怀。[92]利奥波德表示，"没有对土地的爱、尊重和敬仰，对它的价值没有高度重视"，这样的土地伦理导向是不可想象的。对于利奥波德来说，这样的价值"远比经济价值要广泛得多"；而且，这是一种"哲学层面上的"价值。[93]

140

然而，了解了利奥波德在这一维度上的思想，可能会使我们陷入迷惑。这是因为，我们知道许多环境伦理学家对工具性价值与内在价值，以及对更加广泛的人类中心主义与非人类中心主义做出了清晰的区别。然而利奥波德在这些主题上提出的问题似乎远远超过他解答的问题。举例来说，我们应该将土地伦理视为人类中心主义的目标吗？换句话说，这一目标的合理依据最终是否来自人类的愿望、价值和目标？如果利奥波德认为的确如此，那么这部分观点与他前文引用的文章中明显推崇自然内在价值的评论如何统一？还是我们应该将利奥波德著作中的土地伦理视为更具非人类中心主义立场的标准，也就是说，作为科学规范的政策目标，进一步促进生物社群的利益和人类独立的价值？但是如果我们跟随这个思路，我们应该如何看待利奥波德清晰而频繁地将土地健康与人类福利目标联系在一起的举动，包括长期的经济稳定以及其他公共价值？而且，鉴于我在前文已经声明的利奥波德对于公共利益投入了不变的关注，而这种关注一望便知带有明显的人类中心主义特质，那么我们应该如何理解利奥波德对土地健康的辩护（包括内在价值的概念）？

这些都是十分重要的问题。然而在我们探讨这些问题之前，我们必须记住利奥波德并未将时间都消耗在著作里解析这些问题，虽然或许他的许多哲学阐释者是这样做的。利奥波德不是一位职业的哲学家，他的作品也表现出他对环境价值讨论中细枝末节的分析不感兴趣，他更有兴致的是将自己的实践知识和经验投射到自然资源保护问题上，他只是偶尔探索哲学深度，不过是使自己的经验更加合乎理性。不过，将利奥波德视为某种哲学家，显然也没错。我们可以将其视为如同本顿·麦克凯耶般的实用主义哲学家，因为他参与了人类环境经历的具体事务，更由于他在思想和著作中采用的总体方法。然而更重要的是，利奥波德与贝利、麦克凯耶和芒福德一样，拒绝将多样环境价值简化并贬损成要么是单一、刻板的“本质主义”（缺乏更好的词汇能够表达这一含义），要么是粗糙狭隘的功利主义。

141

相应地，我认为利奥波德土地健康概念的规范成分能够通过以下方式结合起来：首先，利奥波德在讨论植物、动物和土地等“权利”时，他的“生态良知”的概念给予了土地爱和敬重，应当被看作调用了今天的环境伦理学家所指的自然的内在价值。我认为不可否认的是，利奥波德从内心深处感受到了这种在情感上、审美上，甚至是精神上的激动人心。他在《美国西南部自然资源保护的几个基本问题》中写到对于活生生的地球的直觉感受，他在《像山峦般思考》中提及他看到“猛烈的绿色火焰”在狼的眼中幻灭，他在《沙乡年鉴》的文章《沼泽地挽歌》中记录了飞升的鹤群带来的进化上和生态上的奇迹，这一切都在不同程度上表明一种非人类自然世界的内在价值感。这种情感贯穿他的作品，尤其是他后期的作品。我认为，任何将利奥波德解读为人类中心主义者或者“伦理人道主义者”的尝试，都必须认真对待利奥波德著作和经历中的这一方面。

另一方面，有趣的是，除了对土地利益的伦理关注采取了深刻直接的表达方式，我认为利奥波德意识到了这种态度还可能同时拥有工具性
142 的价值。具体而言，这些承诺可能对私人土地主的良知产生强大且必要的推动力，促使他们出于敬重生物社群外的原因而促进土地健康。一旦实现目标，土地健康将会向土地主和社会贡献许多有用或者需求的物质和非物质利益，从不会消退的资源生产力和对于自然之美的愉悦感受，到在野外世界休闲娱乐带来的挑战和刺激，以及丰富的文化和历史体验。于是，私人土地主促进健康的土地系统的行动为公共利益做出了贡献，而健康的土地系统是重要的、在许多情况下还是不可替代的公共价值的源泉。

糟糕的土地利用违背了公共利益，正如糟糕的土地利用与敬重土地及其上的非人类物种互相冲突一样。利奥波德在《沙乡年鉴》的前言中为我们追溯了这一逻辑："我们滥用土地，因为我们认为它是属于我们的商品。当我们将土地视为我们所依附的社群时，我们就会在利用它的时候带着爱和敬重。除此之外，没有其他办法能使土地幸免于商业化的人类冲击，也没有其他办法能使我们在科学的指导下收获贡献给文化的审美丰收。"[94]只有与在对自然世界的爱和敬重基础上定义的土地建立纽带，即认识到土地内在的价值，我们才能期待建立和长期维持以土地为基础，才能享受其上的公共福利——无论在经济上、审美上，还是在文化上。

以另一种略有不同的方式来看待这一观点，被利奥波德拓展到土壤、植物、动物和土地等作为一个整体"继续生存的权利"(对于显然是非实用性价值更加明确的陈述之一)赋予了非人类的自然一种类似内在价值的存在。在确立的过程中假设它们拥有价值；它们不再是随着发展而被抛弃的"无用"的东西。而且根据利奥波德的观点，因为土地健康依赖于对生物多样性和复杂性的维护，生物群落的成员们可以对实现更大范围、更重要的目标做出贡献，即使单独来看，它们被认为几乎没有任
143 何经济价值。

最后，由于富饶且生物种类繁多的生态系统是"唯一永久有利可图

的土地”，能够实现（人类）文化价值最完满的“丰收”，那么将道德权利或者内在价值赋予自然就是实现土地健康目标的重要步骤，而一系列公共价值栖息于健康土地之上。在我看来，这就是利奥波德最有趣的实用主义表述：在某些情况下，他被视为道德手段的某些观点（比如自然的内在价值），也可以用作实现诸如土地健康等进一步目标的重要方法，为一系列人类和非人类需求服务。

利奥波德在30年代之前的文章中多次提及公共利益，即便在后来的著作中不再频繁使用这一表述，也绝不意味着他放弃了早期将市民的集体利益、保护和保卫环境作为重要的公民价值来源的思想。然而对于利奥波德来说，“公共利益”曾经是重要的词汇，将其早期的自然资源保护观点统和在一起，只是在他生命中的最后十年，利奥波德将大部分精力转向可以有效整合和证明自然资源保护日程的更具生态特质描述的模式：土地健康的概念。正如我们所知，土地健康的概念受到了埃尔顿和坦斯利等科学家著作的影响，从利奥波德本人担任林务官和野外管理人员的丰富经历中受益；在德国和马德雷山上的所见，在“小棚屋”试图重建土地的努力，都为利奥波德在公共土地和私人土地上促进自然资源保护发展提供了所需的“统一概念”。事实上，随着土地健康思想的发展，利奥波德提出了一种公共利益的描述性定义，一种在健康景观内保护多样化公共价值的自然资源保护政策的实质标准，既包括长期利用，也包括自然之美，避免遭受私人从土地上攫取短期利润的狭隘行径带来的伤害。利奥波德相信，长期来看，那样短视的利润只能收获越来越少的回报，因为它们以牺牲生物群落的弹性作为代价。

于是在这里，在他努力发展并且保卫土地健康思想的举动里，我认为我们找到了利奥波德最有趣的政治思想。试图沿着生态和更加广阔的文化路线（即土地健康）对公共利益重新定义，利奥波德面临着与20世纪中期美国根深蒂固的经济和政治效忠派对决的艰难任务。对商业上的“振兴主义”和不均衡的市场文化进行了无情的批判，利奥波德遭遇公众对于公共利益的普遍理解浸泡在经济个人主义和物质的免费积累上这一事实。这种普遍的观点对土地的美丽、多样和肥沃毫不在意。

144

利奥波德于1923年便提出疑问:“期待损害美好理想的积极精神,某天能够实现善和宏伟的目标,是否是个过分的主张?我们未来的公民价值标准甚至可能会拒绝接受以牺牲质量为代价的数量,因为那样不值得?”[95]

对现代社会商业主义和物质精神持续增长的长期批判,表达了利奥波德对同胞昏头昏脑地拥护科技发展的鄙视。他谴责赞颂工具和机械的倾向,他认为这些工具不仅主宰了文化生活,从而无情地践踏了非物质的自然利益,而且本身还被视为超越了自然的产物和过程的目标。在《自然资源保护伦理》中,利奥波德总结这种对科技不加批判地接受是当时普遍流行的思想;社会主义、共产主义、法西斯主义和资本主义都是“单一信仰的信徒——信仰被机械救赎”。[96]利奥波德并没有否认科技在改善公民生活方面发挥的许多积极作用。虽然他猛烈抨击美国人对于小工具和小发明的狂热,利奥波德却并非强烈反对机械化的勒德分子。他最感遗憾的是缺乏约束的“过多工具”。利奥波德认为,这种动态导致社会和环境间不可持续的失衡,这种失衡随着时间的蔓延将会彼此损耗。然而,利奥波德对这一问题的认识也非常现实;他坦言“人类已经无法抛弃工具”。与此同时,利奥波德对于科技界的改善努力并没有感到如释重负,新工具只是被制造出来弥补旧工具不理想的效果。他知道,科学将会永无止境地持续制造越来越多的工具,其中有些发明甚至可以在实际已被摧毁的景观上依然维持人类的存活。“然而,谁愿意成为那种人民中的一分子?”利奥波德问道,“我绝不愿意。”[97]

145

虽然做出了这样令人沮丧的评估,利奥波德依然相信他的同胞能够抛弃“无情的功利主义自愿接受的信条”。实际上,他写道,民主的可取之处就在于如果民众的意愿能够适当实践,社会就会跨越信条的鸿沟。利奥波德将自然资源保护冲动视为试图实现这种“自我解放”的努力之一。[98]推进这种政治努力更明确的重要策略之一,表现在利奥波德对于流行的进步社会哲学的抨击——这种哲学没有任何“自然、野生和自由”的成分。[99]长期维护土地的肥沃和多样化——景观的美丽和文化价值正依附其上——是利奥波德对进步的真正标尺,而不是经济利益或者各种技术控制带来的功绩。[100]由于这一理由,《沙乡年鉴》可被解读为对利奥波德时代占据主流的技术—经济进步论的反驳。利奥波德在该书的前言中写道:“作为少数的我们在这种进步中看到一种回报逐步减少的趋势，而我们的对手并没有看到。”[101]利奥波德在接下来的数篇文章中都就此列举了诸多例证，从《草原的生日》中悲叹“花的价格”，到《沼泽地挽歌》中排干沼泽、赶走鹤群的进步“主教”。[102]

从某种重要的意义上而言，《沙乡年鉴》是利奥波德试图彻底审视进步哲学的努力——探究推动了早期平肖—罗斯福式自然资源保护的进步哲学；探究他被塑造成自然资源专家的思想环境，既包括他在耶鲁大学接受的教育，也包括他在美国西南部国家森林里的经验。虽然声称为了公共利益，但是进步主义自然资源保护运动的主流向着高效生产商品和关注公众物质生活的目标大大倾斜。很清楚的是，利奥波德在《沙乡年鉴》和其他作品中对于“进步”及其在环保日程中的位置却有着极为不同的理解。他提供了一种超越满足个人喜好和积累商品的公共利益概念。利奥波德更加定性的进步概念因此可以被视为改良美国社会和政治哲学的一次尝试，使其包含土地的文化和审美价值，反映“美国的山岩、小溪和建有寺庙的山是比经济物质更有意义的存在，不应仅被用作经济用途”的观点。[103]因此利奥波德对非经济环境价值的推崇，是再定义和再确认最深层次的美国民主承诺的尝试。[104]

146

利奥波德改变土地利用实践以及技术、使用和进步的社会观——20世纪30年代晚期由于其土地健康理论而得到加强——的长期努力，强调了他对自然的规范性观念与对民主社群集体利益更广泛的关注之间的紧密联系。与约翰·杜威和其他进步主义时期民主理论家一样，利奥波德诉诸更大规模的社群和更宽泛的一套公共价值——在他这里，就是那些需要健康、可持续发展的土地系统的公共价值——将公民紧密团结在一起，组成公共利益。正如芒福德的区域规划理论原则可被视作为在公民中激发杜威式的民主意识提供了政治技术，利奥波德的土地健康理念也可被视作为多样且扩散的公众理解其在工业时代的土地资源保护中的共同利益提供了实用方法。正如杜威在《公众及其问题》中所写:

> 联合互动行动间接、广泛、持久且严重的后果，使在控制这些后果方面拥有共同利益的公众得以存在。但是机器时代如此庞大地拓展疆域，使间接后果的范围扩大、增强并且复杂化，基于客观而非社群基础之上形成了如此巨大坚固的行动联盟，导致合力产生的公众无法确认和识别自己。这种发现显然是任何有效组织在这方面的先行条件。这就是我们关于公众思想和利益经历的一片漆黑的主题。[105]

利奥波德将土地健康阐释为自然资源保护和社会政治改良的双重目标，试图以景观的生态、文化和审美价值中公民的共同价值定义公共利益，激发个人关注自己作为更广泛社群一员的意识，这是对于有效组织和政治行动的杜威式先决条件。这意味着土地健康概念中另外清晰 147 的政治价值。因此，土地健康理念在一个工业化时代和市场主宰的文化中，在构建共同的政治身份和共有的公民意识方面拥有扮演重要角色的巨大潜力。在其最具野心的构想中，利奥波德试图吸引公民关注土地健康问题，能够帮助他们意识到他们是更大的民主社群中的一分子，在这个民主社群中，人人都拥有当下和未来展现公共价值的健康景观以及供给品的集体利益。使用这一“团结的概念”，利奥波德还能建立由运动家、环境保存主义者、资源管理着和公民组成的多样化政治联盟，支持重要的自然资源保护目标，这种政治策略既体现了民主气质，又满足了在公共争论中寻求共同根基丰富领域的愿望。

虽然利奥波德对于土地健康作为规范和科学的标准十分自信，但是他劝说同胞接受土地健康作为定义公共利益标准的公共竞技场的最重大努力——20世纪40年代威斯康星的“鹿之争”——却不尽人意。尽管在管理州范围鹿群上展现出促进公共利益的良好意图和坚定承诺，利奥波德最终还是无法平息吵闹的利益集团政治。正如我们在前文所看到的那样，利奥波德减少过剩鹿群的努力遭遇相当大的公众抵制，在这一问题上，他甚至还不得不与所在的“公民白尾鹿委员会”中的同事展开辩论。苏珊·弗莱德认为，虽然在“鹿之争”事件中利奥波德已经充分表达了他对健康景观中公共利益承诺的理解，但是他并没有向同胞阐明这种共同利益真正的构建和统一感。相反，弗莱德写道，利奥波德试图将土地健康问题的表述限制在与政治无关的鹿群种群动态和种群减少的狭窄框架内。[106]弗莱德的观点揭示了在利奥波德广泛的土地健康观（引导他直接抵达公共事务领域以及公众利益的规范性标准）与他的科学导向（更多集中在技术管理问题和策略上）之间，可能存在的一种断裂。

虽然我承认弗莱德对这种冲突表现的观点是正确的，但是利奥波德似乎至少曾经多次尝试在其对自然资源保护承诺的讨论中吸引公民对更加广泛的图景发生兴趣。利奥波德于1946年写道："我无法逃避这样的想法，如果我们现在无法减少鹿群数量，就是一种短视的行为……我恳请就此问题举行投票，各位并非代表各县投票，而是作为长远社群的威斯康星州的代表举行投票。"[107]利奥波德在威斯康星"鹿之争"事件中缺乏效率，或许很大程度上归咎于根深蒂固的娱乐和商业利益的反对，以及舆论对于专业管理方法的内在保守性。无论如何，尽管利奥波德对形势怀有坚定的信念，他也没能针对"鹿之争"（以及这一阶段的著述）中土地健康与公共利益之间的联系做出真正有说服力的阐述。虽然这些关联的片段在其20世纪40年代的许多著作中有所体现，它们只是带着重建的努力浮出水面（本章中提及的那些努力）。如果利奥波德有意识地使用更多公共利益的规范性语言，如同他在某些早期著作中呈现的那样，或许土地健康与公共利益之间的关联将会更加清晰，易于辨识。

148

结论：环保主义与公共利益

我在本章中的主要观点是利奥波德的作品中存在着几层哲学束缚，他的承诺包括对社会价值和自然内在价值的尊重，他的观念通过土地健康概念而结合在一起；土地健康是一种综合性的科学规范标准，定义了土地保护中的公共利益。因此，土地健康的目标既包含了非人类中心主义的元素（支持自然内在价值的合理性），也包含了人类中心主义的承诺

(包括伦理、文化和长期经济利益在内的一系列公共价值)。如果利奥波德在今天写作,我认为他会将土地健康的大部分讨论设置在“生态系统服务”的语境中,例如净化水资源、营养元素循环、废物吸收、气候调节等
149 自然服务都是从健康的生态系统中得来的人类活动。这些服务不仅对于生产商品和提供珍贵的娱乐和文化价值十分必要,而且其中许多更是对于保证我们在地球上的生存十分关键。[108]

我相信,前文对利奥波德作品的解读澄清了许多他(直接地或间接地)发展出的伦理主张和观点,尤其是在他生命中最后十年间的作品中。我同时也认为,这些观点和主张使利奥波德在美国环境思想的基本论述中占据了某种程度上与众不同的地位。正如我们已经探讨过的那样,环境伦理的传统方法通过土地伦理的狭小棱镜观察利奥波德的贡献,认为其作品和思想主要投射在生物群落或者简单来讲自然的“道德立场”的相关问题上。然而,我认为我们应该将利奥波德的哲学视为更加宽广和综合(如果不总是非常明确的话)的公共哲学,一种融合了以公共利益为前提,以土地健康为目标,而非以经济或者技术控制为基础的理念的哲学。土地健康的目标,反过来得到多种伦理主张的支持,包括对土地和动植物的内在价值或者利益的实用主义诉求。

利奥波德被推崇为“美国环境伦理之父”,这样的高度评价对于我们理解现代环保主义道德基础有着重要的暗示。或许其中最重要的就是我们的环境伦理以及我们的环境实践和政策目标的价值,并非仅取决于自然的内在价值理论;相反,它们来自更大范围的哲学、政治和实践传统,利奥波德已经呈现过这些传统,同时贝利、麦克凯耶和芒福德等第三条道路传统思想家也都表述过这些传统。在这种描述中,为了自然利益的环保主义态度和承诺与公民的其他道德和政治目标紧密相连:例如促进公民意识的活跃和更新,加强乡村文化和社群认同感,以及利奥波德曾经提及的重新引导公民价值向着人人对应健康自然环境公共利益的理念发展。许多环保主义者在改良实践中分离了环境价值与人类价值,
150 因此歪曲了(虽然并没有完全失去)这些思想家的思想遗产,将利奥波德归入狭窄的哲学家类别,而且干脆完全忽视了贝利、芒福德和麦克凯耶

等人。

我认为，我们应当将利奥波德视为20世纪前半叶自然资源保护和社群规划运动中的公民实用主义者，或者第三条道路传统中的一分子。相比于传统环境伦理和环境思想史将利奥波德的影响限制在思想领域中，即仅限于探讨自然资源保护主义者平肖和环境保存主义者缪尔之间的伦理分歧，这一评价能够更加全面地涵盖利奥波德的思想。虽然现有评价也不能算是错误（就其本身而言），但是我认为它错失了利奥波德作品中的实用主义和公民性本质，更重要的是，它没有看到利奥波德作品与20世纪前半叶其他思路宽广的自然资源保护主义者和规划者思想的连续性。

最后，我认为利奥波德对公共利益的经典进步主义的关怀，以强大的历史方式，为我们提供了一条重新想象美国环境价值与政治文化之间关系的思路。我认为，环保主义者努力保卫自然的内在价值，以及那些为人类的未来世代获取选择和利益的更具人类中心主义观点，都将从这些目标与对公共利益的正面阐述之间已经建立的联系中获益，鉴于后者可以成为社会政策最洪亮的政治理由之一，同时也能够吸引对更广泛的公共利益概念（超越个人喜好）的关注。[109]环保主义者的论述与公共利益的结合，不仅将增强环保主义者对环境政策讨论施加有效影响的能力，而且还能将清晰的环境承诺融入公共利益的实质定义中，正如利奥波德于20世纪30年代和40年代提出土地健康观念时所做的那样。

将环境价值视为十分重要的（如果不是本质的）公民共享的公共价值（并非纯粹的市场价值或者自然在文化上独立的主张），我认为还会比 151 促进自然内在价值的独立论点更能加强环境政策广泛和有说服力的根据。这是利奥波德思想中的实用主义和政治立场。最后，我相信这种实践的洞察力，而不是任何环境价值实质上的非人类中心主义或者人类中心主义理论，应当被视为利奥波德对当代环保主义做出的最重要、最持久的贡献。 152

第六章 今天的第三条道路：自然系统农业与新城市主义

利伯蒂·海德·贝利、刘易斯·芒福德、本顿·麦克凯耶和奥尔多·利奥波德组成了重要却鲜为人知的美国环境思想的“第三条道路”传统，这是一个范围广泛、具有类似情感的群体组合，包含20世纪前半叶具有改良思想的自然资源保护主义者和区域规划者。从贝利的自然资源保护总管理论、芒福德的文化和公民区域主义，到麦克凯耶的社群荒野哲学，以及利奥波德针对公共利益的土地健康的设想，这一公民实用主义传统提供了思考环境政策和实践基础的新思维方法。实际上这是一条老路，但是它看起来很新，因为当代环保主义努力从人类的利益中剥离环境的价值，强调自然的“固有价值”，坚称其独立于我们的其他道德和政治目标，导致这条道路一直被掩盖。

我希望此前各章的讨论能够令人信服，敦促我们重新考量当代环保主义的某些历史根据和道德承诺。我详细阐述的第三条道路传统接受自然价值的多元化，并且对此表示公开支持；环境价值和公民理想可以兼容并立，甚至可以彼此加强承诺，彼此互为促进的工具。此外，这还意味着环境伦理理想在文化上并非自发的；它们无法与人类的其他经历分割开来。

事实上，我相信通过仔细审视第三条道路传统，对于环保主义道德基础将会得出如下观点——代表自然的主张并没有被视为哲学家口中的“第一原则”，而是被理解成在道德和政治社群中有可能发生的（虽然常常十分强有力）市民多种规范承诺的表达方式。换句话说，在受到实用主义激励、公民导向传统中的环境价值就是社会和政治价值，因为它

153

们的表达方式包含实质的公众利益，因为它们还包含在环保主义思想家的重要项目中——评估工业、城市和商业社会的文化和物质条件。

我认为，第三条道路传统为我们提供了理解人类与环境之间关系的颇具潜力的变革性方法。或许最重要的是，它一方面避免了过多纯粹的经济人类中心主义，环境在这里主要被视为可以收获物资利益的资源来源；另一方面又控制了过多的道德主义生态中心论，人类的价值和利益作为一种摧毁性的力量在这里被首先抛弃，因为它们将不可避免地损毁自然的内在价值。第三条道路的思想家们并非二元论的俘虏，“要么人类要么自然”式的道德思考似乎抓住了今天许多环境理论家和倡导者的心。第三条道路思想家们发展出了更加综合的方法，将利用和保护、内在价值和工具价值、人类中心主义和非人类中心主义、自然的利益和公众的利益结合起来的新奇方法。

还应重点提及的是，第三条道路传统绝非美国环保主义的绝对哲学传统；事实上，这群实用主义自然资源保护者和规划者都从亲身参与解决土地利用问题的人生经历中成长起来。这些挑战包括从退化的（以及正在消失的）农场景观和城市的过度拥挤，到大都市对于荒野的侵袭以及土地健康状况的陡然下降。因此这些遵循环保思想中第三条道路传统的思想家并没有简单地复述杜威和罗伊斯等实用主义哲学家们的思想。他们致力于环境保护，创造了一个全新且高度具体的实用主义形式，在很多情况下远远超出了对这些思想起源的哲学讨论。他们常常比实用主义哲学家们更加实用主义！

154

在本章中，通过审视该传统中两项重要且一直持续的尝试，即改良美国土地利用的实践和价值——在我看来是环境思想中的公民实用主义方法在今天的实际表达，我要将第三条道路传统引入当下。这两项倡议分别是韦斯·杰克逊及其在土地研究所的同事们倡导的自然系统农业以及被称为新城市主义的不断壮大的规划运动。我认为上述两种尝试极佳地呈现出一种伦理上多元化、以行动为导向的公民思维方法，而这正是环境思想第三条道路的特征。这两种运动也反映出如下的历史传统，将适当的景观设计和保护视为促进环境生态健康和可持续发展的方法，同时也是培育更坚固的社群感和良好公民目标的方法。

环保主义和人类能动性的问题

鉴于环境哲学家（和广泛的环保主义者）都对奥尔多·利奥波德的土地伦理表现出巨大的兴趣，我们或许期待他们能够就美国土地利用实践的伦理和政治方面做出更多评说，即在可持续农业、城市和区域规划以及资源管理等相关领域的这一类问题上有所作为。然而，实际情况并非如此。我在前文提及，忽视利奥波德理论的一个原因是许多环境哲学家和倡导者对荒野存在持续的偏见，由此引发一种必然的态度，认为“自发的”自然（荒野当然是其最佳代表）应当占据主要的政策舞台。伴随这一观点的是许多环保主义者长期对于非人类中心主义的幻想（再次承诺达成与自然价值和谐一致的哲学愿景），与之并行的还有对农业劳作和城市发展等实践的厌恶——而这些实践明显由人类的价值和意图来推动。

环保主义者对人类在自然中的活动和规划感到厌恶，这一点清晰地展现在下面引人深思的学术例子中——一场就生态恢复项目中道德地位展开的生动的环境伦理辩论。有观点认为，通过将仍在不断退化的景观恢复到人类侵扰之前的状态，生态重建是寻回失去的环境价值的有效方法。然而多年来，环境伦理学家对于这种观点一直嗤之以鼻。举例来说，罗伯特·埃利奥特和艾瑞克·卡茨等哲学家都采取自然和文化尖锐的二元论观点，认为实际上这种重建只能带来“虚假的自然”，或者说其前提是一个“巨大的谎言”，因为重建的环境缺少从前蕴含于景观中的自然价值，这种价值只能存在于不受打扰的进化发展过程中。[1]换句话说，生态重建的努力从根本上就具有欺骗性；我们被引导相信重建的就是真实的（即野生自然），然而实际上重建只能产生一个低层次的伪造自然，一个包含了“非自然”的人类价值且被人类意图扭曲了的自然。

安德鲁·赖特对这种生态重建的失败主义者观点提出了挑战（在我看来颇有成效），他区分了重建项目中的双面动机和仁慈动机，并且关注

155

在鼓励一系列支持环境和支持公民行为的公众重建实践中的实用主义价值。[2]赖特在这方面的论点得到其他“反二元论”重建理论家的支持，例如艾瑞克·希格斯和威廉·乔丹，他们也认为重建活动中包含着类似的社会和文化价值。[3]

本章讨论的这两场土地利用改良运动提供了在实践中进行环境和公民理想动态交互的概念化方法，我认为是一种支持第三条道路传统的方法——本书贯穿始终解析的思想——我们不应将人类利益与自然利益、人类中心主义原则与非人类中心主义的原则、工具性价值和内在价值剥离开来。简言之，实践的经验教训从根本上而言是综合性的，直接将人类（以及人类的道德和政治经历）置于自然环境和人造环境之中。这两场运动都认识并接受人类能动性在生物物理系统中的角色。与此同时，我们可以看到，通过有意识地赋予实际的限制和规范标准，可以防止人类能动性在环境方面陷入狂乱。不过这些控制或许无法确保达到许多教条的非人类中心主义者设想的绝对道德准则，它们只能尽力达到我们可以合理期待的最大限度，因为我们必须在土地上居住、生产、消费，有时娱乐。 156

美国生态学会最近发布的报告显示，根据预测的人口增长、城市化和资源消耗趋势判断，受到人类影响的生态系统（包括农业和城市土地系统）将会主宰这个星球的未来。此外，这意味着随着越来越多的成熟自然资源保护、保存和重建努力的展开，为保证重要的生态功能持续运转，人为干涉生态系统以及设计新的“生态—技术”系统来提供人类所需的自然产品和服务，将会在科学和政策层面扮演日益重要的角色。[4]因此如果对于环境系统的修正（和创新）在某种程度上是不可避免的，我们至少可以保证我们的环境规划和政策决定是建立在敬重生态极限、为其他物种及其栖息地保留生存空间（或许与生态学家迈克尔·罗森茨威格所称的“和解生态”[5]一致），包括强有力且清晰的可持续发展概念以及敬重社群福祉的原则之上。

我相信，下文详细解读的两场土地利用改良运动反映了第三条道路传统的承诺，对人类在土地上负责地发挥能动性并不会妨碍良好的环境实践做出了有效解释。它们同时还对美国景观的公民实用主义传统做出了重要、切实的延展和详尽阐述。

收获环境伦理：自然系统农业

总体而言，环境哲学家和活跃分子涉猎农业相关问题的程度并不深，至少与他们对保护野生动物和荒野的关注相比。举例来说，从学术角度而言，《农业和环境伦理学杂志》每期都会固定包含探讨农耕、转基因食品、动物生物技术等伦理问题的文章，而环境哲学界最重要的期刊之一、发表的文章很大程度上定义了该领域学术水平的《环境伦理学杂志》却很少刊登关于农业主题的文章。哲学家保罗·汤普森极力敦促环境伦理学家关注农业问题（还有从哲学上关注农业实践，这一点更为重要），他在1995年出版的著作《土壤的精神》[6]中谈及环境哲学家在历史上对农业问题的忽略。汤普森将这种兴趣缺乏归于几个因素，包括（反复提及的）现代环保主义思想支持荒野的思想意识，以及哲学作为学术领域的特质——只能通过自己内部的迷惑和疑问进入。汤普森的这部作品出版十年后，形势或许发生了些微的改变；例如汤普森曾经批评大型环境伦理和政策文集缺乏农业伦理的探讨，如今在最新版本的文集中已经包含了食品和农业部分（或许正源于汤普森的批评）。[7]除此之外，在过去的十年间，《环境伦理学杂志》也发表了以农业问题为主题的几篇文章，虽然数量并没有期待的那么多。[8]

环境研究学术界对荒野的偏见解释了他们对于农业一直缺乏关注的主要原因，正如伦理学者对更具理论性的问题兴趣更加持久一样，而这些问题远离任何特殊的地理主题（乡村或者非乡村）、历史传统和社会实践等。在这一点上，汤普森的上述结论无疑是正确的。我认为，进一步的相关解释则来自20世纪60年代和70年代环保主义在哲学和文化根基上的持久遗赠，尤其是被广泛阅读和引用的文章产生了巨大影响，比如历史学家小林恩·怀特于1967年在《科学》杂志上发表的文章《生态危机的历史根源》。[9]怀特的许多观点已经给环境伦理讨论确定了方向，他认为农业和农业技术对自然环境以及对西方人的精神和世界观造成了深远且负面的历史影响。

在《生态危机的历史根源》一文中，怀特研究了欧洲在7世纪如何发展了深耕犁，这种新技术如此猛烈地“攻击土地”，以至于完全不再需要交叉犁耕，导致人类与自然的关系在道德层面发生了根本的变化。“人类与土地的关系被深远地改变了。从前，人类是自然的一部分；现在，他是自然的剥削者。”怀特总结道。[10]怀特认为，文化语境中的现代科技发展由基督教的训导促成，将人类置于主宰自然秩序的角色中，导致一种人类中心主义意识的诞生——认为人类对地球拥有绝对的控制权，可以随心所欲地利用它。怀特的文章对于一整代环境伦理学者和环保积极人士都产生了巨大的影响，导致了深远的疏离。这篇文章认为，人类及其农业活动对自然世界来说比瘟疫好不了多少。生产性的工作（包括农业，但同时也包括林业和牧业等）本质上就是破坏性的，玷污了地球。这与“真正的”环境伦理相对立。

158

我认为自20世纪60年代末，怀特式的观点在众多环保主义者心中占据统治地位，而汤普森和詹姆斯·曼莫奎特等作者则描绘了一幅农业思想对环境产生影响的画面，相比而言这幅图景更正面（虽然也并非不加批判），结构也更清晰，内容更入微。[11]他们以多种方式展现出，在农业哲学传统的某些情形下，不论对个体的性格还是对社群的价值而言，人类在土地上的劳作都具有积极的改变作用，这是一个在农民和环境之间缔造并且加强规范的血亲纽带的过程。事实上，汤普森写道，在这种农业思维下，人类“塑造并改变着自然，如同自然塑造并改变着他们一样”；而以这种方式参与其中的社群“在实施保护野生世界的自然资源和总管的职责之间不会感到紧张和压力”。[12]我们在讨论贝利的思想时曾经提及，在农业思想中甚至存在生物中心主义的环保伦理观痕迹，这将挑战所有认为农耕活动使人类与自然产生了疏离的观点。

如果越来越多的环境思想家能够意识到农业和农业哲学传统的潜力，从环保主义以及对生态系统的健康和可持续发展的道德关注角度而言，现代农业的范式依然大有改善的必要。有鉴于农业工具的发展和农

159

业活动而导致人类与自然疏离，认为应抛弃怀特这种绝对化的主张只是一方面而已。这一观点过分简化了人类技术的发展，并且对人类的文化态度也不加区分地僵化理解。它还完全忽略了如下思想——许多农业环保作家都支持的观点——农业活动为了解并评估自然提供了一条重要的途径，在日益城市化和商业化的社会中，这条道路应当被滋养，被保护。[13]而且当下农业的工业化模式——依靠巨大的化学投入、大量使用矿物燃料、广泛限制动物活动区域、单一作物栽培等——很难讲为人类与环境的关系提供了一个伦理上适宜的模式。因此环保主义者进行反击，认为农业必须采用其他模式才行。

事实上，的确有其他的模式。在20世纪70年代和80年代涌现出一系列范围广泛的方法，都统一归于“可持续发展农业”名下，它们带来了希望，一种能够代替工业化模式的革命性农业方法——由对土壤保护的关注驱动；承认自然出产的生态极限；在某些情况下，对非人类物种、土地，以及未来公民的福祉显示出明确的道德尊重——并且引发了新的环境伦理。当代可持续性农业尝试的历史根源在思想和科学上分为几个层次，包括贝利等适应主义者的早期农业观点，20世纪30年代和40年代由雷克斯·特格韦尔和保罗·西尔斯领军的“永久的农业”运动，20世纪50年代兴起的生态科学和生态系统学，以及60年代及70年代初反主流文化的社群主义和有机农业运动。[14]

虽然在程度上有所不同，它们共有的当代可持续发展农业原则和技术总体上使用了“更加柔软温和的”工艺，对化学肥料和杀虫剂的依赖较小（普遍采取天然肥料和生物防治方法），比传统的工业模式更加注重维持土地的肥力和整体的生态恢复力。大多数符合这一描述的方法也致力于（在耕地尽可能的程度上）保持农场生态系统内当地动植物群的多样性。[15]这些方法是否能够归于“生态农业”、“永续农业”，还是“有机农业”名称之下，取决于它们是否拥有共同的总体原则：与标准的工业化农业范式相比，农业企业应当与自然系统（包括本地效率、自然生产战略以及生态极限约束等）建立更加紧密的关联。[16]

我们可以在维斯·杰克逊及其土地研究所同事们的作品中找到为

实现可选择的农业管理制度而进行的更具野心的切实努力；该研究所是一家位于堪萨斯州萨莱纳的研究和训练中心，致力于杰克逊及其同事们如今所称的“自然系统农业”的探索和推广。几近三十年来，土地研究所致力于研究建立在本地大草原生态系统中的可持续发展农业模式的可能性。杰克逊是接受过专业训练的遗传学者，离开了加州的教职岗位，于1976年与妻子德纳创办了这家研究所。[17]他认为，工业化的农业体系将会把我们逼到生态大灾难的悬崖峭壁旁。工业化的农业模式通过持续耕种腐蚀土壤；它以生产导向的植物育种使自然的基因基础变得狭窄；它使用杀虫剂和化学肥料污染了景观；它过度开发不可再生的矿物燃料储备生产杀虫剂和化肥、驱动农场的机械设备。杰克逊及其在土地研究所的同僚进行了一系列试验，考察以自然为模式的农业能否在保证生产力的同时还能实现生态可持续发展，能够成为取代工业化模式而出产富饶的另一种选择。

他们的研究聚焦在与当地大草原生态系统类似的“驯化大草原”的发展上。杰克逊认为，自然的大草原可以令人钦佩地实现自给自足。它依靠阳光（和雨水）；生成自己的氮肥；珍贵的土壤表面四季覆盖常青的植物；通过各种自然机制控制病原菌、杂草和病虫害的扩散。[18]或许最重要的是，它建造土地，而不是侵蚀土地。另一方面，本地传统的人工麦田由来自石油和天然气的矿物能源维持，对化肥的依赖极大，需要持续耕种，而且如果没有外部控制手段（例如杀虫剂），它们对于病虫害几乎毫无办法。由于密集使用化学用品和机械设施，以及每年为保证农作物产量的频繁耕作，土地侵蚀退化的倾向严重。[19]因此土地研究所的首要目标就是看看能否在自我维持、依靠太阳能驱动、常年（无耕种的）当地大草原生态系统基础上，构建一个高产出的农业系统。通过为当地大草原构建这样的系统结构，研究所的科学家们希望可以复制并扩散更多的自然生态功能。

161

杰克逊及其同事们对出产多年生草本种子作物（我们吃的那种）的驯化草原系统尤其感兴趣。这一系统模拟草原的多品种混养（例如稻类、豆类以及复合作物，尤其是向日葵），依靠多年生植物的深根保持土壤并且固氮。因此这一模式与当下的农业范式极为不同，当前模式主要为年度收割的单一作物（例如麦子、玉米及其他谷物）。除了要考察多年生混养作物模式能否带来较高的种子产量之外，杰克逊和他的团队还尝试回答其他问题，包括这一系统的实际产量能否超越传统的单一作物模式。此外，土地研究所的专家们对于如下问题也很好奇——多年生混养作物能否如同无须深犁的草原一样，在肥力方面达到自给自足（如果答案是肯定的，那么大范围使用化学肥料就将变得毫无必要）；以及它能否有效控制杂草蔓延、抵御病虫害的侵袭（如果答案是肯定的，那么除草剂和杀虫剂也将变得毫无必要）。[20]

随着他们的工作推进到20世纪80年代和90年代，杰克逊和同事们开始对上述问题给出尝试性却极有希望的回答。土地研究所的研究表明，在一定的限定条件下，多年生混养模式的确有可能实现高产量，而且在很多情况下都有超越传统单一作物产量的潜力。不仅如此，还有令人鼓舞的迹象表明，混养模式能够有效地控制杂草和病虫害，这种能力主要来自混养模式在遗传和品种上的多样化，增加了同种作物对病虫害的抵抗力，多年生作物稳固土壤的时间也有所增加。最后，有迹象表明，至少在某种程度上，多年生混养作物能够产生自己的氮肥，虽然支持这一结论的证据还不十分确定。[21]虽然土地研究所的专家们承认，还有许多工作有待进一步开展，还有许多问题有待解答（他们承认可能还需要几十年的研究，才能完美解决核心问题），但是杰克逊和同事们已经为自然系统农业模式建立了科学的可信度。他们正在不断推出强有力的、令人信服的研究成果证明他们的方法是具有潜力的补充方法，这种方法甚至终有一天能够可行地替代传统工业化的单一农作物生产模式。

162

杰克逊创立土地研究所及其开创生态良好的可持续发展农业范例的努力，都汲取了深刻的科学、文化和哲学传统的精粹；在这些传统之中，我认为无疑包含在前面章节中讨论的四位第三条道路传统思想家的观念，尤其是利伯蒂·海德·贝利和奥尔多·利奥波德的思想，虽然杰克逊曾经提及他当时并没有完全意识到这一点。《自然的前景》和《神圣的土地》中的观点是自然系统农业信奉的信条，例如自然是文明的规范，以及农民的工作是与其所处的自然建立“正确的联系”等思想。[22]杰克逊对利奥波德的褒奖溢于言表。他写道，在20世纪，没有任何人比利奥波德对“我们在土地研究所工作的思想基础做出了更大的贡献”。[23]杰克逊认为，利奥波德的土地伦理及其总体自然资源保护观点为生态学与农业的完美结合提供了必要的哲学框架，从而缔造了更具整体性的农业模式，这种模式以生态可持续发展为前提，而不是仅以产量为前提。杰克逊发出了谴责“培根—笛卡尔式世界观”的悲叹，他批评这种世界观将科学视为切分自然的工具，只为达到人类自己的目的而控制自然，这正契合了利奥波德的整体观；对于人类了解自然世界的范围和局限，杰克逊也与前辈一样持有谦逊和敏感的认识论。[24]

163

除了贝利和利奥波德，杰克逊还承认其思想中的另外几种来源，包括维吉尔的诗歌、查尔斯·达尔文的进化论，以及有机农业之父阿尔伯特·霍华德爵士的思想。[25]在杰克逊努力寻求可供选择的新农业模式过程中，当代著名小说家、诗人和新农业思想家温德尔·贝里也对其在文学和文化传统的理解方面产生了重要的影响。

除了上述多样化的影响之外，我认为杰克逊的实践活动还让人联想起倡导去中心化区域主义的芒福德和麦克凯耶。例如，杰克逊在1980年出版的《农业的新根源》一书的结尾处，描述了想象中的2030年的一家堪萨斯农场社群。[26]这片以太阳能驱动的农业理想国完全接受并且内化了杰克逊的可持续发展范式。在这片社群中依然存在几座大都市，但是大多数区域城市的人口不过4万人。理想国的农场由可再生能源提供动力（太阳能、风力和水力），农业耕种则在适当地区采取有限的单一作物耕种，配合多年生草本混养作物模式。土地不再以1980年（或者今天）的私有化方式存在。土地信托机构管理2030年的土地，监管土地的合理利用，并且防止土地被污染或者退化。不过在杰克逊的理想化社群中，依然承认私有土地的所有权以及传承给后代的权利。这是一种新的土地伦理，与现有的经济评估方式不同，它不会贬损未来。

从文化层面上而言，也发生了许多变化。“大多数的社群，”杰克逊写道，“现在都强调历史的价值；当大人讲述自己的故事，从而将过去与现在连接起来的时候，历史就变得更加真实。”[27]这些描述的功能之一，就是教育年轻人认识过去的错误，杰克逊认为这些错误包括“邪恶的大型公司”的告诫性寓言、核力量、无望沉沦在消费主义中，以及对环境长篇累牍的侵袭。杰克逊田园牧歌般的农场社群具有反主流文化的特质，似乎有趣地晚了25年（在后来的作品中，杰克逊似乎抛弃了部分较为理想化的观念，至少在修辞上如此）。然而，这仍然只是对他部分思想和道德承诺的清晰阐述，包括贝利、芒福德和麦克凯耶等人的农业和区域主义传统（不用说还有埃比尼泽·霍华德和帕特里克·格迪斯在区域城市方面给予杰克逊灵感），以及利奥波德的伦理土地利用观念——杰克逊在对消费生活方式的批判中借鉴了利奥波德的土地健康标准。

164

杰克逊以宏大激情的历史笔调，写就了文集《未经雕琢的石头祭坛》；他在书中分析了土地研究所工作蕴含的文化、伦理和政治层面。杰克逊写道：“我们生活在一个堕落的世界中。”[28]这是一个深受激进环保主义者（尤其是深层生态主义者）喜爱的主题，杰克逊认为，一万年前农业的发展已经将人类从自然中剥离，造成了精神上和生态上的灾难性后果。我们控制了自然系统，我们目光短浅地使用机械和化学制品，并以人类与众不同并且高高在上的错误思想滥用它们。我们始终忽视自然的极限，忽视隐藏在自然过程中的智慧。虽然我们经历了这样的社会史和技术史，杰克逊并没有打算放弃农业；他并没有走上原始的道路，倡议恢复到狩猎时期的生活。杰克逊相信，如果农业带来了堕落，它也能够帮助修补人类和自然之间在意识上和精神上的裂缝。为了达到这一目标，杰克逊很清楚，农业系统必须做出改变，必须进行激烈的重组。回归自然的智慧，在尊重自然生态系统（例如草原）的限制下耕种，而不是“像偷车贼短路启动点火装置”那样故意绕开自然控制机制，我们才能找回与自然之间丢失已久的和谐。[29]

虽然杰克逊有时像一名深层生态主义者一样在其准宗教言论中唤醒人们注意“堕落”以及强调修复由现代农业和技术带来的人类与自然世界之间的基础裂缝，但是他并没有试图从世界上根除人类的能动性，也没有贬低人类在环境中的生产活动，这一点与许多深层生态主义者截

然不同。如同许多激进的环保主义者一样，杰克逊显然不愿意在荒野的祭坛上牺牲农业的景观：165

> 地球优先积极分子或者深层生态主义者对清理东圣路易斯的兴趣，举例来说，是否与保卫荒野的兴趣一样浓厚？地球优先积极分子对不使用化学肥料的轮作以保卫农民土壤资源的情感是否与保护大树或者往推土机的油缸里放糖一样狂热？
>
> 热爱堪萨斯州的一小块田地与约翰·缪尔热爱整个内华达山一样。那是一种幸运，因为除非众人浓烈地挚爱着那些非荒野的小块土地，内华达山的荒野将会消失不见。[30]

杰克逊认为，任何将农业抛诸脑后的环保主义都注定失败。尽管他耗费了终生的时间思考和学习农场景观，并在其上积极活动，杰克逊还是意识到，任何综合性的环境伦理都必须将城市包含在内。“要么地球上的一切都是神圣的，要么全部不是神圣的。要么其上的每一寸土地都值得我们尊重，要么每一寸土地都不值得我们尊重。”他总结道。[31]

杰克逊的环境伦理与前面章节中探讨的第三条道路传统思想家的承诺一样，是一种有趣的特殊规范原则和观点的大杂烩。正如我们看到的那样，杰克逊在某些文章中似乎表现出一名绝对非人类中心主义者的立场。举例来说，他紧随贝利，推崇“神圣的土地”的价值，表示世界上的全部景观都拥有一种超越了对人类是否有用的范畴的价值（或许是神圣的价值）。然而杰克逊又像贝利一样，在论证可持续发展和自然系统农业的正当性时，同时也表现出更多的经典的人类中心主义观点。例如，杰克逊曾经强调，一旦水土流失和土壤污染等真正的代价打乱了程式的平衡，传统的工业化农业将最终失去经济上的效率。具体说来，杰克逊声称如今标准的农业模式在原材料、水和能源的利用上十分浪费，挥霍稀有资源，从而进一步加重了传统农业操作的代价。他还谈到，传统农场大量使用化学杀虫剂已经带来了农民健康的严重隐患，包括霍奇金氏症、白血病、皮肤癌、胃癌和前列腺癌等等。[32]因此杰克逊相信，工业 166

化农业系统不仅摧毁了环境的利益（或许是一种内在的价值），而且在人类中心主义和工具主义层面上也是一败涂地。一旦所有问题有了定论，可以说这是一种太浪费、太低效、对人类长期的健康和福祉造成太大威胁的农业模式。

然而作为另一选项，一种更具生态导向、较少依靠矿物燃料和化学制品的农业模式，一种模仿自然生态系统的农业模式则不仅对地球的价值或者利益展示出了应有的敬重（例如减少污染，更多保护土壤、水资源和生物的多样性），它还展现出更加高效地利用能源和原材料的能力，从而对农民（以及农产品的消费者）的健康威胁较小，对我们的下一代也更负责任。最终杰克逊的结论是，存在强烈的人类中心主义原因支持自然系统农业，与此同时还有更多的非人类中心主义论据同样支撑这一新模式。因而从整体上而言，连接了环境和人类价值考虑的实用主义为杰克逊在土地研究所工作的可持续发展哲学提供了理论支持。杰克逊相信只要假以时日，自然系统农业终能达到有益于人类利益和生态健康的双重目的。

杰克逊的环境哲学拥有更加深远的人本主义维度：对于乡村社群文化和公民活力的担忧，以及保护本土民主承诺免受消费和市场腐败力量侵袭的愿望。他在大部分作品中都展现出对现代资本主义道德基础的批判，言辞锋利，毫不妥协：

> 到了必须严肃考问我们的经济系统的时候了，无论怎样，我们的大部分经济体系都建立在贪婪和嫉妒的基础之上。现在，以免您认为我毫无爱国心，请您试想一种被称为资本主义的经济体系与一种称为民主的政治体系之间的巨大差异。因为我相信民主，所以我认为资本主义是非美国的。资本主义摧毁了自由企业，因而部分地贬损了我们的民主理想。（从其定义而言，资本主义依靠的经济增长必须来自剥削地球资源以及迫使越来越多的人提供服务。）由于资源有限，不断累积的资本就意味着资源日益落入极少数人的手中，经营的自由也只局限在那极少数的一群人中。[33]

167

根据杰克逊的观点，可持续发展农业模式的一大好处在于它将最终带来更加平等的土地分配，因为在他推崇的自然系统农业模式中，传统集团工业化农场的高资本投入（即机械、能源、杀虫剂和化肥、灌溉和播种都需要投入大笔资金）将会急剧减少。[34]因此，真正的“自由企业”得以实现，高产出的农业活动得到更大机会扩展到社会的各个部分。除此之外，杰克逊还相信，传统耕种的千万英亩广袤土地正处于非常危险的边缘（因为土地在当下农耕实践中具有被侵蚀的趋势），应当采取更加“柔软温和”的自然系统农业模式来耕种。农田数量的增加将反过来降低农田的价格，将使更多的人感受到农业生活越发舒适惬意起来。[35]

杰克逊对于乡村土地利用改良的观点，与其心真正的公民共和理想紧密相关，因为杰克逊对通过公民纽带连接起来的组织紧密、参与性极高的本地社群寄予了厚望：

> 建立新的经济秩序，需要建国之父们希望我们获取的完全公民权，包括言论自由和参与社群和邻里的自由。为了建立一个可持续发展的社会，需要我们以一种有益、有创造力且负责的方式坦率地说出自己的想法，将权力从华盛顿和托皮卡转回到土地上，到社群里。[36]

与贝利一样，杰克逊也对乡村公民的衰减以及因此将会给美国文化和社会稳定带来的冲击感到焦虑。虽然远非完美，但是杰克逊相信，乡村的过去产生了伟大的“文化回弹力”；经历经济上艰难时光的城市居民可以向乡村的亲戚求助，当商业市场跌至谷底，他们的“奶蛋经济”还可以支持每个人。杰克逊担心乡村生产者的锐减意味着古老的传统、技能以及小型家庭农场的价值——杰克逊认为小型家庭农场的知识和承诺是实现更加可持续性发展、去中心化的农业生活的必备——面临着恐怕再也无法传递给下一代的严重威胁。[37]

这些以及相关的焦虑驱使杰克逊及其同事们于20世纪80年代晚期和90年代早期在堪萨斯小镇马特菲尔德格林购买了许多房屋、建筑和土 168

地。他们试图从这里开始恢复重建社群，至少可以暗中验证土地研究所的社会和环境理想能否在一定范围内得以实现。在这一过程中，杰克逊及其同事们首先试图了解马特菲尔德格林的历史生态和文化史，希望可以将其发展为一种可持续生活的模式。杰克逊这样写道：

> 我设想这里可以出产北美野牛肉；古老的增压站铺上了太阳能光伏板；学校成为聚集地，成为组成市政厅声音的一部分；退休人群受到吸引聚集在这里，包括教授们，他们将会带来他们的养老金、他们的图书馆以及他们的社会保险支票来维持在这里的生活，并且接受任务着手为生态社群建立账目……我们的任务是建设一个文化堡垒，保护我们刚刚兴起的本土性。它们必须足够强壮才能牵制消费主义的力量——贪婪、嫉妒和骄傲的力量。达到这一目的最有效的方法之一，就是我们的大学承担起重要责任，验证并且教育那些回归者——条件并非仅是他们想要回归这里，更重要的是他们想去某地，并且开始认真开展长期的探索和实验，以使自己真正融入当地。[38]

杰克逊的项目是一种混合了新旧实用主义的尝试。他一方面希望能够保存持久居住在马特菲尔德格林小镇所必须的文化实践、传统和当地智慧，同时也支持那些老生常谈的思想，以进步的生态描述来衡量环境的表现。而且，马特菲尔德格林小镇项目本质上也具有政治特质。杰克逊及其同事们致力于缔造道德和经济的新秩序，以替代当下秩序，抵抗市场高度私有化和功利主义文化。杰克逊的马特菲尔德格林小镇理想社群拥有这样的公民：他对于公共生活的历史、公共健康、合适取材和道德导向极为关注。在将丢失的“本土化”感情重新注入文化的过程中——例如在类似马特菲尔德格林小镇这样的地方，它们共享的传统能够得到客观评估而不是被无情嘲讽，而且将其与“官方”萃取的城市及郊区的经济文化坦率比较——杰克逊认为，我们能够采取必要的态度实现生态上可持续发展的良好社会。此外，杰克逊的“本土化”概念与本顿·麦克凯耶倡议的“本地”文化抵抗大都市化的侵袭产生了呼应。事实上，与麦克凯耶一样，杰克逊将与自然贴近的生活视为对现代商业和工业腐败的一种道德和政治抵抗，将古老的地方主义注入进步主义生态愿景之中。 169

杰克逊及其土地研究所的伙伴们构建可供选择的全新农业的尝试，不仅刺激了，并且得到了多样化和综合性土地伦理的支持——在这样的土地伦理中，良好的农业原则和活动跟随（而不是统治）自然，并在这一过程中使生态系统和人类双方都获益匪浅——它们还（借杰克逊之手）通过公民积极参与引导社群共同的环境和文化事务，从而承担了公民实用主义功能。在将环境价值与社会的道德、公民和政治目的编织在一起的时候，杰克逊的著作以及土地研究所的使命是另一项提醒：环境和人类的社会承诺不必被视为彼此排斥。与自然系统农业模式中野生作物和人为培育品种可以混作一样，环境的价值和人类的价值在每天的生活中都彼此交融在一起。

新城市主义的环境人本主义

如果农业中赤裸的人类中心主义特质对于许多环保主义者来说已经超出承受范围，那么人造城市景观中压倒性的人类及人造特征恐怕就更令他们坐立难安了。与城市和郊区土地利用联系起来的生态退化以及这些景观中纯粹的人工特质，在环保主义批评家看来，都“可恶地”置于脆弱的“环境”中，那些环保主义群体珍视的荒野、生物多样性、自然以及其他有价值的概念和品质在这些环境中极为短缺，甚至在某种程度上几乎消失。在他们对城市环境的厌恶中，环保主义思想家在某种程度上推进了美国思想传统中的反城市主义倾向——虽有例外，但是对于城市的审美和浪漫依恋，美国的思想传统总体上并没有发展出如同对自然世界那种规模和程度的影响。[39] 170

然而如同在农业问题上一样，有些环境学者试图纠正被不止一位观察家称作美国环保主义盲点的城市环境生活中的伦理问题。[40]哲学家阿拉斯泰尔·甘恩将注意力移向城市，警告他的环境伦理专家同侪，如果他们的工作继续忽视城市以及其他发展区域，他们的成果将会与社会孤立，毫无用处。甘恩写道："不幸的是，环境伦理的中心一直向动物、植物、濒危物种、荒野以及传统文化大力倾斜，却并不关注大多数人类生存的工业化、城市化社会中的生活问题。"[41]甘恩并没有将奥尔多·利奥波德视为伟人，他认为利奥波德对于现代城市环境问题和处境几乎不曾进言，他建议环境伦理学者最好尽快转向伊恩·麦克哈格的传统寻求帮助。麦克哈格是著名的生态和土地利用规划者，曾于1967年出版了经典著作《设计结合自然》。[42]

但是我认为利奥波德的理论，尤其是我们在第五章中讨论的土地健康概念，与当代城市和郊区土地利用问题的关联远比甘恩意识到的大得多。然而，甘恩对环境伦理学应当对城市以及人造景观给予更多关注的判断无疑是正确的，如果环境伦理学希望拥有大量听众的话，更不用说如果环境伦理学严重关注统治性的城市土地利用和各种环境问题之间关联的话。

该领域是否应当合并人造环境的伦理，是一个独立的问题，[43]但在环保主义者对非人类自然传统关注的基础上，仍然存在着为那些理论家和活跃分子提出城市土地利用问题的强大原因。房屋、建筑、公园和街道的实体设计和布局；社区的规划和设计、当地和地区间交通系统的规划和设计；控制都市和区域增长的模式都对消费自然资源和环境的品质具有重要而直接的含义。事实上，许多上述问题就是历史上许多环保主义者的核心目标，例如资源的可持续开发、保护荒野和生物多样性，以及保护湿地和河滨地带。他们的努力还包括防止农业用地转为商用和居住用地，以及保护供公众娱乐休闲的开阔空间被占用等。

171

在过去的二十年里涌现出一群建筑师和规划师，他们团结在新城市主义的旗帜下，对改良城市设计和土地利用做出了有趣并带来争议的尝试。总体而言，新城市主义运动致力于在几个层面上重新对城市和郊区景观规划和设计，从一栋建筑到一片街区，再到一片社区、整个城市，最后是生态区或者流域地带。[44]更具生态导向的运动实施者清晰阐明了运动的综合日程表，他们试图在提议的传统社区规划框架内融入对自然和农业体系、公园以及开阔空间的尊重。[45]许多新城市主义的思想并非原创，而是对早期规划和建筑传统的一种有创造力的再包装。

举例来说，我们能够在一些花园城市运动和城市美丽运动中看出社会哲学和设计元素，还有芒福德和麦克凯耶的区域主义哲学理论，更有来自新城市主义运动同盟的思想。从花园城市思想和区域主义中，新城市主义运动借鉴了密集的设计形式以及强调将自然元素融入城市规划的重点思想（例如公园和城市绿化带），还借鉴了许多早期运动的社群目标。从城市美丽运动中，新城市主义继承了对公民建筑和公共空间的关注，以及在审美层面上改善人造环境的压倒一切的愿景。新城市主义还展现出对于多样、混用的社区和紧凑社区结构的热爱，这一点在著名的城市理论家和文化批评家简·雅各布斯于1961年出版的经典作品《美国大城市的死与生》中表现得尤为明显。[46]

虽然新城市主义者来源多样，有些实践者主要在建筑和街道层面上工作，另外一些实践者则针对邻里社区、城市以及区域等层面，但是他们拥有共同的情感——对于第二次世界大战后占据统治地位的城市发展模式及其对人造和自然环境的影响充满敌意。新城市主义者因此成为 172 许多郊区无节制蔓延现象的猛烈抨击者：在都市边缘的低密度居所由许多仅容纳单一家庭的房屋构成。其他关于郊区蔓延现象的阐述包括无处安置的巨大办公区与零售空间的混杂——例如亚特兰大的帕瑞米特尔中心、弗吉尼亚的泰森角商场以及大凤凰城大部分地区——形成了记者乔尔·加罗令人印象深刻地描述这一情节的词汇：新“边城”。[47]新城市主义者尤其对于郊区的蔓延将会导致传统（紧凑的）多用途社区的消失感到焦虑，也对郊区的蔓延将会模糊城市中心与城市边界在空间上和实际上的界限感到焦虑。他们还哀叹郊区的蔓延加快了城市中心在实际上和社会经济上的衰退，城市还因此不得不承受当地场所感受到的侵蚀以及社群凝聚力和公民精神的衰落。

肯尼思·T. 杰克逊在其探讨美国郊区兴起的著名作品《杂草的边疆》中，描述了塑造当代蔓延的郊区景观的历史力量和事件。[48]或许其中最重要的，便是最终成为现代郊区蔓延形式的联邦政府补助。创建于20世纪30年代中期的联邦住宅管理局以及创建于40年代的美国退伍军人管理局开启了政府制度保险体系，保障银行向数以百万的二战归乡老兵发放长期低息的贷款，以建设和购买新的住房。[49]杰克逊写道，联邦住宅管理局的保险大多发放给城市边缘新建的低密度住宅，对于贷方而言出资少且相对风险低得多。这种金融支持伴随着归乡老兵对新房屋的巨大需求，带来了燃料和房地产在战后的传奇繁荣。对这一波新房屋繁荣做出贡献的还有标准化大规模生产施工技术的发展（可以建造统一的"饼干模型切割刀"一般的建筑风格，后来引起了诸多诟病）以及大型开发商的介入，例如威廉·莱维特——一位隐藏在早期郊区发展的标志性成果长岛的莱维敦城背后的人。[50]

173

上述举措带来的结果就是中产阶级（主要是白人中产阶级）放弃了城市中心，使城市核心地区陷入衰退。公共住房计划和私人债权人加剧了新郊区与原有市中心的阶层和种族分裂，因为银行不愿意向"枯萎的"城市地带住房发放贷款。[51]人员和工作机会渐渐移出城市，城市边缘矗立起住宅和商店，这些现象还得到了《1956年州级公路法案》的支持——在汽车制造商、州和地方政府官员以及公共汽车和卡车利益集团（以及其他团体）密集的政治压力下，建筑了四万多英里的新公路，进一步促进了居民和工业移出城市。这样一来，增加了汽车在人们生活中的重要性，却阻碍了公共交通的发展。[52]

许多新城市主义对当代郊区蔓延的批判，都集中在过去的五六十年内相关土地利用和规划决定带来的负面环境和社会影响。新城市主义者和其他批判者对郊区蔓延方式的环境评估答卷给出了不及格的分数。他们尤其强调外围的郊区发展和长期单一用途地带（即居住、商业和工业用地空间彼此隔离，住所常常与工作场所、购物地点和其他获取服务的地点距离很远，无法步行抵达）迫使公民进入不得不依靠汽车移动的被禁锢的生活状态。这种依赖导致对燃料不可持续的使用和污染，反过来导致当地和区域空气污染，并且加重温室气体浓度（加快了人为导致的全球变暖步伐）。除此之外，每一次在未开发的绿地上建造郊区建筑，要么摧毁了自然社群以及各种形式的空地，要么移除了生产性的乡间农田。

新城市主义者还认为，现代郊区边缘的定居点及其以汽车为中心的交通系统在社会层面上也具有腐蚀性。其他问题不谈，仅被迫依赖汽车出行就带来了更大的通勤压力，增加了交通事故带来的受伤和死亡的危险，而且至少要为现代人的普遍肥胖负有部分责任（因为我们必须开车抵达目的地，而如果我们依然生活在传统、紧凑而多功能的社区中，本应走着就能抵达该目的地）。而且依赖汽车导致的负担，并没有在公民中平均分配。无法承担购买和维持汽车费用的穷人就其比例而言受到了较大影响，同样在此过程中受到不公对待的还有那些由于年纪太大而无法驾驶，因此不得不“被困”在郊区的老年人。[53]对于新城市主义者而言，所有上述问题加上缺乏足够的公共交通选择，描绘出一幅环境被毁、社会不公的当代郊区和城市发展图景。

174

正如我们在前文曾经提及的那样，新城市主义者也对当代郊区和市区的“社群感”发出了悲鸣，他们谴责在美国的乡镇和城市中，公共空间急剧缩小，鼓舞人心的城市建筑也消失不见。许多新城市主义运动的支持者明确支持实践领域与社会领域紧密相连，设计和规划允许——在许多情况下甚至强烈鼓励——应被珍视的社会互动模式（比如行人在街上相逢、人们分享公共交通或者在公共场所集会），而这种互动是建造联系紧密的重要社区生活的核心因素。正如新城市主义运动中最具影响力的两位创始者安德烈斯・杜埃尼和伊丽莎白・普莱特-柴伯克在新城市主义宣言《郊区国家》（与杰夫・斯派克合著）中写道：“如果没有空间，没有能够容纳人们聚集在一起的空间，那么社群无法形成……在缺乏可行走的公共场所——街道、广场、公园等公共领域——各种年纪、种族和信仰的人就无法相遇和交谈。”[54]根据历史学家克里斯托弗・拉什的观察，公民生活有赖于在可以平等相遇的公共空间（例如公园、咖啡厅和街角等地）内发生的公民对话。随着公共空间和公民机构总体上的衰落，拉什认为实践和发展这种重要的公民交谈艺术的机会已经大大地减少了。[55]

詹姆斯·孔斯特勒在《无处地理学》[56]和《无处为家》[57]等著作中宣
175 传了新城市主义的许多思想，带着巨大的道德热情描述了实体设计与缔造强有力的社群精神之间的联系。孔斯特勒相信，将自然元素融入城市设计是复兴公民社会、在公共场所培育公共利益的重要组成部分：

> 为了使我们的城市再次适于居住，需要再次开发二战后美国广泛抛弃的建筑形式。它需要在这里从不曾流行，但是却一直存在于古老世界中的公民设施——举例来说，与城市结为一体的海滨地带。人类的活动规模必定会压倒机动车的需求。必须存在各种不同的绿色空间——社区广场、野生动物廊道以及公园——因为人们的确渴望与自然定期接触，尤其渴望得到休憩和宁静；许多照顾周到的小块绿地平均分布在乡镇周边，将极大地改善城市生活。[58]

然而孔斯特勒总结道，除非“美国人意识到无论自家厨房和浴室多么气派，设计良好的公共领域以及随之而来的公民生活的好处，都要超越郊区不文明的、布满政治毒素的、贫穷社会的、高度私有化的生活”，否则向对环境十分敏感的人本主义公民思维秩序的转变就无法成功。[59]

这种对实体设计的改良观念、环境保护、社群复兴与提升公民生活之间关系的观点——支持自然及自然特征的融合（例如绿地、公园、自然地带，甚至是荒野地带），也反过来被其支持——在新城市主义宪章中进行了明确表述，并在1996年召开的第四次新城市主义大会上得到正式采纳和批准。宪章的序文中写道：“新城市主义大会认为，大城市中心区的投资失败，没有界限的郊区蔓延，种族与收入不同带来人们越发彼此隔离，环境的恶化，农业用地和荒野的消失，以及社会既有遗产的腐蚀，都是相互联系的社群建设挑战。”[60]虽然承认他们的设计方案并没有办法解决这些社会和经济问题，宪章序文依然表示：“如果没有清晰明了
176 且支持性的实际框架，无论经济活力、社群稳定，还是环境健康都无法达成。”[61]因此，新城市主义者希望创建一个许多观察家所指的“社会建

筑”；他们试图鼓励社会信息交流，通过在景观改建上实行新传统特色的实体设计，更新公民纽带和公共价值。

宪章继而详细阐述了一套建筑和规划原则，对象从单体建筑到更广泛的生态区域都包含在内。其中有些原则表达出自然环境的保护与建议的人造景观设计和布局改良协调一致。例如，宪章指出，构想适当的都市区不应脱离自然系统及其限制而独立；也就是说，城市不能无尽开发资源；产生废物；污染土地、空气和水；以牺牲荒野为代价而极力扩张。相反，它们的“范围有限，拥有来自地势、流域、海岸线、农场、区域公园和河谷限制的一定地理边界”，与其周边的农业和自然景观之间的关系“必要且脆弱”。[62]

相应地，宪章鼓励如下城市增长战略，即在可能的情况下，在城市已存地区或者已经成熟的郊区填入新的住宅区，以避免进一步模糊都市界限，而且在保护自然资源和保持社群和城市社会架构的过程中，避免广泛遥远地分散市民带来的损失。[63]丝毫不令人感到惊讶的是，替代汽车的交通选线也在宪章中几个重要原则中有所提及；宪章表示步行、自行车以及公共交通系统的发展，不仅有利于环境，而且有利于社会（我们前文已经探讨过相关益处）。而且，宪章的原则还表示，在社区里和建设时融合自然主义景观元素（例如公园和社群花园），不仅在气候上和地势上合宜，而且能够有效利用能源。这也是一个支持历史结构和景观保护的号召，显示出这些特征“肯定了城市社会的进化和连续”。[64]

还有一系列其他主要的设计目标也加入了新城市主义宪章中表述的环保目标之列，包括我们已经探讨过的促进密集、多用途的住宅开发，包含各种私人住宅——从容纳单一家庭的房间到公寓，再到联排别墅——点缀在商业建筑、公共建筑和其他建筑之中。根据新城市主义者的观点，这种方法可以为各种经济状况的公民提供一系列负担得起的房屋选择，从居所到购物场所、工作地点和其他服务所在的距离很近，将会大大减轻那些买不起汽车或者选择不买汽车的公民的负担。新城市主义者再次希望这种设计构造可以为新社区带来真正的社会和政治益处，因此与占据统治性的郊区居住和土地使用方式不同（人口均质化而且

177

用途单一化)，它将会使“各种年纪、种族和收入状况的人群进行日常接触和互动，加强个人之间、公民之间的联系，这对于建立真正的社群十分关键”。[65]

同样地，新城市主义者强调前文已经提及的设计鼓舞人心的民用建筑和公共聚集场所的必要性，以及将它们置于有趣且重要地点的必要性，此举可以推动社群认同并且强化“民主文化”。[66]建筑师安德烈斯·杜埃尼是新城市主义运动的先驱之一，对于国家当前的民用房屋没有一点好感。“这无疑是现代的小秘密之一，美国的民用房屋可谓肮脏悲惨，它们曾经理所应当地富丽堂皇。”杜埃尼尤其惋惜我们的邮局、大学、学校和市政厅等荣耀之地不再使用精良的建筑材料来建设。“新的民用建筑在功用上已经足矣，”他总结道，“但是它们却无法赋予一种对社群的认同感或者自豪感。”[67]在新城市主义者看来，对于在社会含义上和实际上重要的地点上建起的公共建筑和民用建筑而言，建筑的功用性代替了能够产生审美和社群价值的建筑独特性，真是太糟糕了。我们可以在杜埃尼和其他新城市主义者对缔造更值得骄傲的民事建筑和更加强健的社群精神的热望中，清晰地听到乔赛亚·罗伊斯地方主义的回响。

以行人为导向的社区建设被广泛视为新城市主义者的标志性特征之一。在他们的宪章中，这一点被一系列实际的设计元素所加强——不只是建设多功能的社区，而且还有将公共交通站点设置在距离附近的住宅、商店和工作场所方便的位置(即在舒适的步行即可抵达距离内)。彼得·考尔索普是新城市主义运动的创始人之一，或许也是运动中最具区域(以及生态)导向的先驱，曾经倡议建设他所指的“交通导向的住宅区”，即范围紧凑、方便行人的多功能社区由区域间的公共交通系统连接起来。这种连接不仅强化了密集而混合的社区结构，而且控制了城市的蔓延，保护了野生栖息地和河滨区域(更不用说为人们提供了驾驶汽车之外的出行选择)。[68]

这样的住宅区已经而且持续在美国全境的大都市地区展开建设，俄勒冈州波特兰的住宅区尤其被广泛视为这种区域协作最成功的例子，城市建设中整合了包括受到民众欢迎的轻轨和公共汽车系统、自行车道和步行道，以及著名的（也是最高效的）牵制城市扩张的边界。波特兰通过建设城市绿化带、公园和类似绿地等方法尝试将人造环境融入与自然环境的平衡之中；它努力赋予建筑人性，重新激活公共空间；几位观察家都提及上述努力似乎受到了刘易斯·芒福德早期区域主义思想在过去的三四十年间对城市土地利用改良的直接影响，更不用说芒福德给波特兰这座当之无愧的进步主义规划偶像城市留下的其他珍贵馈赠。[69]

今天的新城市主义大会拥有会员2 500多人（来自20个国家和49个地区），成员中不仅包括建筑师和规划师，还有现任和前任联邦政府和州政府的工作人员、房地产经纪人、民权活动家、景观建筑师、建筑商和银行家。大会官方网站上公布的报告显示，在美国全境有数百个新城市主义住宅区正在建设之中或者已经完工。[70]自从20世纪90年代早期创办新城市主义大会以来，新城市主义运动的公众态势似乎已经得到了稳步增长，佛罗里达州的锡赛德和马里兰州的肯特兰等旗舰项目已经吸引了众多的目光和专业的评价（既有正面评价，也有负面评价）。新城市主义运动已经进入了公共和私人住宅领域。美国住宅和城市发展部在其“第六希望”复兴计划中表达了对新城市主义者原则的支持，采取同样支持态度的还有巨大的非营利不动产和土地发展组织——城市土地学会。[71]

179

然而，职业设计和规划群体对于新城市主义理论却显得很冷淡（更有甚者对其十分敌视）。建筑批评家尤其对新城市主义者欢呼雀跃地使用新传统建筑风格的做法发出责难，指责这种偏爱将会扼杀创造力，将建筑师束缚在自然资源保护主义和过往陈旧形式的牢笼。[72]杜埃尼和普莱特-柴伯克等新城市主义者做出了回答，他们拥抱传统建筑设计，并非是为了怀旧而进行的多愁善感的模仿，而是为了回归在城市恶性蔓延之前适合人类尺度的、功能性的、区域性的建筑风格。他们还辩解道，这条开阔的风格承诺之路并不会窒息审美上的创造力，因为它允许建筑师对当地形式和所在地特征做出发挥想象力的阐释。

许多新城市主义者认为，真正的问题在于那些“极度讨厌”并且否定传统风格建筑的现代建筑师，即便这些建筑师他们自己的先锋设计对于人类的沟通和个性化表现毫无用处。[73]新城市主义大会的另一位创办人建筑师丹尼尔·所罗门曾经写道，新城市主义者对于传统风格的偏爱实际上是对现代空洞时髦的一种有益健康的反抗。“新城市主义者利用建筑风格，在某些情况下甚至是——要有些勇气才敢这么说——历史风格，作为反抗可怕的地方均质化趋势的武器，而地方均质化绝对是对正统现代主义基本精神的冒犯。”[74]

其他批评者对新城市主义的社会和政治愿望感到疑虑。例如，有些评论家指出，一些新城市主义项目在建设得到运动宪章认可和承诺的人口多元化社群时的失败。[75]不过依然清晰的是，新城市主义者对于这些180目标相当认真，以至于将其作为运动的定义性特征。举例来说，即便新城市主义项目没有符合运动的一条甚至多条原则，宪章是评估它们表现的重要规范标准，随着运动的进展，原则也是刺激它们进一步深思熟虑、自我批评和修正、完善项目执行的工具。[76]然而亚历克斯·马歇尔等批判者则批评新城市主义过于理想化，故意逃避在基础设施建设和控制增长等棘手问题上做出艰难选择，向公民售卖田园牧歌般的城市图景，而实际上这幅画面与真正城市现实的复杂与困难毫无相似之处。[77]虽然这些批评或许适用于在新城市主义旗号下进行的某些项目，但是我认为这并没有准确地描述作为一个整体的新城市主义。我们在卡尔索普的作品中已经看到，新城市主义事实上已经在探讨关于区域增长、交通和基础设施等问题。而且，越来越多的城市新建项目遵循新城市主义原则——也包括一系列负担得起的新建独立屋——意味着新城市主义运动“为了真正的城市”体验的目标也日益接近完成，虽然或许并不如批评家们希望的那样迅速和醒目。[78]

新城市主义运动的基础和根据也受到质疑。例如有些批评家指出，新城市主义项目实际上并非一种城市填充，而是在市郊未开发的绿地建设，因此进一步造成了城市的无序蔓延以及自然区域和农田的消失。[79]还有些人，甚至是新城市主义的同情者，也指出该运动项目在整合生态原则方面做得远远不够，包括它们常常忽略绿色建筑实践，在有些情况下还会忽略将新住宅区纳入便捷的交通系统（而我们知道这一点实际上是新城市主义设计哲学的标志性特点）。[80]新城市主义者的环保关注根据每个人的视野和投入力度不同而有所区别，这一点确定无疑，这些理想在实践中也不总能全部实现，而我们也知道，环境承诺的确在新城市主义运动的宪章中扮演重要的角色。而且虽然绿地住宅区在运动的早期的确占据重要比例，但是正如我们已经提及的那样，新城市主义者今天已经能够列举出许多成功的城市填充项目，包括匹兹堡的克劳福德广场、洛杉矶中南部的佛蒙特乡村广场以及加利福尼亚州奥克兰大受欢迎的弗鲁特维尔车站。[81]

181

还有许多很有希望的迹象表明，生态设计原则如今正在新城市主义项目中发挥着越来越重要的作用。近期两处备受推崇的城市填充项目就说明了这一点——绿色科技芝加哥中心以及自然资源保护委员会在加利福尼亚州的圣莫尼卡建造的罗伯特·雷德福大厦，都由新城市主义建筑师设计——被美国绿色建筑委员会评定为白金级优秀建筑。[82]事实上，或许正是由于早期受到这些批评，新城市主义者后来似乎尤为注意表明自己严肃的环保主义关怀。举例来说，在2004年6月于芝加哥召开的新城市主义第十二次大会上，不仅特别包含一个主题为“可持续发展的城市”的全体会议，而且还就澄清新城市主义与环境问题和环境关注之间的关系一事修改宪章进行了讨论。而且使用越来越广泛的词汇“绿色城市主义”最近也在一些新城市主义者及其同盟口中频繁传播，清晰地表明新城市主义与绿色建筑、城市生态、自然保护和其他环保主义问题及动议建立了越来越公开的联系。[83]

在《郊区国家》一书中，杜埃尼、普莱特-柴伯克和斯派克探讨了环保主义运动和新城市主义运动之间的逻辑联系，认为双方如果能够在概念上和策略上结成更加紧密的联盟，对于彼此都更加有利：

> 环保主义者开始理解这两种日程的兼容性。他们已经在保护动植物方面取得了一些重要的胜利，他们将视野从进化树上略微抬高，进入对人类传统居住地—社区的保护和规划上。当环保主义者意识到低密度、以汽车为导向的居住区的增长对农场和森林带来的危险后，他们已经在做准备，攻击城市无计划的蔓延。塞拉俱乐部

> 已经发起了正式的反城市蔓延运动……当然，环保主义者一直对于人类的生存状况十分关注，但是他们最近才意识到社区本身就是生态系统的一部分，是人类需求的有机产物。如果环保主义运动的所有能量和善意都能应用在城市边界之内，那么结果将会异常激动人心。[84]

182 正如新城市主义者可以从环保主义者有组织的力量和政治承诺中汲取经验教训，后者也可以从前者身上学到，城市和社区是真正综合性的环保主义日程的重要组成部分。鉴于环保主义给予新城市主义日益强大的推动力，环保主义进程中也包含了数目日益增加的城市日程，在新城市主义运动和环保主义运动之间建立强劲的哲学、政策和策略联系，对于双方来说无论在思想上还是在实用上都具有强大的吸引力。

新城市主义运动提供了一个有趣的、颇有潜力的建筑、环境和社会—政治成分的有效组合，用以抵消被其支持者视为在天然和人造环境中蔓延的住宅区带来的毁灭性后果，及其要求社群的社会、政治和经济生活付出的代价。这是一种宽广的人本主义环保视野；新城市主义者相信我们的社群应当是一个诱人、平等、多样、适合人类尺度且具有行人导向的地方，心怀自然，同时也拥有强大的社区自豪感、共有的本地认同感和公民认知。这也是一种实用主义和多元主义的愿景；环境价值和目标（例如保护自然区域，提高能源效率以及改善空气质量）通过各种社会改良得以实现（例如审美上的提升，改善行人的健康和安全，社群精神和公民精神的发展）。事实上，如此一来，在新城市主义缔造规模紧凑、有益行人、融合多功能社群的观点中将会呈现出环保主义承诺（甚至可能包括内在的自然价值立场）和各种社会价值的有趣集合，而这种社群也对自然世界的价值和律动十分敏感。[85]

宪章强调提供公共空间的重要性，鼓励不同种族和社会经济背景的公民多多沟通与交流，新城市主义运动使用规划和设计作为工具来实现这些公民意愿，在私有化和城市无序蔓延的景观里培育新城市主义者眼中真正的社群生活。正如我们看到的那样，在他们为改良实际环境和社会环境开出的处方里，新城市主义者复兴了许多芒福德、麦克凯耶及其 183 区域主义者同事们在20世纪20年代和30年代的观点，尤其是将城市形式整合到自然世界中，缔造一个符合人类尺度、适合民主政治文化发展的社群环境。新城市主义者还强调地方公民必须面对面地交流，关注使民主公众认识到他们是一个共同体的方式，所有公民都负有促进维持这一共同体的物质利益和社会利益的责任；我们在这里能够看到约翰·杜威民主思想的痕迹。与韦斯·杰克逊对可持续发展农业社群的愿景类似，新城市主义者也试图在当代美国社会复兴公民权和公共利益；与杰克逊一样，通过重新构建景观使其能够支持更广阔的公民目标，他们也希望为终极政治梦想贡献力量。

实践经验教训

本章讨论的两场运动为第三条道路传统环保主义的思想和实践前景提供了重要的经验。我认为，这两场运动都表明了人类中心主义和非人类中心主义、文化价值和自然价值的确可以在实践中交互作用，彼此增强。因此任何将环境保护的道德层面局限在单一道德基础（无论它是什么）上的做法，都没有抓住具体道德经验的复杂性，也没能认识到在支持公共土地利用和环境改良的努力中存在着多元化的价值承诺和目标。我认为，自然系统农业和新城市主义运动既呼吁关注传统环境问题（或者取决于其工具主义价值，或者取决于其内在价值），又对更具社会导向的环境问题感兴趣（例如改善人类健康状况，维持经济稳定，复兴社群和当地公民生活等）。

在上述第一条经验的基础之上，引出了第二条经验。我认为这两场运动展示出，在实践中，环境价值常常与更广阔的公民和政治承诺交错缠绕在一起。不幸的是，某种环保主义从可感知的人类中心主义的邪恶中逃离，却产生了与人类社会和政治经验的隔离。并没有发展出将环境 184 价值、土地保护与公共生活、公民权利、社群健康以及共同认知连接起来的某种类似“土地公民”的模式，更具非人类主义倾向的系列环保主义却只关注更加孤立的以及基础的自然伦理问题。[86]在那样的观点中，环境伦理被视为对政治领域的道德“修正”，具有以普遍指令取代社会决策和民主意愿的能力，例如要求公民承认对自然负有责任，履行义务以促进自然的内在价值等。

我为这样的形势感到遗憾，为其叹息的原因有很多，绝不仅包括它导致人类经验在道德和概念上的破碎，以及它在我们的政治承诺和环境承诺之间造成的鸿沟。即便从环保主义的狭义思想层面来看，它也没有太多意义。在我看来，新城市主义的政治和政策力量之一便是他们的兼容并包的“大帐篷”哲学。新城市主义日程不仅为改良的建筑师和规划师准备，也为环保主义者、房屋倡导者、景观建筑师和工程师、商业领袖、房地产发展商、政府机构工作人员，以及其他对健康、宜居和成功的社群生活感兴趣的人们准备，这样的社群生活有希望减少人类干预生态的脚步。通过采纳包罗万象的综合性平台，广泛讨论有关人造环境、自然环境以及社群中的政治、经济和社会问题，新城市主义者诉诸各种团体和潜在利益强大的民主联合，从而为他们的设计和土地利用改良目标获取了数量庞大的支持者。

虽然新城市主义者常常对运动的承诺及其策略核心进行激烈的内心交战（例如，他们是应该在项目中强调单一建筑、街区和社区，还是应该强调整个区域），最终依然是以实践为导向的实用主义运动，致力于建造更加宜居的社群，尊重环境限制和人类的社会、文化以及经济需求。

185 因此，这些内部争论并没有使其原地不动；他们实施重要且亟需的项目的努力并没有停下。而某些更加教条的环保主义形式（例如在学术环境伦理、政治学和激进生态中心行动主义领域中发展出的环保主义）则认为在谈论任何环境实践和政策之前，必须首先选定一种理论立场及其相应的总体环境价值；也就是说，我们必须首先改变世界观，就自然的价值和我们应负的责任采纳某种伦理立场。

最后，这两场第三条道路传统运动将人类及其价值、意愿和行动直接置于环境之中，接受人类可以发挥能动性的主张，但是也引导人类的行动按照自然首肯的渠道进行。例如这两场运动都抛弃了我们这个时代普遍流行的土地利用假设和决定。杰克逊的自然系统农业是对一百多年前就占据主宰地位的工业化农业模式的挑战，而新城市主义者推进他们的规划和设计项目，抗击低密度、依靠汽车出行、无序扩张的郊区导致的社会和环境资源的滥用。就人类对景观造成的影响，这两场运动都没有采取默许和姑息的态度；它们都意识到我们许多传统的土地利用哲学和实践包含许多病态和不适应之处。然而与此同时，这两场运动都不愿放弃人类改善人造环境和自然环境的责任。自然系统农业和新城市主义试图在人类社会和景观之间建立更加和谐的关系，他们将此目标视为正在兴起，并没有超出总体的理论创意和普遍伦理原则的启示，但是更为适度：持续改善并在思想上优化适当的土地利用设计的技术和实践。

不得不承认，这并非多么宏大的结论；不过我认为对于环保主义者而言，这是一个重要且令人耳目一新的结论，尤其考虑到一系列非人类中心主义和“自然第一”的教条环保主义已经给出太多令人眼花缭乱的思想诱惑。最后，无须将人类价值和活动从土地上移除，天然系统农业和新城市主义等第三条道路传统运动展示出（正如第三条道路传统的先 186 驱们已经展现的那样），人类完全有可能实用地调解人类需求、思想和野心，达到与健康环境共处。他们为环保主义和土地利用改良提供了更具人本主义、多元化、融入公民思维的日程，这一在社会层面和政治层面展现综合性的日程对城市中心、郊区和麦田的关注，与其对狼群、山林荒野和古老森林的关注一样多。 187

第七章　结　论：

作为公民哲学的环境伦理

在本书中，我对美国环境保护主义的某些基本思想进行了新的解读。在这一过程中，我进一步明晰了环保主义价值观更加宽广的政治和社会含义，将其社会范畴的含义置于更大的讨论范围之中，探讨其可能带来的民主公民权的复兴、地域文化的保护和社区认同，以及对公众利益的构成带来的影响。正如我在本书伊始提及的那样，我相信利伯蒂·海德·贝利、刘易斯·芒福德、本顿·麦克凯耶和奥尔多·利奥波德的哲学思想，在人类中心主义对抗生态中心主义、开发利用对抗保护的争论中——在美国环境思想发展的历史过程中，这些争论长期占据统治地位——提供了重要且颇具说服力的观点。虽然就这些重要的争论而言，历史上绝非仅有上述四位做出了思考和论述，但是这四位大家的作品就其中某些观点做出了最强有力的陈述，在我看来展现出美国环境保护思想中被忽视了的第三条道路传统。在20世纪的前五十年里，在环境保护主义和区域社群规划范畴内，贝利、芒福德、麦克凯耶和利奥波德组成了超凡的思想“中枢”。我们在今天的景观中依然可以看到他们留下遗产的明证，在某些新土地改良项目中表现得尤为显著——比如韦斯·杰克逊以及信奉新城市主义的建筑师和城市规划师的作品。

此外，当我们反思当代环境保护主义思想的某些伦理设想和日程表时，我希望我恢复的公民实用主义传统能够帮助厘清其哲学根据。与贝利、芒福德、麦克凯耶和利奥波德等人采取的方法不同，今天许多环境保护主义哲学家和活动家似乎希望自己能够在彻底而纯粹的非人类中心主义道路上驾驶着道德马车反复兜圈子，而不是去适应在人类经历中往

189

往融为一体的文化和自然环境价值观。认为发展健康且规划得宜的环境有利于更大的公众利益，这样的理想激励着本书中讨论的持有第三条道路传统的思想者，他们表达出严格的非人类中心主义论点，但是其观点由于将讨论限制在狭义的自然利益上而变得黯然失色。在这样的观点之下，关于环境伦理探讨的目标通常被视为公民道德的激进转变，以健康有益、珍重自然的哲学观点取代不合时宜的人类中心主义。

这种在环境伦理学术圈内带来彻底的非人类中心主义道德改良的推动力，在这些思想确立的初期就已经树立起来。20世纪60年代末和70年代初，应用伦理学的崛起形成一股实用哲学运动，专门致力于解决人类在生物医药、商业和工程领域等许多社会实践而引发的一系列道德问题。然而，与实用伦理学的其他方法不同，许多新环境伦理主义者从一开始就与传统的西方伦理和政治传统在帮助我们解决日益增多的环境问题时几乎毫无用处的观点割裂，例如空气污染、水污染、土地退化、物种灭绝、野生林地消失、人口爆炸以及资源枯竭等环境问题。

在环境伦理学发展的重要阶段，历史学家小林恩·怀特等人提出极具影响力的观点，更强化了这一信念；我们已经在前面的章节中探讨过怀特著名的文章《生态危机的历史根源》。[1]特别重要的是，怀特在文章中恳请人们回归“基础”，反思西方文明人本主义的“准则”，以建立较少破坏性、更有益的人类与自然的关系。怀特号召的激进的新反人类中心主义世界观对后来的环境伦理发展产生了深远的影响。著名的生态中心哲学家J. 贝尔德·柯倍德认为怀特的《生态危机的历史根源》是“对环境伦理学未来发展具有重大意义的文章”，于1967年发表后，“确立了未来环境哲学的日程表”。[2]

上述评价或许略有夸大，但是此后不久，对非人类中心主义的拥护（以及对道德人本主义的谴责）就成为环境伦理文章的主要态度。[3]沿着这条线索阐述的文章涌现的结论之一就是，关于我们的环境政策、环境政治和环境实践是否真正遵循了原则，并且在道德上“正确”，必须以非人类中心主义的伦理观点来评判，也就是说，以遵循自然内在的价值主张为判断根据。1973年，澳大利亚哲学家理查德·鲁特雷（后改名为理 190

查德·西尔万）发表了前沿的文章《新环保伦理是否必要？》，在文章中他提出了如今广为人知的“最后的人类”假说作为区分人类中心主义者与非人类中心主义者的道德试纸。鲁特雷写道，根据西方文明的传统道德承诺，如果地球上最后的人类为了从世界体系的崩坏中存活下来，开始摧毁地球上的所有的动物和植物，他并没有做错。因为在传统的西方伦理中只有人类具有价值，自然从本质上被视为毫无价值的存在。因此，我们无法根据摧毁自然的行为违背了非人类的内在价值，来建立对这一行为进行谴责的道德传统。[4]鲁特雷的文章强烈抨击西方的哲学传统，尤其是其只看重人类利益的“人类沙文主义”。因此鲁特雷的文章被视为环境伦理最重要、最基本的阐述之一，从而在该领域发展初期就建立了分离主义先例。实际上，在环境伦理领域早期发展中，许多有影响力的非人类中心主义哲学家的作品都暗示着（他们并没有公开清晰地指明）不采纳自然为中心的世界观以及对内在自然价值的承诺，就不配称作环境伦理。[5]

虽然非人类中心主义从环境伦理的初始发展阶段就是最重要的主线，而且很快壮大主宰了学术演讲的讲台，但是另一种更趋人本主义的声音在非人类中心主义的合唱中从没有消失过。约翰·帕斯莫尔的《人类的自然责任》比鲁特雷的文章晚一年发表，是第一批讨论环境伦理的专著之一。这本书的影响力部分来自它驳斥了非人类中心主义环境理论家共识的观点——西方哲学思想对于解决生态问题几乎毫无价值。[6] 191 帕斯莫尔写道，传统（人类中心主义）伦理对于人类活动的后果及其描述了真正且持久的人类利益（即超越即时身体和物质满足的利益）发展的道德原则十分敏感，除了理解或者欣赏的新环境“神秘主义”和“原始主义”（他的原话），还拥有更多可供支配的伦理资源。

这种拒绝将非人类中心主义原则投射到人类与自然之间关系讨论的观点，在环境伦理接下来数十年间的发展中得到了更加深入的表述。例如在20世纪80年代中期，布莱恩·诺顿提出了“弱式人类中心主义”，这是一种广泛的人本主义观点，对“强式人类中心主义”（诺顿弃绝的立场）的纯粹经济价值与工具主义较“弱”的变体（即较少破坏性）做出区分，其间自然的直接经验被视为提供了批判生态上“非理性”承诺的方法，能够鼓励倡导形成人类与环境间和谐共处的规范理想。[7]

在同一阶段，就我们对子孙后代的责任、人类代际公平的范围和内容等主题，涌现出一系列与道德和政治理论相关的重要讨论，这些对话发展为20世纪90年代中期所指的环境伦理和政策研究中“规范可持续性理论”。[8]最后（不过这绝非对环境伦理人本主义方法的完整调查），由于20世纪90年代中期“环境实用主义”的加入，环境伦理中的人类中心主义的血统得到很大提升；我们已经在本书的讨论中得知，环境实用主义运动是一场强调环境伦理过往已有的（即人本主义的）传统中的道德和政治资源的运动。[9]

虽然在环境伦理领域显露出越来越多的人本主义（或者人本主义倾向）思想，这种思想也拥有正宗血统来源，但是非人类中心主义依然是环境伦理中的主流哲学立场。而且还有许多环境伦理领域的贡献者依然致力于从环境伦理和政策的公开表述中消除人类中心主义的主张和观点。例如霍尔姆斯·罗尔斯顿，环境伦理学界最重要的声音之一，今天生态中心计划最热烈的倡导者，这样说道：“我们若要变成最好的人，就必须终结人类中心主义和非人类中心主义价值。我们必须发现内在的自然价值。”[10]另一位非人类中心主义环境哲学家劳拉·韦斯特拉提出了类似的生态中心“整合原则”，她认为应当以其为环境活动的权威标准，这条原则甚至应当超越公民民主意愿的原则。[11]艾瑞克·卡茨认为，人类中心主义环保方法只能给环保目标带来帝国主义式的终极破坏。他写道：“人类中心主义世界观从逻辑上将直接导致非人类自然世界的毁灭。”[12]

192

鉴于以上感情，莱奥·马科斯——卓越的文化历史学家和美国田园传统经典研究作品《花园中的机器》[13]的作者，在几年前发表在《纽约书评》上的一篇文章中感到，必须给生态中心环保主义者贴上“当代环境运动清教徒”的标签，就一点儿也不奇怪了。[14]马科斯此言特别是指深层生态主义者，大多数主流环境伦理思想家与他的想法相同，即便他们并没有明确表示自己与深层生态主义运动的关系，然而也拥护类似激进的改良方案，致力于充满感情地维护自然的内在价值，抛弃任何人本主义前景。不论这种愿景是否是一种清教徒式的态度，很明确的是，今天许多环境伦理领域的作者都持有尤为强烈的——常常自豪且不妥协的——环保主义道德信念。必须为了自然的利益而保护自然，而不是建立在自然能为人类的价值和利益做出何种贡献的基础上，我们必须努力消除所有形式的人本主义，只为了服务于人类的目的而导致野生物种和生态系统减损的局面，必须阻止这样将自然工具主义化的庸俗行动。

虽然有意聚焦在自然独立的道德立场和推翻人类中心主义等问题上，但是我认为，环境伦理领域讽刺地削弱了其促进完成更广泛的社会和政策目标的能力。我认为统治了今天非人类中心主义环境伦理的思想方法严重削弱了环境伦理在基础广阔的环境改良运动和政策协调的发展中扮演有意义角色的能力。许多几乎条件反射一般抛弃人为因素的坚定的非人类中心主义者发现伦理学家（以及类似的活跃分子）违背了许多支持了大多数公共政策的道德和政治承诺，更不用说更广泛的美国政治文化。而且更加令人沮丧的是，他们将与公众舆论发生争执，我们知道公众通常会被长期的人类利益所激励，例如对于未来世代福祉的关怀等。[15]这种态度使环境伦理家与早期的环境思想家分道扬镳——包括令人敬仰的奥尔多·利奥波德，他不相信关照自然需要从我们的环境话语中冲洗掉人本价值。

193

这让人十分遗憾，因为如此一来环境伦理就不具备对自然作为“良好”社会道德和政治承诺的部分价值这一更广泛和更有用的讨论做出贡献的潜力。与在环境伦理领域绝对的非人类中心主义者不同，我并不认为执着的“自然第一”思想必须是有效、坚守原则的环保主义的基础，或者延展来看，是更具道德防守的环境政治的基础。相反，我认为，我们从前面章节中对第三条道路传统思想家的分析中得知，应当追寻一种更加综合和多元的环境伦理，常常许多完全迥异的价值——包括自然内在价值——被视为人类共有经验的产物，坚实地融入已有的道德和政治传统框架之中。

这并不意味着对于自然利益的关注不具道德方面的承诺。贝利和利奥波德已经向我们展示，自然内在价值在我们的环境评判中如何占据了重要位置，而且这些对于实现某些环境目标恐怕更具实用上的必要性，例如乡村生活的自然资源保护以及土地健康（反过来促进更多的文化和公民价值）。然而贝利和利奥波德（以及芒福德和麦克凯耶）都教导我们，人类的道德、社会和政治价值在证明环保主义日程表中具有重要作用；而且当我们的环境伦理肯定一种价值而否定其他价值，而不是在经验中接受各种因素彼此促进特质，那么它就否定了自然和文化中本质的连续性。它还无法利用自然与文化间强大的关联，为了重要的环保主义目标而展开社会活动。 194

让我们忽略这种对环境价值和目标的对抗的二元思维方式，我在本书中试图通过审视环境伦理在特定的历史、思想和地理设定中的特征和发展，包括地域（例如农业景观和城市景观）、运动（例如自然课运动和区域规划运动），以及哲学传统（例如美国经典哲学和实用主义）这些传统上并非环境伦理叙述焦点的角度，来构建一种环境伦理的语境。我希望结果是对环境思想的哲学和政治基础更加宽泛的解读，一种避免将重要的环境作者的作品硬塞进狭窄的人类中心主义，或者纯粹的非人类中心主义隔间里的分析。

正如前文曾经论述的那样，我也认为前面章节中分析的传统详尽阐释了环境伦理领域实用主义方法的历史合理性，为该运动提供了哲学上“可用的过去”（芒福德的同胞沃尔多·弗兰克或许会这样说）。众多环境哲学家近期转向实用主义绝非一种环境思想史无前例或者不寻常的举动。相反，这是一种意义重大，却在很大程度上已经丢失的美国环保主义道德传统的恢复和回归。我相信对这种语境的解读可以带来环境伦理的更具交叉学科特色的方法，并且为环境伦理的讨论重新定向，通过揭示公民实用主义愿景的历史和思想深度来最大化环境伦理的公众潜力。 195

在最后一点上，我要强调，当前采用更加民主且具公众导向的环境伦理从未如此紧迫和必须。在过去的十年间，我们看到被称为“协作式资源管理”、“参与式群落自然资源保护”、“基层生态系统管理”等方法的迅猛崛起，体现出公民与地方、州和联邦机构分享环境规划、决策和管理职责的一种社会活动积极方式。[16]这些努力的支持者们认为，它们承诺了环境计划和政策更加平等有效的实施，能够改善总体的环境管理。这些模式还由于能够促进社会求知、信任以及公民间的相互理解而受到表扬，推动在当地社群内进行社会资本和能力建设。不过，它们并非能够治愈我们所有环境问题的万能药，受到民主政治所有歪曲和挫败的影响，这些公民主导的运动无疑为环境规划和政策制定竞技场上的公众提供了一个重要的角色，或许代表了向包含了各种因素的环保运动中更宽泛的“公民环保主义”的有趣转变。[17]

我认为今天的环境伦理正站在美国环保主义思想和制度发展的十字路口。另一方面，它也面临着巨大的机遇，帮助环保活跃人士、环境专家和公民阐述并证明他们在兴起的以本地为基础、激励公民精神的环境改良运动中的努力。然而为了做到这一点，我认为环境伦理领域需要做出改变。具体而言，如果它希望真正参与越来越社会上多样、地理上多变、政治上活跃的规划和政策讨论，就必须清除“清教徒”包袱（里奥·马克斯可能会这样说）。对于20世纪70年代早期在环境伦理的荒野上咆哮的第一代环境理论家和环保积极人士而言，激进的非人类中心主义改良诉求或许在思想上是正当的（而且在策略上是必须的）。然而，随着过去的几十年间美国环境价值的回归主流，广泛（虽然远非完整）环境政策管理体制的兴起，以及近期公民导向的环境运动的联合不仅将焦点集中在传统的环保主义者关切的问题上，也聚焦在迫切的社会和公民问题上，我认为我们与20世纪70年代早期的环境哲学家和环保人士置身于完全不同的历史瞬间。

196

我认为，我们如今需要的不是环境清教徒，而是环境公民哲学家；也就是说，是那些深刻理解多样环境价值和公民承诺，并将这种规范的探究不仅与得到广泛支持的环境政策和规划目标，而且还与民主社群的其他社会和道德理想和日程紧密联系起来的伦理家、政治理论家和社会批评家。[18]我衷心赞同政治理论家本杰明·巴伯的观点，他认为今天的环保运动将有助于发展强健的公民哲学，可以详细阐明在健康可持续发展的环境中公共利益的共识。巴伯观察道:“今天的环保主义者常常感到必须在一场无人倾听的刺耳论战中辩护,而不是为了公民利益而讨论,这场论战既聚焦在他们自己的道德伪善上,也聚焦在公共利益上,或者说,用登山者和鸟类观测者的权利抗衡雪地摩托车手和伐木工的权利。”巴伯总结道,结果就是,“在面对利益对立的政治时,公共利益或许会由于可持续发展的环境正在消失的共同社群的关注将伐木工和鸟类观测者团结在一起。”[19]

我希望本书提倡的第三条道路传统能帮助环境思想和实践中的新型公民思想设定历史和思想的舞台。最后,我相信这是一种指向环境政治转型的传统,能够以更加宽泛的社会和政治批评,团结自然资源保护者和区域规划者、荒野保护者和乡村改良者、新城市主义支持者和可持续农业倡导者,以及更加广泛的环境革新者。 197

注 释

第一章

1 关于深层生态主义的论著很多。其中两部权威之作，参见Bill Devall and George Sessions, *Deep Ecology: Living as if Nature Mattered* (Salt Lake City, UT: Gibbs Smith, 1985) and Arne Naess, *Ecology, Community and Lifestyle: Outline of an Ecosophy,* translated and revised by David Rothenberg (Cambridge: Cambridge University Press, 1989)。

2 对缪尔和平肖就建造赫奇赫奇大坝争论的经典探讨参见Roderick Nash, *Wilderness and the American Mind* (New Haven: Yale University Press, 2001, 4th ed.)。关于该争论历史的最新详尽探讨参见Robert W. Righter, *The Battle over Hetch Hetchy: America's Most Controversial Dam and the Birth of Modern Environmentalism* (Oxford: Oxford university Press, 2005)。对于该争论有趣的修正主义解读参见Bryan G. Norton, *Toward Unity among Environmentalists* (Oxford: Oxford university Press, 1991), chapter 2。诺顿试图在书中缩小缪尔和平肖之间的理论差距。最后，赞扬平肖为环保主义思想家的优秀传记作品参见Char Miller, *Gifford Pinchot and the Making of Modern Environmentalism* (Washington, DC: Island Press, 2001)。

3 Aldo Leopold, *A Sand County Almanac* (Oxford: Oxford university Press, 1949; reprinted 1989).

4 罗伯特·戈特利布是将区域规划传统融入美国环保主义叙述的少数学者之一。See Robert Gottlieb, *Forcing the Spring: The Transformation of the American Environmental Movement* (Washington, DC: Island Press, 1993). And his *Environmentalism Unbound: Exploring New Pathways to Change* (Cambridge, MA: MIT Press, 2001).

5 我使用"第三条道路"一词无意呼应托尼·布莱尔和克林顿—戈尔政府推崇的政治中心化，我试图作总体上的实用主义尝试，在两个贯穿环保主义理解始终的极端之间开拓较为温和中立的立场——在强烈的自由主义与自然资源保护主义之间；以及在人类中心主义与非人类中心主义之间。我

199

还要表明的是，我使用这一名词与克里斯托弗·施罗德等学者不同，施罗德定义的“第三条道路环保主义”是对环境政治（生态主义）的反映，是取代传统的新自由主义和社会主义思想体系的另一选择。See Christopher H. Schroeder, “Third Way Environmentalism,” *University of Kansas Law Review* 48 (2000): 801—827. 鉴于施罗德所指的生态主义基本等同于深层生态主义，他的方法与我在本书中阐述的公民实用主义传统方法的差别是显而易见的。

6 See Richard Poirier, *Poetry and Pragmatism* (Cambridge, MA: Harvard University Press, 1992); Giles Gunn, *Thinking Across the American Grain: Ideology, Intellect, and the New Pragmatism* (Chicago: University of Chicago Press, 1992); Raymond Carney, *The Films of John Cassavetes: Pragmatism, Modernism, and the Movies* (Cambridge: Cambridge University Press, 1994); Morris Dickstein, ed., *The Revival of Pragmatism: New Essays on Social Thought, Law and Culture* (Durham, NC: Duck University Press, 1998).

7 See Michael Brint and William Weaver, eds., *Pragmatism in Law and Society* (Boulder, CO: Westview Press, 1991); Richard Posner, *Law, Pragmatism, and Democracy* (Cambridge, MA: Harvard University Press, 2003); Dickstein, ed., *The Revival of Pragmatism.*

8 政治学和政治理论的实用主义研究著名作品参见Charles Anderson, *Pragmatic Liberalism* (Chicago: University of Chicago Press, 1990); Matthew Festenstein, *Pragmatism and Political Theory: From Dewey to Rorty* (Chicago: University of Chicago Press, 1997); Jürgen Habermas, *Between Facts and Norms: Contributions to a Discourse Theory of Law and Democracy* (Cambridge, MA: MIT Press, 1998); Stanley Fish, *The Trouble with Principle* (Cambridge, MA: Harvard University Press, 1999); Richard Rorty, *Achieving our Country: Lefitist Thought in Twentieth Century America* (Cambridge, MA: Harvard University Press, 1999); Posner, *Law, Pragmatism, and Democracy*。强调政治维度的美国实用主义历史研究几乎都将焦点放在约翰·杜威的作品中，这是有其合理性的。See Robert B. Westbrook, *John Dewey and American Democracy* (Ithaca, NY: Cornell University Press, 1991); Alan Ryan, *John Dewey and the High Tide of American Liberalism* (New York: W. W. Norton, 1995). 如下几部著作将重点放在其他几位经典的美国哲学家身上，包括威廉·詹姆斯、乔赛亚·罗伊斯和查尔斯·桑德斯·皮尔斯，将他们视为重要的社会政治思想家。See Joshua I. Miller, *Democratic Temperament: The Legacy of William James* (Lawrence: University Press of Kansas, 1997); Jacquelyn Ann K. Kegley, *Genuine Individuals and Genuine Communities: A Roycean Public Philosophy* (Nashville, TN: Vanderbilt University Press, 1997); James Hoopes, *Community Denied: The Wrong Turn of Pragmatic Liberalism* (Ithaca, NY: Cornell University Press, 1998). 200

9 Louis Menand, *The Metaphysical Club: A Story of Ideas in America* (New York:

Farrar, Straus, and Giroux, 2001).

10 我并不是说这一粗略的概括包含了今天实用主义的所有特征，或者适用于这一传统中的每一位思想家。然而，我认为这段概括描述了实用主义思想被广泛接受的方面，包含了我在本书中探讨第三条道路传统思想家的作品时会频繁提及的实用主义思想。

11 Richard J. Bernstein, *The New Constellation: The Ethical-Political Horizons of Modernity/Postmodernity* (Cambridge, MA: MIT Press, 1992), pp. 335—336.

12 举例来说，我与同事对新英格兰地区居民就环境的价值、伦理和政策态度所作的一系列公共舆论研究结果支持这一结论。See Ben A. Minteer and Robert E. Manning, "Pragmatism in Environmental Ethics: Democracy, Pluralism, and the Management of Nature," *Environmental Ethics* 21 (1999): 191—207; "Convergence in Environmental Values: An Empirical and Conceptual Defense," *Ethics, Place and Environment*, 3 (2000): 47—60; Robert E. Manning, William A. Valliere, and Ben A. Minteer, "Values, Ethics, and Attitudes Toward National Forest Management: An Empirical Study," *Society and Natural Resources* 12 (1999): 421—436; Ben A. Minteer, Elizabeth A. Corley, and Robert E. Manning, "Environmental Ethics beyond Principle? The Case for a Pragmatic Contextualism," *Journal of Agricultural and Environmental Ethics* 17 (2004): 131—156.

13 Adolf G. Gundersen, *The Environmental Promise of Democratic Deliberation* (Madison: University of Wisconsin Press, 1995).

14 Elizabeth Anderson, "Pragmatism, Science, and Moral Inquiry," in Richard W. Fox and Robert B. Westbrook, eds., *In Face of the Facts: Moral Inquiry in American Scholarship* (Washington, DC: Woodrow Wilson Center and Cambridge University Press, 1998), pp. 10—39; quote on p.20.

15 Ben A. Minteer, "No Experience Necessary?: Foundationalism and the Retreat from Culture in Environmental Ethics," *Environmental Values* 7 (1998): 333—348.

16 这一总结对于威廉・詹姆斯的作品而言似乎并不恰当，詹姆斯的作品通常被认为体现了强烈的个人主义立场。但是约书亚・米勒认为，詹姆斯在坚持个人主义的同时并没有否定更广阔的公共利益。See Miller, *Democratic Temperament*.

17 See John Dewey, *Liberalism and Social Action* in volume 11 of *John Dewey: The Later Works*, Jo Ann Boydston, ed. (Carbondale: Southern Illinois University Press, 1987[orig. 1935]), pp. 1—65; and Dewey, *Freedom and Culture* in volume 13 of *John Dewey: The Later Works*, Jo Ann Boydston, ed. (Carbondale: Southern Illinois University Press, 1988[orig. 1939]), pp. 63—172. 探讨杜威这方面作品及其在公共话语的自由主义传统中位置的卓越著作，参见James Gouinlock, *Excellence in Public Discourse: John Stuart Mill, John Dewey, and Social Intelligence* (New York: Teachers College Press, 1986)。

201

18 John Dewey, *The Public and Its Problems* in volume 2 of *John Dewey: The Later Works*, Jo Ann Boydston, ed. (Carbondale: Southern Illinois University Press,

1984[orig. 1927]); *Ethics* n volume 7 of *John Dewey: The Later Works*, Jo Ann Boydston, ed. (Carbondale: Southern Illinois University Press, 1989[orig. 1932]). 更多关于杜威的探究理论与民主概念之间关系的研究，参见Hilary Putnam, *Renewing Philosophy* (Cambridge, MA: Harvard University Press, 1992); Robert B. Westbrook, "Pragmatism and Democracy: Reconstructing the Logic of John Dewey's Faith," in Dickstein, ed., *The Revival of Pragmatism*, pp. 128—140; Ben A. Minteer, "Deweyan Democracy and Environmental Ethics," in *Democracy and the Claims of Nature: Critical Perspectives for a New Century*, Ben A. Minteer and Bob Pepperman Taylor, eds. (Lanham, MD: Rowman & Littlefield, 2002), pp. 33—48。

19 关于环境伦理早期实用主义作品的重要文集，参见Andrew Light and Eric Katz, eds., *Environmental Pragmatism* (London: Routledge, 1996)。关于环境伦理的实用主义思想含义的近期研究，参见Ben A. Minteer, "Intrinsic Value for Pragmatists?" *Environmental Ethics* 22 (2001): 57—75, and "Environmental Philosophy and the Public Interest: A Pragmatic Reconciliation," *Environmental Value* 14 (2005): 37—60。在环境哲学范围内发展实用主义观点，布莱恩·诺顿在这一领域无人能及。他在这方面的研究参见他发表于2003年的相关著作：*Searching for Sustainability: Interdisciplinary Essays in the Philosophy of Conservation Biology* (Cambridge: Cambridge University Press, 2003)。诺顿在新书中进一步阐释环境哲学和管理的实用主义方法，*Sustainability: A Philosophy of Adaptive Ecosystem Management* (Chicago: University of Chicago Press, 2005)。

20 Daniel A. Farber, *Eco-Pragmatism: Making Sensible Environmental Decisions in an Uncertain World* (Chicago: University of Chicago Press, 1999).

21 制度经济学和进化经济学范畴内的环境（或者环境导向的）经济学家尤其受到实用主义的吸引。See Geoffrey Hodgson, "Economics, Environmental Policy and the Transcendence of Utilitarianism," in John Foster, ed., *Valuing Nature: Economics, Ethics and Environment* (London: Routledge, 1997), pp. 48—63; Juha Hiedanpää and Daniel W. Bromley, "Environmental Policy as a Process of Reasonable Valuing," in Daniel W. Bromley and Jouni Paavola, eds., *Economics, Ethics, and Environmental Policy: Contested Choices* (Oxford, UK: Blackwell, 2002), pp. 69—84.

22 在这一领域受到实用主义激励的方法参见Kai N. Lee, *Compass and Gryoscope* (Washington, DC: Island Press, 1993); Norton, *Sustainability*。

202

23 对环境伦理中实用主义技术问题探讨更感兴趣的读者可以参见注释19中列出的著作。

24 Lewis Mumford, *The Golden Day* (New York: Boni and Liveright, 1926).

25 J. Baird Callicott and Michael P. Nelson, eds., *The Great New Wilderness Debate* (Athens: University of Georgia Press, 1998).

26 John Brinckerhoff Jackson, *Discovering the Vernacular Landscape* (New Haven, CT: Yale University Press, 1986), p.8.

27 Simon Schama, *Landscape and Memory* (New York: Random House, 1996), p. 18.

第二章

1 历史学家罗德瑞克·弗雷泽·纳什是明确承认贝利在环境思想发展史上重要性的少数学者之一。纳什认为，事实上，奥尔多·利奥波德"最直接的思想来源"来自贝利以及阿尔贝特·施韦泽。See Roderick Frazier Nash, *Wilderness and the American Mind* (New Haven, CT: Yale University Press, 2001, 4th ed.), p.194. 以及纳什的环境伦理史作品，*The Rights of Nature* (Madison: University of Wisconsin Press, 1989)。

2 L. H. Bailey, *The Holy Earth* (New York: Charles Scribner's Sons, 1915).

3 Asa Gray, *Field, Forest, and Garden Botany* (New York: Ivision, Blackman, Taylor, 1868).

4 Andrew Denny Rodgers III, *Liberty Hyde Bailey. A Story of American Plant Sciences* (New York: Hafner, 1965), pp. 3—12.

5 Margaret Beattie Bogue, "Liberty Hyde Bailey, Jr. and the Bailey Family Farm," *Agricultural History* 63 (1989): 26—48.

6 Philip Dorf, *Liberty Hyde Bailey: An Informal Biography* (Ithaca, NY: Cornell University Press, 1956), pp. 42—45; Rodgers, Liberty Hyde Bailey, pp. 79—80.

7 Rodgers, *Liberty Hyde Bailey*, p. 81.

8 Rodgers, *Liberty Hyde Bailey*, p. 86.

9 Rodgers, *Liberty Hyde Bailey*, p. 86.

10 Rodgers, *Liberty Hyde Bailey*, p. 90.

11 George H. M. Lawrence, "Horticulture," in Joseph Ewan, ed., *A Short History of Botany in the United States*, (New York: Hafner, 1969), pp. 132—145.

12 Andrew Denny Rodgers III, *American Botany 1873—1892* (Princeton, NJ: Princeton University Press, 1944), pp. 248—249.

13 Gould P. Colman, *Education & Agriculture. A History of the New York State College of Agriculture at Cornell University* (Ithaca, NY: Cornell University Press, 1963), p. 172.

203

14 Colman, *Education & Agriculture.*

15 David B. Danbom, *The Resisted Revolution* (Ames: Iowa State University Press, 1979).

16 L. H. Bailey, *The Country-Life Movement in the United State* (New York: Macmillan, 1915), p. 20.

17 L. H. Bailey, *The Outlook to Nature* (New York: Macmillan, 1911), p. 73.

18 Bailey, *The Country-Life Movement in the United State*, p.16.

19 Danbom, The Resisted Revolution, pp. 29—36.

20 Danbom, The Resisted Revolution, pp. 36—40.

21 L. H. Bailey, *The State and the Farmer* (St. Paul: Minnesota Extension Service, University of Minnesota, 1996 [orig. 1908]), pp. 30—48.

22 Dorf, *Liberty Hyde Bailey*, pp. 150—151.

23 William L. Bowers, *The Country Life Movement in America* (Port Washington, NY: Kennikat Press, 1974), p. 25.

24 Report of the Country Life Commission (1909), p. 23.

25 Report of the Country Life Commission, pp. 13—14.

26 Report of the Country Life Commission, pp. 17—18.

27 Report of the Country Life Commission, pp. 49—50.

28 Bailey, *State and Farmer*, p. 37.

29 Report of the Country Life Commission, pp. 50—51.

30 Report of the Country Life Commission, p. 59.

31 Report of the Country Life Commission, p. 60.

32 Bowers, *The Country Life Movement in America*, p. 27.

33 Bowers, *The Country Life Movement in America*, pp. 128—129.

34 Danbom, *The Resisted Revolution*, pp. 81—85. 关于乡村生活委员会及其改良成果的正面评价，参见Scott J. Peters and Paul A. Morgan, “The Country Life Commission: Reconsidering a Milestone in American Agricultural History.” *Agricultural History* 78 (2004): 289—316。

35 L. H. Bailey, *The Nature-Study Idea* (New York: Doubleday, Page, 1903).

36 Danbom, *The Resisted Revolution*, p.56.

37 Colman, *Education & Agriculture*, pp. 129—132.

38 Bailey, *The Nature-Study Idea*, p. 33.

39 Bailey, *The Nature-Study Idea*, p. 59.

40 Bailey, *The Nature-Study Idea*, p. 35.

41 Bailey, *Outlook to Nature*, p. 86.

42 Bailey, *The Nature-Study Idea*, p. 7.

43 Bailey, *The Nature-Study Idea*, p. 15.

204

44 Bailey, *The Nature-Study Idea*, p. 15.

45 Bailey, *The Nature-Study Idea*, p. 15.

46 Bailey, *Outlook to Nature*, p. 34.

47 Bailey, *The Nature-Study Idea*, p. 7.

48 Bailey, *The Nature-Study Idea*, p. 18.

49 Bailey, *The Nature-Study Idea*, p. 32.

50 威廉·鲍尔斯也提到贝利的观点与杜威在教育改良计划中某些表达的相似之处。参见Bowers, *The Country Life Movement in America*, pp. 60—61.

51 John Dewey, “The Bearings of Pragmatism Upon Education,” in volume 4 of *John Dewey: The Middle Works*, Jo Ann Boydston, ed. (Carbondale: Southern Illinois

University Press [orig. 1908—1909]), pp. 178—191; quote on p. 185 (emphasis in original).

52 John Dewey(with Evelyn Dewey), *School of To-Morrow*, in volume 8 *of John Dewey: The Middle Works*, Jo Ann Boydston, ed. (Carbondale: Southern Illinois University Press, 1979 [orig. 1915]), pp. 205—405; quote on p. 266.

53 Dewey, "The Bearings of Pragmatism," p. 188.

54 Dewey, "The Bearings of Pragmatism," p. 188.

55 John Dewey, *The School and Society*, in volume 1 of *John Dewey: The Middle Works*, Jo Ann Boydston, ed. (Carbondale: Southern Illinois University Press, 1976 [orig. 1899]), pp. 1—109; quote on p. 46.

56 Dewey, *The School and Society*, p. 19.

57 Dewey, *The School and Society*, p. 19.

58 Dewey, *The School and Society*, p. 55.

59 John Dewey, "The School as a Social Centre," in volume 2 of *John Dewey: The Middle Works*, Jo Ann Boydston, ed. (Carbondale: Southern Illinois University Press, 1976 [orig. 1902]), pp. 80—93; quote on p. 93.

60 John Dewey, *Democracy and Education: An Introduction to the Philosophy of Education*, in volume 9 of *John Dewey: The Middle Works*, Jo Ann Boydston, ed. (Carbondale: Southern Illinois University Press, 1980 [orig. 1916]).

61 Bailey, *The Nature-Study Idea*, p. 55.

62 Bailey, *The Nature-Study Idea*, p. 58.

63 Bailey, *Outlook to Nature*, p. 128.

64 Bailey, *Outlook to Nature*, p. 129.

65 Bailey, *The Nature-Study Idea*, p. 60.

66 Bailey, *Outlook to Nature*, pp. 66—67.

67 Dewey, *School and Society*, p. 8; emphasis in original.

205 68 Dewey, *Schools of To-Morrow*, p. 268.

69 Robert B. Westbrook, *John Dewey and American Democracy* (Ithaca, NY: Cornell University Press, 1991), p. 97.

70 John Dewey, "Plan of Organization of the University Primary School," in volume 5 of *John Dewey: The Early Works*, Jo Ann Boydston, ed. (Carbondale: Southern Illinois University Press, 1972 [orig. n.d./1895?]), pp. 223—243.

71 John Dewey, "A Pedagogical Experiment," in volume 5 of *John Dewey: The Early Works*, Jo Ann Boydston, ed. (Carbondale: Southern Illinois University Press, 1972 [orig. 1896]), pp. 244—246; quote on p. 245.

72 Larry A. Hickman, "The Edible Schoolyard: Agrarian Ideals and Our Industrial Milieu," in Paul B. Thompson and Thomas C. Hilde, eds., *The Agrarian Roots of Pragmatism* (Nashville, TN: Vanderbilt University Press, 2000), pp. 195—205 (see esp. p. 198).

73 Dewey, *Schools of To-Morrow*, p. 269.
74 Dewey, *Schools of To-Morrow*, p. 269.
75 Dewey, *Schools of To-Morrow*, p. 272.
76 John Dewey, "The Moral Significance of the Common School Studies," in volume 4 of *John Dewey: The Middle Works*, Jo Ann Boydston, ed. (Carbondale: Southern Illinois University Press, 1977 [orig. 1909]), pp. 205—213; quote on p. 211.
77 Ann M. Keppel, "The Myth of Agrarianism in Rural Educational Reform, 1890—1914," *History of Education Quarterly* 2 (1962): pp.100—112.
78 Peter J. Schmitt, *Back to Nature: The Arcadian Myth in Urban America* (Baltimore: John Hopkins University Press, 1990), p. 84.
79 Bailey, *The Country-Life Movement*, p. 58.
80 Bailey, *The Country-Life Movement*, pp. 59—60.
81 Bailey, *Holy Earth*, p. 11.
82 Bailey, *The Country-Life Movement*, p. 184.
83 Bailey, *The Country-Life Movement*, p. 184.
84 Bailey, *The Country-Life Movement*, p. 178.
85 Bailey, *The Country-Life Movement*, p. 193.
86 Bailey, *The Country-Life Movement*, p. 188.
87 Bailey, *The Country-Life Movement*, p. 188.
88 Bailey, *Holy Earth*, p. 73.
89 Bailey, *The Nature-Study Idea*, p. 100.
90 Bailey, *The Nature-Study Idea*, p. 97.
91 Bailey, *The Nature-Study Idea*, p. 109.
92 Bailey, *The Nature-Study Idea*, p. 110.
93 Bailey, *The Nature-Study Idea*, p. 110.
94 Bailey, *Outlook to Nature*, p. 88. 206
95 Bailey, *Outlook to Nature*, p. 88.
96 Bailey, *Holy Earth*, p. 3.
97 Bailey, *Holy Earth*, p. 8.
98 Bailey, *Outlook to Nature*, p. 140.
99 Bailey, *Outlook to Nature*, p. 174.
100 Bailey, *Outlook to Nature*, p. 179.
101 这一解释通常追溯至林恩·怀特探讨基督教创世教义中反环境含义的文章，这篇文章影响极大，争议也极大。See "The Historical Roots of Our Ecologic Crisis," *Science* 155 (1967): 1203—1207.
102 Bailey, *Holy Earth*, p. 6.
103 Bailey, *Holy Earth*, p. 16.
104 Bailey, *Holy Earth*, p. 18.

105 Bailey, *Holy Earth*, pp. 18—19.

106 Bailey, *Holy Earth*, p. 30; emphasis added.

107 Bailey, *Holy Earth*, p. 24.

108 Bailey, *Holy Earth*, pp. 130—131.

109 Bailey, *Holy Earth*, p. 119.

110 L. H. Bailey, *Ground-Levels in Democracy* (Ithaca, NY: Privately published, 1916).

111 L. H. Bailey, *Universal Service, the Hope of Humanity* (New York: Sturgis and Walton Co., 1918).

112 L. H. Bailey, *What Is Democracy?* (Ithaca, NY: Comstock, 1918).

113 Bailey, *Ground-Levels in Democracy*, pp. 23, 24.

114 Bailey, *Ground-Levels in Democracy*, p. 69.

115 Bailey, *The State and the Farmer*, p. 70.

116 Bailey, *What Is Democracy?*, p. 36.

117 Bailey, *What Is Democracy?*, p. 64. 正如我将在第四章中探讨的那样，现代工业化在思想和文化上的同质化也是该时期许多思想家的共同主题，包括乔赛亚·罗伊斯以及贝利年轻的自然资源保护运动同事本顿·麦克凯耶。

118 Bailey, *What Is Democracy?*, p. 76.

119 Bailey, *The State and the Farmer*, p. 29.

120 稍微提及了环境伦理和生态神学上的总管思想的著作包括John Passmore, *Man's Responsibility for Nature: Ecological Problems and Western Traditions* (New York: Charles Scribner's Sons, 1974); Loren Wilkinson, ed. (in collaboration with Peter De Vos, Calvin De Witt, Eugene Dykeman, Vernon Ehlers, Derk Pereboom, and Aileen Van Beilen), *Earthkeeping: Christian Stewardship of Natural Resources* (Grand Rapids, MI: Eerdman's 1980); Robin Attfield, *The Ethics of Environmental Concern* (New York: Columbia University Press, 1983); Paul H. Santmire, *The Travail of Nature: The Ambiguous Ecological Promise of Christian Theology* (Philadelphia: Fortress Press, 1985); and Calvin B. DeWitt, *Caring for Creation: Responsible Stewardship of God's Handiwork*, James W. Skillen and Luis E. Lugo, eds. (Grand Rapids, MI: Baker Books, 1998)。

207

121 罗尔夫·迪亚曼特的文章清晰阐述了马什—比林斯—洛克菲勒国家历史公园的自然资源管理任务。See Rolf Diamant, "Reflections on Environmental History with a Human Face: Experiences from a New National Park," *Environmental History* 8 (2003): pp.628—642.

第三章

1 这段对于非人类中心主义崛起的描述带有明显的目的论色彩，出现在许多环境哲学家的作品中。See Eric Katz, "The Traditional Ethics of Nature Resource Management" in Richard L. Knight and Sarah F. Bates, eds., *A New Century for*

Natural Resources Management (Washington, DC: Island Press, 1995), pp. 101—116; J. Baird Callicott, "Wither Conservation Ethics?" *Conservation Biology* 4, 1990: pp.15—20.

2 See Samuel P. Hays, *Conservation and the Gospel of Efficiency: The Progressive Conservation Movement, 1890—1920* (Cambridge, MA: Harvard University Press, 1959); Roderick Frazier Nash, *Wilderness and the American Mind* (New Haven: Yale University Press, 2001, 4th ed.); Stephen Fox, *John Muir and his Legacy: The American Conservation Movement* (Boston: Little Brown, 1981).

3 Richard Judd, *Common Lands, Common People: The Origins of Conservation in Northern New England* (Cambridge, MA: Harvard University Press, 1997); Robert McCullough, *The Landscape of Community* (Hanover, NH: University of New England Press, 1995); Karl Jacoby, *Crimes Against Nature: Squatters, Poachers, Thieves, and the Hidden History of American Conservation* (Berkeley: University of California Press, 2001); Louis S. Warren, *The Hunter's Game: Poachers and Conservationists in Twentieth-Century America* (New Haven, CT: Yale University Press, 1997).

4 这种对于平肖和缪尔环境思想的另一种解读参见Bryan Norton, *Toward Unity among Environmentalists* (New York: Oxford University Press, 1991); Bob Pepperman Taylor, *Our Limits Transgressed: Environmental Political Thought in America* (Lawrence: University Press of Kansas, 1992)。

5 我要指出，柯特·迈因令我对"自然资源保护哲学"和"环境哲学"之间潜在的史学和规范意义上的差别十分敏感。虽然本章并不会对这两种传统之间的差别进行详尽完备的阐述，我还是要在这里指出，我相信芒福德的实用主义资源保护与同时期的环境哲学大相径庭。环境哲学这种思潮发展以与自然资源保护运动和美国哲学思想（更不用说霍华德和格迪斯等早期规划思想家的思想）之间的交互为特色。正如我所指出的那样，这段描述将会挑战许多环境哲学家关于自然资源保护时期的进步主义哲学稍后演进为完全成熟的20世纪"环境哲学"的经典假设。 208

6 历史学家罗伯特·菲什曼和约翰·J. 托马斯记录了芒福德以及美国区域规划协会的去中心化、规范性的"社群区域主义"与20世纪30年代早期托马斯·亚当斯及同盟在纽约区域规划中表达的更主流的"都市区域规划主义"之间的区别。参见以下文献中菲什曼和托马斯的文章：R. Fishman, ed., *The American Planning Tradition: Culture and Policy* (Washington, DC: Woodrow Wilson Center Press, 2000)。

7 Lewis Mumford, *The Pentagon of Power* (New York: Harcourt Brace Jovanovich, 1964).

8 拉马钱德拉·古哈是将芒福德与当代环保主义和环境哲学讨论联系起来的为数不多的作者之一。参见他富有洞见力的Ramachandra Guha, "Lewis Mumford, the Forgotten American Environmentalist: An Essay in Rehabilitation," in David

Macauley, ed., *Minding Nature: Philosophers of Ecology* (New York: Guilford Press, 1996), pp. 209—228。我对这篇文章解读的重点落在芒福德在两次世界大战之间的规划理论中的区域主义和实用主义，而古哈则将更多注意力放在芒福德关注科技的后期作品以及他适应社会生态学传统上。

9 Robert Fishman, *Urban Utopias in the Twentieth Century: Ebenezer Howard, Frank Lloyd Wright, and Le Corbusier* (Cambridge, MA: MIT Press, 1982), pp. 29—39.

10 Ebenezer Howard, *Garden Cities of To-Morrow* (Cambridge, MA: MIT Press, 1965, orig. 1902).

11 Ebenezer Howard, *Garden Cities of To-Morrow*, pp. 50—57; Peter Hall, *Cities of Tomorrow* (Oxford, UK: Blackwell, 1996, updated ed.), pp. 87—94.

12 Howard, *Garden Cities of To-Morrow*, p. 146.

13 Lewis Mumford, "Introduction," in *Garden Cities of To-Morrow*, p.33. 关于霍华德在乡镇和城市规划方面遗产的更多内容，参见Peter Hall, Colin Ward, *Sociable Cities: The Legacy of Ebenezer Howard* (Chichester, UK: Wiley, 1998); Kermit C. Parsons, David Schuyler, eds., *From Garden City to Green City* (Baltimore: Johns Hopkins University Press, 2002)。

14 Helen Meller, *Patrick Geddes: Social Evolutionist and City Planner* (London: Routledge, 1990); Volker M. Welter, *Biopolis: Patrick Geddes and the City of Life* (Cambridge, MA: MIT Press, 2002).

209

15 Welter, *Biopolis: Patrick Geddes and the City of Life*, pp. 109—112.

16 Helen Meller, *Patrick Geddes: Social Evolutionist and City Planner*, p.179.

17 Welter, *Biopolis: Patrick Geddes and the City of Life*.

18 Helen Meller, *Patrick Geddes: Social Evolutionist and City Planner*, p.134.

19 探究格迪斯对于当代城市讨论的重要性，参见Volker M. Welter, James Lawson, *The City after Patrick Geddes* (Oxford, UK: Peter Lang, 2000)。

20 关于美国区域规划协会的区域主义日程表和设计原理的讨论，参见Mark Luccarelli, *Lewis Mumford and the Ecological Region* (New York: Guilford Press, 1995), pp. 76—83; Edward K. Spann, *Designing Modern America: The Regional Planning Association of America and Its Members* (Columbus: Ohio State university Press, 1996)。

21 See David Schuyler, *The New Urban Landscape* (Baltimore: Johns Hopkins University Press, 1986); Thomas Bender, *Toward an Urban Vision: Ideas and Institutions in Nineteenth Century America* (Baltimore: John Hopkins University Press, 1975), esp. chapter 7; Geoffrey Blodgett, "Frederick Law Olmsted: Landscape Architecture as Conservative Reform," *Journal of American History* 62 (1976): 869—889; George L. Scheper, "The Reformist Vision of Frederick Law Olmsted and the Poetics of Park Design," *New England Quarterly* 62 (1989): 369—402; Ann Whiston Spirn, "Constructing Nature: The Legacy of Frederick

Law Olmsted," in William Cronon, ed., *Uncommon Ground: Toward Reinventing Nature* (New York: W. W. Norton, 1996), pp. 91—113; Charles E. Beveridge, Paul Rocheleau, *Frederick Law Olmsted: Designing the American Landscape* (New York: Universe Publishing, 1998).

22 Lewis Mumford, "The Fourth Migration," reprinted in Carl Sussman, ed., *Planning the Fourth Migration: The Neglected Vision of the Regional Planning Association of America* (Cambridge, MA: MIT Press, 1976), pp.55—64.

23 Benton MacKaye, *The New Exploration: A Philosophy of Regional Planning* (Harpers Ferry, WV and Urbana-Champaign, IL: The Appalachian Trail Conference and University of Illinois Press, 1990 [orig. 1928]).

24 Benton MacKaye, "An Appalachian Trail: A Project in Regional Planning," *Journal of the American Institute of Architects* 9 (1921): 3—8.

25 对此更流行的描述，参见比尔・布莱森在其畅销书中记载的他尝试在阿巴拉契亚小径远足时的欢乐故事。Bill Bryson, *A Walk in the Woods* (New York: Broadway Books, 1998). 伊恩・马歇尔的著作是"户外"文学与生态评论的有趣结合，在马歇尔看来，小径远足既是一次印象深刻的娱乐体验，又是区域文学的源泉。See Ian Marshall, *Story Line: Exploring the Literature of the Appalachian Trail* (Charlottesville: University Press of Virginia, 1998).

26 George Perkins Marsh, *Man and Nature* (New York: Charles Scribner, 1864).

27 Lewis Mumford, *The Brown Decades: A Study of the Arts in America 1865—1895* (New York: Dover, 1971 [orig. 1931]). 马什的传记作家戴维・洛温塔尔表示，芒福德对这位伟大的佛蒙特州自然资源保护者的兴趣最早是由帕特里克・格迪斯点燃的。鉴于芒福德在我们的自然资源保护传统理解中"重新发现"了马什并产生了巨大的影响，我们应当感谢格迪斯在这一时期积极宣传自然资源保护运动的努力。See Lowenthal, *George Perkins Marsh: Prophet of Conservation* (Seattle: University of Washington Press, 2000), p.309.

210

28 Mumford, *The Brown Decades*, p.34.

29 Mumford, *The Brown Decades*, pp.40—41.

30 Lewis Mumford, *The Culture of Cities* (New York: Harcourt Brace, 1938), p.360.

31 Lewis Mumford, *Sketches form Life* (Boston: Beacon Press, 1982), p.166.

32 Mumford, *The Culture of Cities*, p.254. 正如我将在第四章中指出的那样，麦克凯耶也与芒福德一样，对乡村地区受到都市影响而产生的文化同质化深深忧虑。

33 Mumford, *The Culture of Cities*, p.255.

34 Lewis Mumford, *Sketches form Life*, p.166.

35 Donald L. Miller, *Lewis Mumford: A Life* (New York: Weidenfield & Nicolson, 1989), pp. 57—60.

36 Lewis Mumford, *Sketches form Life*, pp.156—158.

37 Spann, *Designing Modern America*, p.46.

38 Fishman, "The Metropolitan Tradition in American Planning," in R. Fishman, ed.,

The American Planning Tradition: Culture and Policy (Washington, DC: Woodrow Wilson Center Press, 2000), pp.65—85.

39 Lewis Mumford, "Regions-to Live in," in Sussman, ed., *Planning the Fourth Migration*, p.92.

40 Mumford, "Regions-to Live in," p.90.

41 Lewis Mumford, "The Theory and Practice of Regionalism(2)," *Sociological Review* 19 (1927): 131—141; quote on p. 140.

42 Mumford, *The Culture of Cities*, p.332.

43 William Cronon, "The Trouble with Wilderness; or, Getting Back to the Wrong Nature," in William Crononm ed., *Uncommon Ground: Rethinking the Human Place in Nature* (New York: W. W. Norton, 1996), pp. 69—90.

44 Mumford, *The Culture of Cities*, p.303.

45 Mumford, *The Culture of Cities*, p.302.

46 Mumford, *The Culture of Cities*, p.252. 关于芒福德的有机主义承诺及其对机械的抗拒，参见Leo Marx, "Lewis Mumford: Prophet of Organicism," in Thomas P. Hughes and Agatha C. Hughes, eds., *Lewis Mumford: Public Intellectual* (New York: Oxford University Press, 1990), pp. 164—180。

211

47 Mumford, *The Culture of Cities*, p.327.

48 Quoted in John Friedmann and Clyde Weaver, *Territory and Function: The Evolution of Regional Planning* (Berkeley: University of California Press, 1979), p.29.

49 Mumford, *Sketches form Life*, pp.135—136.

50 杜威本人于20世纪30年代对审美关怀投注大量精力。See *Art as Experience*, in volume 10 of *John Dewey: The Later Works*, Jo Ann Boydston, ed. (Carbondale: Southern Illinois University Press, 1987 [orig. 1934]).

51 Lewis Mumford, *The Golden Day* (New York: Boni and Liveright, 1926).

52 John Dewey, "Pragmatic America" in volume 13 of *John Dewey: The Middle Work*, Jo Ann Boydston, ed. (Carbondale: Southern Illinois University Press, 1983 [orig. 1922]), pp. 306—310.

53 关于伯恩—杜威争论的讨论，参见Casey Blake, *Beloved Community: The Cultural Criticism of Randolph Bourne, Van Wyck Brooks, Waldo Frank, and Lewis Mumford* (Chapel Hill: University of North Carolina Press, 1990); and Robert B. Westbrook, *John Dewey and American Democracy* (Ithaca, NY: Cornell University Press, 1991)。

54 Mumford, *The Golden Day*, pp.262—263; emphasis in original.

55 Mumford, *The Golden Day*, pp.266—267.

56 Mumford, *The Golden Day*, p.279.

57 Mumford, *The Golden Day*, p.266.

58 John Dewey, "The Pragmatic Acquiescence," in volume 3 of *John Dewey: The*

Later Works, Jo Ann Boydston, ed. (Carbondale: Southern Illinois University Press, 1984 [orig. 1927]), pp. 145—151; quote on pp. 150—151.

59 Lewis Mumford, "The Pragmatic Acquiescence: A Reply," *New Republic* 59 (1927): 250—251. Reprinted in Gail Kennedy ed., *Pragmatism and American Culture* (Boston: D. C. Heath, 1950), pp. 54—57. Quote taken from Kennedy, p.56.

60 Mumford, "The Pragmatic Acquiescence: A Reply," in Kennedy ed., *Pragmatism and American Culture,* p. 56.

61 Robert Westbrook, "Lewis Mumford, John Dewey, and the 'Pragmatic Acquiescence,' " in T.P. Hughes and A. C. Hughes, ed., *Lewis Mumford: Public Intellectual* (New York: Oxford University Press, 1990), pp.301—322.

62 John Dewey, *Experience and Nature* in volume 1 of *John Dewey: The Later Works*, Jo Ann Boydston, ed. (Carbondale: Southern Illinois University Press, 1981 [orig. 1925]).

63 Dewey, *Art as Experience.*

64 John Dewey, *A Common Faith*, in volume 9 of *John Dewey: The Later Works*, Jo Ann Boydston, ed. (Carbondale: Southern Illinois University Press, 1986 [orig. 1934]), pp. 1—58. 关于杜威思想的审美、文化和宗教维度研究，参见Thomas M. Alexander, *John Dewey's Theory of Art, Experience, and Nature* (Albany: State University of New York Press, 1987); Steven C. Rockefeller, John Dewey: *Religious Faith and Democratic Humanism* (New York: Columbia University Press, 1991); Michael Eldridge, *Transforming Experience: John Dewey's Cultural Instrumentalism* (Nashville, TN: Vanderbilt University Press, 1998); Victor Kestenbaum, *The Grace and the Severity of the Ideal. John Dewey and the Transcendent* (Chicago: University of Chicago Press, 2002)。凯凯斯滕鲍姆在书中对约翰·杜威哲学体系中理想超验的"善"的角色做出了有趣的评说。

212

65 John Dewey, *Ethics*, in volume 7 of *John Dewey: The Later Works*, Jo Ann Boydston, ed. (Carbondale: Southern Illinois University Press, 1985 [orig. 1932]); John Dewey, *Human Nature and Conduct*, in volume 14 of *John Dewey: The Middle Works*, Jo Ann Boydston, ed. (Carbondale: Southern Illinois University Press, 1983 [orig. 1922]). 杜威强调想象力和创造力的伦理理论研究，参见Steven Fesmire, *John Dewey and Moral Imagination: Pragmatism in Ethics* (Bloomington: Indiana University Press, 2003)。

66 Lewis Mumford, letter to Patrick Geddes, March 7, 1926. In *Lewis Mumford and Patrick Geddes: The Correspondence*, Frank G. Novak, Jr., ed. (London: Routledge, 1995), p.242.

67 Casey Blake, *Beloved Community*, p.226.

68 Casey Blake, *Beloved Community*, p.226.

69 Mumford, *The Culture of Cities*, p.384.

70 John Dewey, *Logic: The Theory of Inquiry*, in volume 12 of *John Dewey: The Later*

Works, Jo Ann Boydston, ed. (Carbondale: Southern Illinois University Press, 1986 [orig. 1938]).

71 Dewey, *Logic: The Theory of Inquiry*.

72 Mumford, *The Culture of Cities*, pp.376—380.

73 John Dewey, *Liberalism and Social Action*, in volume 11 of *John Dewey: The Later Works*, Jo Ann Boydston, ed. (Carbondale: Southern Illinois University Press, 1987 [orig. 1935]). pp. 1—65; quote on p. 36.

74 Mumford, *The Culture of Cities*, pp.378—379.

75 Mumford, *The Culture of Cities*, pp.380—381; emphasis added.

76 C. S. Holling, *Adaptive Environmental Assessment and Management* (London: Wiley, 1978); Carl J. Walters, *Adaptive Management of Renewable Resources* (New York: Macmillan, 1986); Kai Lee, *Compass and Gyroscope: Integrating Science and Politics for the Environment* (Washington, DC: Island Press, 1993); Lance H. Gunderson, C. S. Holling, and Stephen S. Light, eds., *Barriers and Bridges to the Renewal of Ecosystems and Institutions* (New York: Columbia University Press, 1995). 布莱恩·诺顿在当地适应性管理的实用主义基础方法方面著述颇丰。See Norton, "Integration or Reduction: Two Approaches to Environmental Values," in Andrew Light and Eric Katz, eds., *Environmental Pragmatism* (London: Routledge, 1996), pp. 105—138; Norton, "Pragmatism, Adaptive Management, and Sustainability," *Environmental Values* 8 (1999): 451—466; and *Sustainability: A Philosophy of Adaptive Ecosystem Management* (Chicago: University of Chicago Press, 2005).

213

77 Mumford, *The Culture of Cities*, p.377.

78 John Dewey, *The Public and Its Problems*, in volume 2 of *John Dewey: The Later Works*, Jo Ann Boydston, ed. (Carbondale: Southern Illinois University Press, 1984 [orig. 1927]), quote on p. 364.

79 杜威在许多作品中都表述过这一观点,包括《公众及其问题》和《自由主义与社会行动》。

80 关于杜威和密尔的自由主义以及他们对公共协商的理解的揭示性分析,参见 James Gouinlock, *Excellence in Public Discourse: John Stewart Mill, John Dewey, and Social Intelligence* (New York: Teachers College Press, 1986)。

81 Dewey, *Liberalism and Social Action*, p. 56.

82 Dewey, *The Public and Its Problems*, p.328.

83 Dewey, *The Public and Its Problems*, p.331.

84 Mumford, *The Culture of Cities*, p.380.

85 Mumford, *The Culture of Cities*, p.384.

86 Mumford, *The Culture of Cities*, p.387.

87 Mumford, *The Culture of Cities*, p.386.

88 Dewey, *The Public and Its Problems*, p.370.

89 在这一点上，我不同意约翰·弗里德曼得出的结论。他认为芒福德的思想基础并非实用主义的，尽管他承认芒福德于20世纪30年代在社会学习中曾经展现出杜威式的方法。See Friedmann, *Planning in the Public Domain: From Knowledge to Action* (Princeton, NJ: Princeton University Press, 1987), pp. 198—200. 我认为弗里德曼并没有看到芒福德规划方法中的实用主义逻辑，也忽视了芒福德的社会民主承诺折射杜威观念的程度。弗里德曼将杜威视为技术统治论者，认为杜威只支持专家在规划和政策中的意见；我认为这是弗里德曼误读的核心内容。与弗里德曼的形容相比，杜威实际上更是一位"激进"的民主主义者。See Westbrook, *John Dewey and American Democracy*. 这是关于杜威强烈的民主主义特质最有说服力的著作之一。

90 Donald Worster, *A River Running West: The Life of John Wesley Powell* (New York: Oxford University Press, 2001), p. 552.

91 Thomas P. Hughes, *Human-Built World* (Chicago: University of Chicago Press, 2004).

214

第四章

1 J. Baird Callicott and Michael P. Nelson, eds., *The Great New Wilderness Debate* (Athens: University of Georgia Press, 1998).

2 Larry Anderson, *Benton MacKaye: Conservationist, Planner, and Creator of the Appalachian Trail* (Baltimore: Johns Hopkins University Press, 2002). 除了安德森的作品外，近期还有一些著作很好地探讨了麦克凯耶的环境思想。See Robert McCullough, *The Landscape of Community. A History of Communal Forests in New England* (Hanover, NH: University Press of New England, 1995); Mark Luccarelli, *Lewis Mumford and the Ecological Region. The Politics of Planning* (New York: Guilford Press, 1995); Spann, *Designing Modern America*; Keller Easterling, *Organization Space: Landscapes, Highways, and Houses in America* (Cambridge, MA: MIT Press, 1999); Paul S. Sutter, *Driven Wild: How the Fight Against Automobiles Launched the Modern Wilderness Movement* (Seattle: University of Washington Press, 2002); Matthew Dalbey, *Regional Visionaries and Metropolitan Boosters: Decentralization, Regional Planning, and Parkways During the Interwar Years* (Boston: Kluwer Academic Publishers, 2002). 托尼·希斯广为流传的作品则较早地开启了对麦克凯耶思想研究的复兴之门。See Tony Hiss, *The Experience of Place* (New York: Random House, 1990).

3 对于自然资源保护史和环境史上的这种语境趋势更加详尽的分析，参见Ben A. Minteer and Robert E. Manning, eds., *Reconstructing Conservation: Finding Common Ground* (Washington, DC: Island Press, 2003)。

4 关于环境伦理的修正主义、多元主义立场描述，参见Andrew Light and Eric Katz,

eds., *Environmental Pragmatism* (London: Routledge, 1996)。

5 Josiah Royce, *The Religious Aspect of Philosophy* (Boston: Houghton Mifflin, 1885).

6 Josiah Royce, *The World and the Individual* (New York: Macmillan, 1900—1901).

7 Josiah Royce, *The Philosophy of Loyalty* (New York: Macmillan, 1908).

8 Josiah Royce, *The Problem of Christianity* (New York: Macmillan, 1913).

9 正如约翰·克兰登宁记载，罗伊斯曾经提及自己作为“真正纯粹的实用主义者”开启了哲学生涯，并且自认其成熟的哲学为一种“绝对实用主义”。See John Clendenning, *The Life and Thought of Josiah Royce* (Nashville, TN: Vanderbilt University Press, 1999, rev. ed.), p. 286.

215 10 关于罗伊斯与杜威对社群理解的相似性，参见John E. Smith, “The Value of Community: Dewey and Royce,” in his *America's Philosophical Vision* (Chicago: University of Chicago Press, 1992), pp. 139—152。

11 Josiah Royce, *Race Questions, Provincialism, and Other American Problems* (New York: Macmillan, 1908).

12 Josiah Royce, *The Basic Writings of Josiah Royce*, John J. McDermott, ed., vol. 2 (Chicago: University of Chicago Press, 1969), p. 1067.

13 Royce, *The Basic Writings of Josiah Royce*, p. 1069.

14 Royce, *The Basic Writings of Josiah Royce*, p. 1070.

15 Royce, *The Basic Writings of Josiah Royce*, p. 1088.

16 Joshua Cohen, ed., *For Love of Country: Debating the Limits of Patriotism* (Boston: Beacon Press, 1996).

17 Royce, *The Basic Writings of Josiah Royce*, vol. 2, p. 1072.

18 关于将罗伊斯的社群主义理论应用到现代家庭、教育和医学问题上的富有创造力的尝试，参见Jacquelyn Ann K. Kegley, *Genuine Individuals and Genuine Communities: A Roycean Public Philosophy* (Nashville, TN: Vanderbilt University Press, 1997)。

19 Royce, *The Basic Writings of Josiah Royce*, p. 1074.

20 John Dewey, *The Public and Its Problems*, in volume 2 of *John Dewey: The Later Works*, Jo Ann Boydston, ed. (Carbondale: Southern Illinois University Press, 1984 [orig. 1927]), p. 296.

21 Gustave Le Bon, *The Crowd: A Study of the Popular Mind* (London: T. F. Unwin, 1897, 2nd ed.).

22 Royce, *The Basic Writings of Josiah Royce*, p. 1079.

23 John J. McDermott, “Josiah Royce's Philosophy of the Community: The Danger of the Detached Individual,” in Marcus Singer, ed., *American Philosophy* (Cambridge: Cambridge University Press, 1985), pp. 153—176; quote on p. 172.

24 R. 杰克逊·威尔森观察到，“当[罗伊斯哲学系统中的]绝对主义渐渐淡去，罗伊斯对于社群形式的关注逐渐增长。最终，绝对主义会从他的思想中完全消失，被社群概念所取代”。See R. Jackson Wilson, *In Quest of Community. Social Philosophy in the United States*, 1860—1920 (New York: Wiley, 1968), p. 165.

25 Josiah Royce, *The Hope of the Great Community* (New York: Macmillan, 1916).

26 Royce, *The Hope of the Great Community*, pp. 51—52.

27 我从迈克尔·埃尔德里奇的著作中借鉴了“政治技术”一词。See Michael Eldridge, *Transforming Experience, John Dewey's Cultural Instrumentalism* (Nashville, TN: Vanderbilt University Press, 1998).

28 Paul Bryant, “The Quality of the Day: The Achievement of Benton MacKaye” (Ph. D. dissertation, University of Illinois, 1965), passim.

216

29 Bryant, “The Quality of the Day,” p. 55.

30 Anderson, *Benton MacKaye*, p.31.

31 谢勒还是一位多元发生论者、种族主义者、反犹太主义者，因此他留给当代环保主义的遗产中也有糟粕。See David N. Livingston, *Nathaniel Southgate Shaler and the Culture of American Science* (Tuscaloosa: University of Alabama Press, 1987).

32 Livingston, *Nathaniel Southgate Shaler*, p. 196.

33 Anderson, *Benton MacKaye*, p.32.

34 Bryant, “The Quality of the Day,” pp. 58—59.

35 事实上，麦克凯耶对于当时的哲学和政治讨论非常感兴趣。正如保罗·布莱恩特和拉里·安德森在他们的传记作品中所写，麦克凯耶在哈佛大学担任林业教员的时候，他的房间成为哈佛社会主义社固定的聚会场所，该社成员中包括当时以及未来的杰出公共知识分子林肯·斯蒂芬斯和沃尔特·李普曼等人。See Bryant, “The Quality of the Day,” p.84; Anderson, *Benton MacKaye*, pp. 59—60. 这让我得出结论，麦克凯耶的思想与罗伊斯相协调，尤其在麦克凯耶听取了这位哲学家的课之后。我当然也知道，关于思想来源这样回顾性的判断通常都很难，必须十分谨慎才能做出结论。然而，我还是认为做出这样的结论是合理的，尤其在借鉴了麦克凯耶传记中详尽的细节之后。更重要的是，我对罗伊斯与麦克凯耶对美国地方主义受到的威胁以及更广泛的社群承诺的共同关注的讨论，为罗伊斯对麦克凯耶产生了有趣的哲学影响，提供了一个虽然间接但有说服力的观点。

36 Benton MacKaye, *Employment and Natural Resources* (Washington, DC: Government Printing Office, 1919).

37 尽管得到了《新共和》杂志的认可和刊登，麦克凯耶的再殖民计划还是随着战后政府项目的缩减而不了了之。对此麦克凯耶曾经表示，“华盛顿就像马戏团帐篷一样坍塌了”。Quoted in Spann, *Designing Modern America*, p.5.

38 Anderson, *Benton MacKaye*, pp. 143—145.

39 Benton MacKaye, “An Appalachian Trail: A Project in Regional Planning,” *Journal of the American Institute of Architects* 9 (1921): 3—8; quote on p.3.

40 MacKaye, “An Appalachian Trail,” quote on p. 3.

41 MacKaye, "An Appalachian Trail," p. 5.

42 Bryan G. Norton, *Why Preserve Natural Variety?* (Princeton, NJ: Princeton University Press, 1987), p. 189.

43 Bob Pepperman Taylor, *America's Bachelor Uncle. Thoreau and the American Polity* (Lawrence: University Press of Kansas, 1996), p. 90.

217

44 Henry David Thoreau, *Walden*, collected in *Henry David Thoreau* (New York: Library of America, 1985), p. 575.

45 我将梭罗视为政治思想家和社会批评家的观点，很大程度上来自鲍勃·派珀曼·泰勒的作品。他在许多著作中阐述了对梭罗《瓦尔登湖》的另一种解读，包括*Our Limits Transgressed: Environmental Political Thought in America* (Lawrence: University Press of Kansas, 1992) 以及前文提过的*America's Bachelor Uncle*。

46 Thoreau, *Walden*, p. 551.

47 Walter Benn Michaels, "Walden's False Bottoms," *Glyph* 1 (1977): 132—149.

48 关于梭罗作品中这一重要思想的完整探讨，参见Taylor, *America's Bachelor Uncle*。

49 Benton MacKaye, "On the Purpose of the Appalachian Trail," unpublished manuscript, MacKaye Family Papers, Dartmouth College Library, box 183, folder 57, p. 2.

50 Benton MacKaye, *The New Exploration: A Philosophy of Regional Planning* (Harpers Ferry, WV, and Urbana-Champaign: The Appalachian Trail Conference and the University of Illinois Press, 1990 [orig. 1928]), p. 166.

51 MacKaye, "On the Purpose," MacKaye Family Papers, Dartmouth College Library, box 183, folder 57, p. 1.

52 MacKaye, Untitled and unpublished manuscript, MacKaye Family Papers, Dartmouth College Library, box 183, folder 30, p. 5.

53 Benton MacKaye, "Our Common Mind," unpublished manuscript, MacKaye Family Papers, Dartmouth College Library, box 183, folder 34, p. 7.

54 Benton MacKaye, "Cultural Aspects of Regionalism," unpublished manuscript, MacKaye Family Papers, Dartmouth College Library, box 184, folder 29, p. 4.

55 Bernard Bailyn, *To Begin the World Anew. The Genius and Ambiguities of the American Founders* (New York: Knopf, 2003), quote on p.4.

56 Bailyn, *To Begin the World Anew*, pp. 35—36.

57 MacKaye, *The New Exploration*, pp. 118—119; emphasis in original.

58 Benton MacKaye, Address to the Appalachian Trail Conference, Gatlinburg, Tennessee, 1931. MacKaye Family Papers, Dartmouth College Library, box 184, folder 40, p. 4.

59 正如拉里·安德森所写的那样，麦克凯耶在阿巴拉契亚小径工作结束后的几十年里，依然坚持广泛的人类中心环保主义立场，虽然直至20世纪50年代，他似乎对于自然资源保护政策可选择的理由持有更加开放的态度，包括安德森认为在奥尔多·利奥波德对社群生态学的借鉴及其对荒野和土地健康目标的思想激发下的某种生物中心论根据。然而，我虽然并不认为麦克凯耶真的持有“纯粹”的生物中心世界观（正如我在下一章中阐述的那样，利奥波德的土地健康观念具有重要的人本主义元素），我却赞同麦克凯耶的荒野思想于20世纪50年代初呈现一种更偏向生态和自然保存主义的政策倾向，这一点与利奥波德一样。See Anderson, *Benton MacKaye*, pp. 325—326.

218

60 Royce, *Basic Writings*, p. 953.

61 Royce, *Basic Writings*, pp. 1087—1088. 还有几位学者曾经探讨过美国区域规划协会中环保主义者彼此愿景的相似性以及罗伊斯对地方主义的理解，虽然他们不曾单独将麦克凯耶视为这种思想线索的直接继承人（如同我所做的这样）。See Christopher Tunnard and Henry Hope Reed, *American Skyline: The Growth and Form of our Cities and Towns* (Boston: Houghton Mifflin, 1955); and John L. Thomas, “Holding the Middle Ground,” in Robert Fishman, ed., *The American Planning Tradition* (Washington, DC: Woodrow Wilson Center Press, 2000), pp. 33—63.

62 历史学家罗伯特·海恩在探讨罗伊斯的思想对美国西部产生的哲学影响时，认为罗伊斯实际上与生物中心的荒野倡导者约翰·缪尔有许多共同之处。海恩写道：“罗伊斯与缪尔都赞同先锋的实用主义，但是正如阿尔伯特·比奥斯塔特描绘西部山峦一样，他们将其裹在精神的光辉中。” See Robert Hine, “The American West as Metaphysics: A Perspective on Josiah Royce,” *Pacific Historical Review* 58 (1989): 267—291, quote on p. 281. 然而，就更深刻的形而上观点而言，我同意罗伊斯与缪尔的超验主义距离更近，而不是麦克凯耶更偏物质主义的观点；而且与缪尔众所周知的个人主义及其对大部分美国公民生活的轻蔑相比，罗伊斯的社会哲学与麦克凯耶的社群主义更加和谐。

63 MacKaye, “An Appalachian Trail,” p. 6.

64 MacKaye, “An Appalachian Trail,” passim.

65 Benton MacKaye, Address to the Appalachian Trail Conference. MacKaye Family Papers, Dartmouth College Library, box 184, folder 40, p. 3.

66 Mark Luccarelli, *Lewis Mumford and the Ecological Region. The Politics of Planning* (New York: Guilford Press, 1995), p. 77.

67 John L. Thomas, “Lewis Mumford, Benton MacKaye, and the Regional Vision,” in Thomas P. Hughes and Agatha C. Hughes, eds., *Lewis Mumford, Public Intellectual* (New York Oxford University Press 1990), pp. 66—99.

68 Spann, *Designing Modern America*, p. 39.

69 Lewis Mumford, “Introduction,” in Benton MacKaye, *New Exploration*, p. xv.

70 Aldo Leopold, “The Wilderness and Its Place in Forest Recreational Policy,” *Journal of Forestry* 19 (1921): 718—721.

71 Paul S. Sutter, “‘A Blank Spot on the Map’: Aldo Leopold, Wilderness, and U. S.

219 Forest Service Recreational Policy, 1909—1924," *Western Historical Quarterly* 29 (1998): 187—214, quote on p. 213. Sutter, Driven Wild, chapter 3.

72 这种转变在柯特·迈因的权威传记作品中表述得十分清楚。See Curt Meine, *Aldo Leopold. His Life and Work* (Madison: University of Wisconsin Press, 1988), esp. pp. 340—361.

73 Aldo Leopold, letter to Benton MacKaye, MacKaye Family Papers, Dartmouth College Library, box 167, folder 2.

74 MacKaye, *The New Exploration*, p. 202.

75 MacKaye, Untitled and unpublished manuscript, MacKaye Family Papers, Dartmouth College Library, box 183, folder 30, p. 2.

76 Ronald Foresta, "The Transformation of the Appalachian Trail," *Geographical Review* 77 (1987): 76—85.

77 Robert Gottlieb, *Forcing the Spring: The Transformation of the American Environmental Movement* (Washington, DC: Island Press, 1993), p. 74.

78 Robert Dorman, *Revolt of the Provinces. The Regionalist Movement in America, 1920—1945*. (Chapel Hill: University of North Carolina Press, 1993), pp. 318—319.

79 William Cronon, "The Trouble with Wilderness; or, Getting Back to the Wrong Nature," in W. Cronon, ed., *Uncommon Ground. Rethinking the Human Place in Nature* (New York: W. W. Norton, 1996), pp. 69—90.

80 Cronon, "The Trouble with Wilderness," pp. 80—81.

81 Cronon, "The Trouble with Wilderness," p.80.

82 Gary Snyder, "Nature as Seen from Kitkitdizze Is No 'Social Construction,' " *Wild Earth* 6 (1996/1997): 8—9.

83 Holmes Rolston III, "Nature for Real: Is Nature a Social Construct?" in T. D. J. Chappell, ed., *The Philosophy of the Environment* (Edinburgh: Edinburgh university Press, 1997), pp. 38—64; quote on p. 49.

84 Cronon, "The Trouble with Wilderness," p.89.

85 Dave Foreman, *Rewilding North America: A Vision for Conservation in the 21st Century* (Washington, DC: Island Press, 2004).

86 Michael Soulé and Reed Noss, "Rewilding and Biodiversity: Complementary Goals for Continental Conservation," *Wild Earth Fall* (1998): 1—11; quote on p.8.

87 弗曼写道，再野生化的愿景"由于其大胆、科学上可靠、实践上可行，而且充满希望而脱颖而出……它大胆，因为它提供了一个一切如常的明确选择，它敢于说出阻止我们与自然之间战争的必要行动。通过施以最佳生态研究设定目标并引导被保护地区的选择、设计和重建，它做到了在科学上可信……通过利用公民自然资源保护运动的丰富经验，编织实践再野生化愿景的策略，使该愿景在

220 实践上可行"。See Foreman, *Rewilding North America*, p. 143.

88 Leslie Paul Thiele, *Environmentalism for a New Millennium. The Challenge of*

Coevolution (New York: Oxford University Press, 1999).

第五章

1 Aldo Leopold, *A Sand County Almanac* (Oxford, UK: Oxford University Press, 1989 [orig. 1949]).
2 Rachel Carson, *Silent Spring* (Boston: Houghton Mifflin, 1962).
3 Curt Meine, *Aldo Leopold: His Life and Work* (Madison: University of Wisconsin Press, 1988), p. 35.
4 Susan L. Flader, *Thinking Like a Mountain: Aldo Leopold and the Evolution of an Ecological Attitude Toward Deer, Wolves, and Forest*s (Madison: University of Wisconsin Press, 1994, reprint ed.), p. 8.
5 Flader, *Thinking Like a Mountain*, pp. 10—12.
6 Flader, *Thinking Like a Mountain*, p. 15.
7 Aldo Leopold, "The Wilderness and Its Place in Forest Recreation Policy," *Journal of Forestry* 19 (1921): 718—721.
8 Meine, *Aldo Leopold*, p. 197.
9 Aldo Leopold, "Conserving the Covered Wagon," and "Wilderness as a Form of Land Use," in Susan Flader and J. Baird Callicott, eds., *The River of God and other Essays by Aldo Leopold* (Madison: University of Wisconsin Press, 1991), pp. 128—132 and 134—142, respectively.
10 Flader, *Thinking Like a Mountain*, pp. 16—18.
11 Aldo Leopold, "Some Fundamentals of Conservation in the Southwest." *Environmental Ethics* 8 (1979): 195—220.
12 Meine, *Aldo Leopold*, p. 234.
13 Aldo Leopold, "The Home Builder Conserves," in Flader and Callicott, *River*, pp. 143—147.
14 Meine, *Aldo Leopold*, p. 262.
15 Meine, *Aldo Leopold*, p. 279.
16 Aldo Leopold, *Game Management* (New York: Charles Scribners Sons, 1933).
17 Aldo Leopold, "The Conservation Ethic," in Flader and Callicott, *River*, pp. 181—192.
18 Leopold, "Conservation Ethic," in Flader and Callicott, *River*, p. 183 (emphasis in original).
19 Leopold, "Conservation Ethic," in Flader and Callicott, *River*, p. 182.
20 Meine, *Aldo Leopold*, p. 313.
21 Susan Flader, "Aldo Leopold's Sand County," in J. Baird Callicott, ed., *A Companion to A Sand County Almanac* (Madison: University of Wisconsin Press, 1987), pp. 40—62.

22 Paul S. Sutter, *Driven Wild: How the Fight Against Automobiles Launched the Modern Wilderness Movement* (Seattle: University of Washington Press, 2002).

23 Meine, *Aldo Leopold*, pp. 353—356.

24 Aldo Leopold, Unpublished 1947 foreword to A Sand County Almanac, in J. Baird Callicott, ed., *A Companion to A Sand County Almanac* (Madison: University of Wisconsin Press, 1987), pp. 281—288; quote on pp. 285—286.

25 Aldo Leopold, "A Biotic View of Land," in Flader and Callicott, *River*, pp. 266—273.

26 Leopold, "A Biotic View of Land," in Flader and Callicott, *River*, pp. 266—267.

27 Leopold, "A Biotic View of Land," in Flader and Callicott, *River*, p. 269.

28 Leopold, "A Biotic View of Land," in Flader and Callicott, *River*, pp. 269—270.

29 Charles S. Elton, *Animal Ecology* (Chicago: University of Chicago Press, 2001 [orig. 1926]).

30 Meine, *Aldo Leopold*, p. 284.

31 Arthur G. Tansley, "The Use and Abuse of Vegetational Concepts and Terms," *Ecology* 16: 284—307. 其他关于生态系统生态学发展的有用历史探讨，参见 Robert P. McIntosh, *The Background of Ecology: Concept and Theory* (Cambridge: Cambridge University Press, 1985); Joel B. Hagen, *An Entangled Bank: The Origins of Ecosystem Ecology* (New Brunswick, NJ: Rutgers University Press, 1992); Frank Benjamin Golley, *A History of the Ecosystem Concept in Ecology* (New Haven, CT: Yale University Press, 1996)。

32 Meine, *Aldo Leopold*, pp. 458—459.

33 Meine, *Aldo Leopold*, pp. 437—452.

34 Flader, *Thinking Like a Mountain*, p. 237.

35 这篇文章出现在 Flader and Callicott, *River*, pp. 330—335。

36 Aldo Leopold, "The Ecological Conscience," in Flader and Callicott, *River*, pp. 338—346.

37 Aldo Leopold, "The Ecological Conscience," in Flader and Callicott, *River*, p. 345.

38 Curt Meine, "Moving Mountains: Aldo Leopold and A Sand County Almanac," in Richard L. Knight and Suzanne Riedel, eds., *Aldo Leopold and the Ecological Conscience* (Oxford: Oxford University Press, 2002), pp. 14—31; cit, p. 25.

39 Leopold, *A Sand County Almanac*, pp. 224—225.

40 Leopold, *A Sand County Almanac*, pp. 214—221.

41 Leopold, *A Sand County Almanac*, p. 223.

42 Leopold, *A Sand County Almanac*, p. 204.

43 J. Baird Callicott, "The Conceptual Foundations of the Land Ethic," in Callicott ed., *A Companion to A Sand County Almanac*, pp. 186—217.

44 Bill Devall and George Sessions, *Deep Ecology: Living as if Nature Mattered* (Salt Lake City, UT: Gibbs Smith, 1985), esp .pp. 85—86.

45 Max Oelschlaeger, *The Idea of Wilderness: From Prehistory to the Age of Ecology* (New Haven, CT: Yale University Press, 1991), p. 242.

46 Eric Katz, "The Traditional Ethics of Natural Resource Management," in Richard L. Knight and Sarah F. Bates, eds., *A New Century for Natural Resources Management* (Washington, DC: Island Press, 1995), pp. 101—116.

47 Bryan G. Norton, "The Constancy of Leopold's Land Ethic," *Conservation Biology* 2 (1988): 93—102.

48 诺顿在接下来的多年间持续强调利奥波德的实用主义者立场。例如在1995年发表在《环境伦理》杂志的一篇文章中，诺顿认为利奥波德的土地伦理不应被视为对自然道德状况问题的解读，而是最好被理解为就如何管理作为复杂生态系统的土地的实用建议，最终以对一系列广泛的工具主义价值诉求来评判这种管理。See Bryan G. Norton, "Why I am Not a Nonanthropocentrist: Callicott and the Failure of Monistic Inherentism," *Environmental Ethics* 17 (1995): 341—358. 近期，诺顿又发表文章表示，利奥波德的实用主义和生态世界观使其成为当代生态系统适应性管理的重要先驱之一。See Bryan G. Norton, "Pragmatism, Adaptive Management, and Sustainability," *Environmental Values 8* (1999): 451—466; and Norton, *Sustainablity: A Philosophy of Adaptive Ecosystem Management* (Chicago: University of Chicago Press, 2005).

49 Larry A. Hickman, "Nature as Culture: John Dewey's Pragmatic Naturalism," in Andrew Light and Eric Katz, eds., *Environmental Pragmatism* (London: Routledge, 1996), pp. 50—72; quote on p. 61.

50 Hickman, "Nature as Culture," in Andrew Light and Eric Katz, eds., *Environmental*, p. 66; emphasis added.

51 Susan Flader, "Aldo Leopold and the Evolution of a Land Ethic," in Thomas Tanner, ed., *Aldo Leopold: The Man and His Legacy* (Ankeny, IA: Soil Conservation Society of America, 1987), pp. 3—24, p. 22 (footnote).

52 Callicott, "Conceptual Foundations," in Callicott, *Companion to A Sand County Almanac*, p. 214.

53 Bob Pepperman Taylor, "Aldo Leopold's Civic Education," in Ben A. Minteer and Bob Pepperman Taylor, eds., *Democracy and the Claims of Nature: Critical Perspectives for a New Century* (Lanham, MD: Rowman & Littlefield, 2002), pp. 173—187.

54 Taylor, "Aldo Leopold's Civic Education," in Ben A. Minteer and Bob Pepperman Taylor, eds., *Democracy and the Claims of Nature*, p. 180.

55 Susan Flader, "Building Conservation on the Land: Aldo Leopold and the Tensions of Professionalism and Citizenship," in Ben A. Minteer and Robert E. Manning, eds., *Reconstructing Conservation: Finding Common Ground* (Washington, DC: Island Press, 2003), pp. 115—132.

223

56 Flader, "Building Conservation on the Land: Aldo Leopold and the Tensions of

Professionalism and Citizenship," in Ben A. Minteer and Robert E. Manning, eds., *Reconstructing Conservation*, pp. 125—127.

57 Aldo Leopold, "The Civic Life of Albuquerque," September 27, 1918. Aldo Leopold Papers, University of Wisconsin-Madison Library.

58 Leopold, "The Civic Life," p. 1.

59 Leopold, "The Civic Life," p. 3.

60 Leopold, "The Civic Life," p. 5.

61 Leopold, "The Civic Life," p. 6.

62 关于社会中心和城市美化运动的有趣探讨，参见Kevin Mattson, *Creating a Democratic Public: The Struggle for Urban Participatory Democracy during the Progressive Era* (University Park: Pennsylvania State university Press, 1997)。

63 Aldo Leopold, "Pioneers and Gullies," in Flader and Callicott, *River*, pp. 106—113; quote on p. 110.

64 Leopold, "Pioneers and Gullies," in Flader and Callicott, *River*, pp. 112—113; emphasis added.

65 Leopold, "Wilderness as a Form of Land Use," in Flader and Callicott, *River*, pp. 139—140.

66 Aldo Leopold, "Conservation Economics," in Flader and Callicott, *River*, pp. 193—202.

67 Leopold, "Conservation Economics," in Flader and Callicott, *River*, p. 200.

68 Leopold, "Conservation Economics," in Flader and Callicott, *River*, p. 201.

69 Leopold, "Conservation Economics," in Flader and Callicott, *River*, p. 202.

70 Aldo Leopold, "Wilderness," in Flader and Callicott, *River*, pp. 226—229; quote on p. 228.

71 Leopold, "A Biotic View of Land," in Flader and Callicott, *River*, pp. 266—273; quote on p. 266.

72 Aldo Leopold, "Wilderness as a Land Laboratory," in Flader and Callicott, *River*, pp. 287—289.

73 Aldo Leopold, "Conservation: In Whole or In Part?" in Flader and Callicott, *River*, pp. 310—319.

74 "The Land-Health Concept and Conservation," in Callicott and Freyfogle, *Health of the Land*, pp. 218—226.

75 Aldo Leopold, "Biotic Land-Use," in J. Baird Callicott and Eric T. Freyfogle, eds., *For the Health of the Land: Previously Unpublished Essays and Other Writing* (Washington, DC: Island Press, 1999), pp. 198—207; quote on p. 202.

76 Leopold, "Biotic Land-Use," in J. Baird Callicott and Eric T. Freyfogle, eds., *For the Health of the Land*, p. 203.

77 Leopold, "Biotic Land-Use," in J. Baird Callicott and Eric T. Freyfogle, eds., *For the Health of the Land*, p. 205.

78 关于生态弹性概念的更多内容，参见C. S. Holling, “Resilience and Stability of Ecological Systems,” *Annual Review of Ecology and Systematics* 4 (1973): 1—24; C. S. Holling and Lance H. Gunderson, “Resilience and Adaptive Cycles,” in Lance H. Gunderson and C. S. Holling, eds., *Panarchy: Understanding Transformations in Human and Natural Systems* (Washington, DC: Island Press, 2002), pp. 25—62。

79 关于当代生态健康范例的讨论，参见Robert Costanza, Bryan G. Norton, Benjamin D. Haskell, eds., *Ecosystem Health: New Goals for Environmental Management* (Washington, DC: Island Press, 1992); David Rapport, Robert Costanza, Paul R. Epstein, Connie Gaudet, Richard Levins, eds., *Ecosystem Health* (Malden, MA: Blackwell, 1998)。在当代美国土地利用和物权法的探讨中，艾瑞克・弗雷福格就奥尔多・利奥波德及其土地健康概念的规范性和立法性含义著述颇丰。See Eric Freyfogle, *Bounded People, Boundless Lands: Envisioning a New Land Ethic* (Washington, DC: Island Press, 1998),*The Land We Share: Private Property and the Common Good* (Washington, DC: Island Press, 2003).

80 Leopold, “Conservation: In Whole or In Part?” in Flader and Callicott, *River*, p. 310.

81 J. Baird Callicott, *Beyond the Land Ethic: More Essays in Environmental Philosophy* (Albany: State University of New York Press, 1999), p. 342.

82 Leopold, “Conservation: In Whole or In Part?” in Flader and Callicott, *River*, p. 316.

83 Leopold, “Conservation: In Whole or In Part?” in Flader and Callicott, *River*, p. 315.

84 Leopold, “Conservation: In Whole or In Part?” in Flader and Callicott, *River*, p. 317.

85 Leopold, “Conservation: In Whole or In Part?” in Flader and Callicott, *River*, p. 319.

86 Aldo Leopold, “Planning for Wildlife,” in J. Baird Callicott and Eric T. Freyfogle, eds., *For the Health of the Land*, pp. 193—198; quote on p. 194.

87 Aldo Leopold, “Land-Use and Democracy,” in Flader and Callicott, *River*, pp. 295—300; quote on p. 300.

88 Aldo Leopold, “The Land-Health Concept and Conservation,” in J. Baird Callicott and Eric T. Freyfogle, eds., *For the Health of the Land*, pp. 218—226; quote on p. 224.

89 Leopold, “The Land-Health Concept and Conservation,” in J. Baird Callicott and Eric T. Freyfogle, eds., *For the Health of the Land*, p. 225; emphasis added.

90 Aldo Leopold, “Economics, Philosophy and Land,” November 23, 1938. Aldo Leopold Papers, University of Wisconsin-Madison Library, p. 6.

91 Leopold, *A Sand County Almanac*, p. 204.

92 Leopold, *A Sand County Almanac*, p. 221.

93 Leopold, *A Sand County Almanac*, p. 223.
94 Leopold, *A Sand County Almanac*, p. viii.
95 Aldo Leopold, "A Criticism of the Booster Spirit," in Flader and Callicott, *River*, pp. 98—105; quote on p. 105.
96 Aldo Leopold, "The Conservation Ethic," in Flader and Callicott, *River*, p. 188.
97 Aldo Leopold, "Land Pathology," in Flader and Callicott, *River*, pp. 212—217; quote on p. 217.
98 Aldo Leopold, "The Farmer as a Conservationist," in Flader and Callicott, *River*, pp. 255—265; quote on p. 259.
99 Leopold, *A Sand County Almanac*, p. ix.
100 Aldo Leopold, "Biotic Land-Use," in J. Baird Callicott and Eric T. Freyfogle, eds., *For the Health of the Land: Previously Unpublished Essays and Other Writing* (Washington, DC: Island Press, 1999), pp. 198—207; quote on pp. 206—207.
101 Leopold, *A Sand County Almanac*, p. vii.
102 Leopold, *A Sand County Almanac*, pp. 46, 100.
103 Leopold, "Wilderness as a Form of Land Use," in Susan Flader and J. Baird Callicott, eds., *The River of God and other Essays by Aldo Leopold* (Madison: University of Wisconsin Press, 1991), p. 142.
104 关于这方面更多的讨论，参见鲍勃・派珀曼・泰勒在下面文章中对利奥波德作为一位民主思想家的探讨。See "Aldo Leopold's Civic Education," in Ben A. Minteer and Bob Pepperman Taylor, eds., *Democracy and the Claims of Nature: Critical Perspectives for a New Century* (Lanham, MD: Rowman & Littlefield, 2002).
105 John Dewey, *The Public and Its Problems*, in volume 2 of *John Dewey: The Later Works*, Jo Ann Boydston, ed. (Carbondale: Southern Illinois University Press, 1984[orig. 1927]), p. 314.
106 Susan L. Flader, *Thinking Like a Mountain: Aldo Leopold and the Evolution of an Ecological Attitude Toward Deer, Wolves, and Forest*s (Madison: University of Wisconsin Press, 1994, reprint ed.), p. 225.
107 Leopold, quoted in Curt Meine, *Aldo Leopold. His Life and Work* (Madison: University of Wisconsin Press, 1988), p. 488.
108 更多关于生态系统服务的性质以及试图理解和测量它们对社会和人类经济的价值的尝试，参见Robert Costanza, Ralph d'Arge, Rudolf de Groot, Stephen Farber, Monica Grasso, Bruce Hannon, Karin Limburg, Shahid Naeem, Robert V. O'Neill, Jose Paruelo, Robert G. Raskin, Paul Sutton, and Marjan van dan Belt, "The Value of the World's Ecosystem Services and Natural Capital," *Nature* 387 (1997): 253—260; Gretchen C. Daily, ed., *Nature's Services: Societal Dependence on Natural Ecosystems* (Washington, DC: Island Press, 1997); Yvonne Baskin, *The Work of Nature: How the Diversity of Life Sustains Us* (Washington, DC: Island

Press, 1997); and Geoggrey Heal, *Nature and the Marketplace: Capturing the Value of Ecosystem Services* (Washington, DC: Island Press, 2000)。 226

109 我在下面的文章中仔细论述了这一观点："Environmental Philosophy and the Public Interest: A Pragmatic Reconciliation," *Environemtal Values* 14 (2005): 37—60。

第六章

1 Robert Elliot, "Faking Nature," *Inquiry* 25 (1982): 81—93; Eric Katz, "The Big Lie: Human Restoration of Nature," *Research in Philosophy and Technology* 12 (1992): 231—241.

2 Andrew Light, "Ecological Restoration and the Culture of Nature: A Pragmatic Perspective," in Paul H. Gobster and R. Bruce Hull. Eds., *Restoring Nature: Perspectives form the Social Sciences and Humanities* (Washington, DC: Island Press, 2000), pp. 49—70; and "Restoring Ecological Citizenship," in Ben A. Minteer and Bob Pepperman Taylor, eds., *Democracy and the Claims of Nature: Critical Perspectives for a New Century* (Lanham, MD: Rowman & Littlefield, 2002), pp. 153—172.

3 Eric Higgs, *Nature by Design: People, Natural Process, and Ecological Restoration* (Cambridge, MA: MIT Press, 2003); William Jordan III, *The Sun-flower Forest: Ecological Restoration and the New Communion with Nature* (Berkeley: University of California Press, 2003).

4 Margaret Palmer, Emily Bernhardt, Elizabeth Chornesky, Scott Collins, Andrew Dobson, Clifford Duke, Barry Gold, Robert Jacobson, Charon Kingsland, Rhonda Kranz, Michael Mappin, M. Luisa Martinez, Fiorenza Micheli, Jennifer Morse, Michael Pace, Mercedes Pascual, Stephen Palumbi, O. J. Reichman, Ashley Simons, Alan Townsend, and Monica Turner, "Ecology for a Crowded Planet," *Science* 304 (2004): 1251—1252; quote on p. 1252.

5 Michael L. Rosenzweig, *Win-Win Ecology: How Earth's Species can Survive in the Midst of Human Enterprise* (Oxford: Oxford University Press, 2003).

6 Paul B. Thompson, *The Spirit of the Soil: Agriculture and Environmental Ethics* (London: Routledge, 1995).

7 Donald VanDe Veer and Christine Pierce, eds., *The Environmental Ethics & Policy Book: Philosophy Ecology, Economics* (Belmont, CA: Thomson Wadsworth, 2003, 3rd ed.).

8 Deane Curtin, "Making Peace with the Earth: Indigenous Agriculture and the Green Revolution," *Environmental Ethics* 17 (1995): 59—73; Michaelle L. Browers, "Jefferson's Land Ethic: Environmentalist Ideas in Notes on the State of Virginia," *Environmental Ethics* 21 (1999): 43—57; Peter S. Wenz, "Pragmatism in Practice: The Efficiency of Sustainable Agriculture," *Environmental Ethics* 21 (1999):

341—400; John L. Paterson, "Conceptualizing Stewardship in Agriculture within the Christian Tradition," *Environmental Ethics* 25 (2003): 43—58; and Kimberly Smith, "Black Agrarianism and the Foundations of Black Environmental Thought," *Environmental Ethics* 26 (2004): 267—286.

227

9 Lynn White, Jr., "The Historical Roots of Our Ecologic Crisis," *Science* 155 (1967): 1203—1207.

10 White, "The Historical Roots of Our Ecologic Crisis," p. 1205.

11 Paul B. Thompson, "Expanding the Conservation Tradition: The Agrarian Vision," in Ben A. Minteer and Robert E. Manning, eds., *Reconstructing Conservation: Finding Common Ground* (Washington, DC: Island Press, 2003), pp. 77—92; and James A. Montmarquet, *The Idea of Agrarianism: From Hunter-Gatherer to Agrarian Radical in Western Culture* (Moscow: University of Idaho Press, 1989).

12 Thompson, "Expanding the Conservation Tradition," p. 83.

13 Eric T. Freyfogle, ed., *The New Agrarianism: Land, Culture, and the Community of Life* (Washington, DC: Island Press, 2001); and Norman Wirzba, ed., *The Essential Agrarian Reader: The Future of Culture, Community, and the Land* (Lexington: University Press of Kentucky, 2003).

14 Randal S. Beeman and James A. Pritchard, *A Green and Permanent Land: Ecology and Agriculture in the Twentieth Century* (Lawrence: University Press of Kansas, 2001).

15 然而正如毕曼和普里查德指出，农业机构也常常使用"可持续发展农业"这一说法，常常会稀释运动的生态和社会元素。See *A Green and Permanent Land*, esp. pp. 146—153.

16 Beeman and Pritchard, *A Green and Permanent Land*, chapter 5.

17 Evan Eisenberg, "Back to Eden," *Atlantic Monthly*, November (1989): 57—89.

18 Eisenberg, "Back to Eden," p. 59.

19 Judith D. Soule and Jon K. Piper, *Farming in Nature's Image: An Ecological Approach to Agriculture* (Washington, DC: Island Press, 1992); Stuart L. Pimm, "In Search of Perennial Solutions," *Nature* 389 (1997): 126—127.

20 Wes Jackson, "Nature as the Measure for a Sustainable Agriculture," in VanDe Veer and Pierce, *Environmental Ethics & Policy*, pp. 508—515.

21 关于土地研究所某些实验项目结果的广泛探讨，参见Soule and Piper, *Farming in Nature's Image*, pp. 180—192; Janine M. Benyus, *Biomimicry: Innovation Inspired by Nature* (New York: Perennial/HarperCollins, 2002, reissue), pp. 27—35; Wes Jackson, "Natural Systems Agriculture: A Truly Radical Alternative," *Agriculture, Ecosystems and Environment* 88 (2002), 111—117。

22 Wes Jackson, "Natural Systems Agriculture," pp. 114—115.

23 Wes Jackson, "Aldo Leopold: Central Figure for Prairie Festival 1998," available online at http://www.landinstitute.org.

228

24 Wes Jackson, *Becoming Native to this Place* (Washington, DC: Counterpoint, 1996), esp. chapter 2.

25 Wes Jackson, "Nature as the Measure for a Sustainable Agriculture," pp. 508—509.

26 Wes Jackson, *New Roots for Agriculture* (San Francisco: Friends of the Earth, 1980).

27 Jackson, *New Roots*, p. 141.

28 Jackson, *Altars of Unhewn Stone: Science and the Earth* (San Francisco: North Point Press, 1987), p. 6.

29 Jackson, "Nature as the Measure," in VanDe Veer and Pierce, *Environmental Ethics & Policy*, p. 509.

30 Jackson, "Nature as the Measure," in VanDe Veer and Pierce, *Environmental Ethics & Policy*, p. 512.

31 Jackson, "Nature as the Measure," in VanDe Veer and Pierce, *Environmental Ethics & Policy*.

32 Jackson, "Natural Systems Agriculture," p. 113.

33 Jackson, *Altars of Unhewn Stone*, p. 35.

34 Jackson, *Altars of Unhewn Stone*, p. 114.

35 Jackson, *Altars of Unhewn Stone*, p. 114.

36 Jackson, *Altars of Unhewn Stone*, p. 36.

37 Jackson, *Altars of Unhewn Stone*, pp. 12—13.

38 Wes Jackson, "Matfield Green," in William Vitek and Wes Jackson, eds., *Rooted in the Land: Essays on Community and Place* (New Haven, CT: Yale University Press, 1996) pp. 95—103; quotes on pp. 96, 101.

39 Morton White and Lucia White, *The Intellectual Versus the City* (Cambridge, MA: MIT Press/Harvard University Press, 1962); John J. McDermott, "Nature Nostalgia and the City: An American Dilemma," in *The Culture of Experience: Philosophical Essays in the American Grain* (New York: New York University Press, 1976), pp. 179—204.

40 Warwick Fox, "Introduction: Ethics and the Built Environment," in Warwick Fox, ed., *Ethics and the Built Environment* (London: Routledge, 2000), pp. 1—12; Andrew Light, "The Urban Blind Spot in Environmental Ethics," *Environmental Politics* 10 (2001): 7—35.Dale Jamieson, "The City Around Us," in Tom Regan, ed., *Earthbound: New Introductory Essays in Environmental Ethics* (Philadelphia: Temple University Press, 1984), pp. 38—73; Alastair S. Gunn, "Rethinking Communities: Environmental Ethics in an Urbanized World," *Environmental Ethics* 20 (1998): 341—360; Roger J. H. King, "Environmental Ethics and the Built Environment," *Environmental Ethics* 22 (2000): 115—131; Robert Kirkman, "Reasons to Dwell on (if Not Necessarily in) the Suburbs," *Environmental Ethics* 26 (2004): 77—96.

41 Alastair S. Gunn, "Rethinking Communities," p. 341.

42 Alastair S. Gunn, "Rethinking Communities," pp. 355; 360. Ian McHarg, *Design with Nature* (Garden City, NY: Anchor, 1969).

43 这是福克斯作品的主题之一，参见Warwick Fox, ed., *Ethics and the Built Environment* (London: Routledge, 2000)。

44 彼得·卡茨对新城市主义计划中的各种元素做了很好的介绍。See Peter Katz, *The New Urbanism: Toward an Architecture of Community* (New York: McGraw-Hill, 1994).

45 Peter Calthorpe, *The Next American Metropolis: Ecology, Community, and the American Dream* (New York: Princeton Architectural Press, 1993); Peter Calthorpe and William Fulton, *The Regional City: Planning for the End of Spraw)* (Washington, DC: Island Press, 2001).

46 Jane Jacobs, *The Death and Life of Great American Cities* (New York: Vintage Books, 1992 [orig. 1961]).

47 Joel Garreau, *Edge City: Life on the New Frontier* (New York: Anchor Books, 1991). 城市历史学家多洛雷斯·海登最近创造了更综合性的词汇"边际节点"，既包含加罗所指的大规模边城，也包含显示出类似蔓延形式的城郊小范围增长。See Dolores Hayden, *Building Suburbia: Green Fields and Urban Growth, 1820—2000* (New York: Pantheon Books, 2003), esp. chapter 8.

48 Kenneth T. Jackson, *Crabgrass Frontier: The Suburbanization of the United States* (New York: Oxford University Press, 1985).

49 Jackson, *Crabgrass Frontier*, p. 204.

50 Adam Rome, *The Bulldozer in the Countryside: Suburban Sprawl and the Rise of American Environmentalism* (Cambridge: Cambridge University Press, 2001), chapter 1; Hayden, *Building Suburbia*, chapter 7.

51 Jackson, *Crabgrass Frontier*, p. 217.

52 Jackson, *Crabgrass Frontier*, p. 249. Owen D. Gutfreund, *Twentieth-Century Sprawl: Highways and the Reshaping of the American Landscape* (Oxford: Oxford University Press, 2004).

53 Andres Duany, Elizabeth Plater-Zyberk, and Jeff Speck, *Suburban Nation: The Rise of Sprawl and the Decline of the American Dream* (New York: North Point Press, 2000).

54 Duany et al., *Suburban nation*, p. 60.

55 Christopher Lasch, *The Revolt of the Elites and the Betrayal of Democracy* (New York: W. W. Norton, 1995), pp. 117—128.

56 James Howard Kunstler, *Geography of Nowhere. The Rise and Decline of America's Man-Made Landscape* (New York: Simon and Schuster, 1993).

57 James Howard Kunstler, *Home from Nowhere: Remaking our Everyday World for the 21st Century* (New York: Simon and Schuster, 1996).

58 Kunstler, *Home from Nowhere*, pp. 54—57.

59 Kunstler, *Home from Nowhere*, p. 5.

60 Congress for the New Urbanism, *Charter of the New Urbanism* (New York: McGraw-Hill, 2000), p. v.

61 Congress, *Charter*, p. v.

62 Congress, *Charter*, pp. 23, 29.

63 Congress, *Charter*, p. 35.

64 Congress, *Charter*, pp. 113, 155; quote on p. 173.

65 Congress, *Charter*, p. 89.

66 Congress, *Charter*, p. 161.

67 Andres Duany, in Congress, *Charter*, p. 161.

68 Calthorpe, *The Next American Metropolis*, p. 43.

69 Carl J. Abbot, "The Capital of Good Planning: Metropolitan Portland Since 1970," in Robert Fishman, ed., *The American Planning Tradition* (Washington, DC: Woodrow Wilson Center Press, 2000), pp. 241—261. Martha J. Bianco, "Robert Moses and Lewis Mumford: Competing Paradigms of Growth in Portland, Oregon," *Planning Perspectives* 16 (2001): 95—114.

70 这些以及之前的数据都可以在新城市主义运动的官方网站上查询。Available at http://www.cnu.org.

71 Daniel Solomon, *Global City Blues* (Washington, DC: Island Press, 2003), pp. 212—213.

72 Ada Louise Huxtable, *The Unreal America: Architecture and Illusion* (New York: New Press, 1997); and Peter G. Rowe, *Civic Realism* (Cambridge, MA: MIT Press, 1997).

73 Andres Duany, Elizabeth Plater-Zyberk, and Jeff Speck, *Suburban Nation*, pp. 209—210.

74 Solomon, *Global City Blues*, p. 102.

75 Alex Krieger, "Arguing the 'Against' Position: New Urbanism as a Means of Building and Rebuilding our Cities," in The Seaside Institute, *The Seaside Debates: A Critique of the New Urbanism* (New York: Rizzoli, 2002), pp. 51—58; Ute Angelika Lehrer and Richard Milgrom, "New (Sub)Urbanism: Countersprawl or Repackaging the Product," *Capitalism, Nature, Socialism* 7 (1996): 49—64; and Peter Marcuse, "The New Urbanism: The Dangers so Far," *DISP* 140 (2000): 4—6.

76 关于新城市主义者的反身性、对内部批评的开放性，以及对于运动原则和实践的持续探讨，参见 Seaside Institute, *The Seaside Debates*。

77 Alex Marshall, *How Cities Work: Suburbs, Sprawl, and the Roads Not Taken* (Austin: University of Texas Press, 2000).

78 Cliff Ellis, "The New Urbanism: Critiques and Rebuttals," *Journal of Urban Design* 7 (2002): 261—291.

79 See e.g., Marcuse, "The New Urbanism"; and Lehrer and Milgrom, "New (Sub) Urbanism".

231

80 Timothy Beatley and Kristy Manning ,*The Ecology of Place: Planning for Environment, Economy, and Community* (Washington, DC: Island Press), p. 116.

81 关于这些以及其他新城市主义项目，参见Katz, *The New Urbanism*; Calthorpe, *The Regional City*; Seaside Institute, *The Seaside Debates*。关于弗鲁特维尔交通项目的社会和环境维度有洞见的讨论，参见William A. Shutkin, *The Land That Could Be: Environmentalism and Democracy in the Twenty-First Century* (Cambridge, MA: MIT Press, 2001), chapter 5。

82 Congress for the New Urbanism, "Making Environmentalism More Urban," press release, April 27, 2004. Available at http://www.cnu.org.

83 Congress for the New Urbanism, "Board Explores Clarifying Charter," press release, March 4, 2004. Available at http://www.cnu.org.

84 Andres Duany, Elizabeth Plater-Zyberk, and Jeff Speck, *Suburban Nation*, pp. 150—151.

85 新城市主义项目在这里对环境哲学家布莱恩·诺顿的趋向性假说给予了明确的支持，该假说预言非人类中心主义与广义的（即目光长远的且多元化的）人类中心主义立场拥有带来同样实践政策的倾向。See Norton, *Toward Unity among Environmentalists* (Oxford: Oxford University Press, 1991).

86 我认为这一结论与威廉·沙肯对公民环保主义发展的观点一致。See Shutkin, *The Land That Could Be*. 不过我的关注点与沙肯不同，更加偏向该问题的哲学维度。

第七章

1 Lynn White, Jr., "The Historical Roots of Our Ecologic Crisis," *Science* 155 (1967): 1203—1207.

2 J. Baird Callicott, *Beyond the Land Ethic: More Essays in Environmental Philosophy* (Albany: State University of New York Press, 1999), pp. 40—41.

3 关于20世纪70年代和80年代环境伦理的早期著作，参见Richard Routley, "Is There a Need for a New, an Environmental Ethic?" in *Proceedings of the Fifteenth World Congress of Philosophy*, vol. 1, Bulgarian Organizing Committee, ed., (Sophia, Bulgaria: Sophia Press), pp. 205—210; Holmes Rolston III, "Is There an Ecological Ethic?" *Ethics* 85 (1975): 93—109; Tom Regan, "The Nature and Possibility of an Environmental Ethic," *Environmental Ethics* 3 (1981): 19—34; Paul W. Taylor, *Respect for Nature* (Princeton, NJ: Princeton University Press, 1986); Holmes Rolston III, *Philosophy Gone Wild: Essays in Environmental Ethics* (Buffalo, NY: Prometheus Books, 1986) and *Envrionmental Ethics: Duties to and Values in the Natureal World* (Philadelphia: Temple University Press, 1988); J.

Baird Callicott, *In Defense of the Land Ethic* (Albany: State University of New Yrok Press, 1989)。

232

4 Richard Routley, "Is There a Need for a New, an Environmental Ethic?"

5 这样的观点可以在如下著作中找到。See Richard Routley, "Is There a Need for a New, an Environmental Ethic?"; Holmes Rolston III, "Is There an Ecological Ethic?"; Tom Regan, "The Nature and Possibility of an Environmental Ethic".

6 John Passmore, *Man's Responsibility for Nature: Ecological Problems and Western Traditions* (New York: Charles Scribner's Sons, 1974).

7 Bryan G. Norton, "Environmental Ethics and Weak Anthropocentrism," *Environmental Ethics* 6 (1984): 131—148.

8 关于代际公平和对子孙后代的责任的早期著作，参见Richard I. Sikora and Brian M. Barry, eds., *Obligations to Future Generations* (Phiadelphia: Temple University Press, 1978); Ernest Patridge, ed., *Responsibilities to Future Generations: Environmental Ethics* (Buffalo, NY: Prometheus Books, 1981); Bryan G. Norton, "Environmental Ethics and the Rights of Future Generations," *Environmental Ethics* 4 (1982): pp. 319—337; Douglas MacLean and Peter Brown, eds., *Energy and the Future* (Totowa, NJ: Rowman & Littlefield, 1983); Annette Baier, "For the Sake of Future Generations," in Tom Regan, ed., *Earthbound: New Introductory Essays in Environmental Ethics* (New York: Random house, 1984), pp. 214—246; and Edith Brown Weiss, *In Fairness to Futruer Generations: Internatinal Law, Common Patrimony, and Intergenerational Equity* (Dobbs Ferry, NY: Transnational Publishers, 1989)。关于梳理可持续性和可持续性发展规则维度的尝试，参见Herman E. Daly and John B. Cobb, Jr., *For the Common Good* (Boston, Beacon Press, 1989); Wilfred Beckerman, "Sustainable Development: Is It a Useful Concept?" *Environmental Values* 3 (1994): 191—209; Mary Midgley, "Sustainablity and Moral Pluralism," *Ethics and the Environment* 1 (1996): 42—54; John Foster, ed., *Valuing Nature? Ethics, Economics, and the Environment* (London: Routledge, 1997); Andrew Dobson, ed., *Fairness and Futurity: Essays on Environmental Sustainability and Social Justice* (Oxford: Oxford University Press, 1999); and Bryan G. Norton, *Searching for Sustainability: Interdisciplinary Essays in the Philosophy of Conservation Biology* (Cambridge: Cambridge University Press, 2003)。

9 Andrew Light and Eric Katz, eds., *Environmental Pragmatism* (London: Routledge, 1996).

10 Holmes Rolston III, *Conserving Natural Value* (New York: Columbia University Press, 1994), p. 166.

11 Laura Westra, *An Environmental Proposal for Ethics: The Principle of Integrity* (Lanham, MD: Rowman & Littlefield, 1994).

12 Eric Katz, *Nature as Subject: Human Obligation and Natural Community* (Lanham,

MD: Rowman & Littlefield, 1997), p. 183.

13 Leo Marx, *The Machine in the Garden. Technology and the Pastoral Ideal in America* (New York: Oxford University Press, 1964).

14 Leo Marx, "The Struggle over Thoreau," *New York Reiew of Books* (June 24, 1999):60.

233

15 一系列舆论研究著作对公众对于未来世代的高度关注进行了分析。See Ben A. Minteer and Robert E. Manning, "Pragmatism in Environmental Ethics: Democracy, Pluralism, and the Management of Nature," *Environmental Ethics* 21 (1999): 191—207; "Convergence in Environmental Values: An Empirical and Conceptual Defense," *Ethics, Place and Environment*, 3 (2000): 47—60; and Willett Kempton, James S. Boster, and Jennifer A. Hartley, *Environmental Values in American Culture* (Cambridge, MA: MIT Press, 1996).

16 Daniel A. Mazmanian and Michael E. Kraft, eds., *Toward Sustainable Communities: Transition and Transformations in Environmental Policy* (Cambridge, MA: MIT Press, 1999); Philip Brick, Donald Snow, and Sarah VanDe Wetering, eds., *Across the Great Divide: Explorations in Collaborative Conservation and the American West* (Washington, DC: Island Press, 2000); William A. Shutkin, *The Land that Could Be: Environmentalism and Democracy in the Twenty-First Century* (Cambridge, MA: MIT Press, 2000); Julia M. Wondolleck and Steven L. Yaffee, *Making Collaboration Work: Lessons from Innovation in Resource Management* (Washington, DC: Island Press, 2000); Robert Gottlieb, *Environmentalism Unbound: Exploring New Pathways to Change* (Cambridge, MA: MIT Press, 2001); Ben A. Minteer and Robert E. Manning, eds., *Reconstructing Conservation: Finding Common Ground* (Washington, DC: Island Press, 2003); Paul A. Sabatier, Will Focht, Mark Lubell, Zev Trachtenberg, et al., eds. *Swimming Upstream: Collaborative Approaches to Watershed Management* (Cambridge, MA: MIT Press, 2005).

17 William A. Shutkin, *The Land that Could Be: Environmentalism and Democracy in the Twenty-First Century* (Cambridge, MA: MIT Press, 2000).

18 Bryan Norton and Ben Minteer, "From Environmetal Ethics to Environmetnal Public Philosophy: Ethicists and Economists, 1973—2010," in Tom Tietenberg and Henk Folmer, eds., *International Yearbook of Environmental and Resource Economics 2002/2003* (Cheltenham, UK: Edward Elgar 2002), pp. 373—407. 安德鲁·赖特和艾维纳·德夏特在下面这部文集的前言中对公共环境哲学做出了赞同这一观点的论断，参见Andrew Light, Avner de-Shalit, *Moral and Political Reasoning in Environmental Practice* (Cambridge, MA: MIT Press, 2003), pp. 1—27。

19 Benjamin R. Barber, *A Place for Us: How to Make Society Civil and Democracy Strong* (New York: Hill and Wang, 1998).

234

参考文献

Abbot, Carl J. "The Capital of Good Planning: Metropolitan Portland Since 1970," in *The American Planning Tradition*, Robert Fishman, ed. Washington, DC: Woodrow Wilson Center Press, 2000.

Alexander, Thomas M. *John Dewey's Theory of Art, Experience, and Nature.* Albany: State University of New York Press, 1987.

Anderson, Charles. *Pragmatic Liberalism.* Chicago: University of Chicago Press, 1990.

Anderson, Elizabeth. "Pragmatism, Science, and Moral Inquiry," in *In Face of the Facts: Moral Inquiry in American Scholarship*, Richard W. Fox and Robert B. Westbrook, eds. Washington, DC: Woodrow Wilson Center and Cambridge University Press, 1998.

Anderson, Larry. *Benton MacKaye: Conservationist, Planner, and Creator of the Appalachian Trail.* Baltimore: Johns Hopkins University Press, 2002.

Attfield, Robin. *The Ethics of Environmental Concern.* New York: Columbia University Press, 1983.

Baier, Annette "For the Sake of Future Generations," in *Earthbound: New Introductory Essays in Environmental Ethics*, Tom Regan, ed. New York: Random House, 1984.

Bailey, L. H. *The Nature-Study Idea.* New York: Doubleday, Page, 1903.

Bailey, L. H. *The Outlook to Nature.* New York: Macmillan, 1911.

Bailey, L. H. *The Country-Life Movement in the United States.* New York: Macmillan, 1915 (reprint; orig. 1911).

Bailey, L. H. *The Holy Earth.* New York: Charles Scribner's Sons, 1915.

Bailey, L. H. *Ground-Levels in Democracy.* Ithaca, NY: Privately published, 1916.

Bailey, L. H. *What Is Democracy?* Ithaca, NY: Comstock, 1918.

Bailey, L. H. *Universal Service, The Hope of Humanity.* New York: Sturgis and Watton Co., 1918.

Bailey, L. H. *The State and the Farmer*. St. Paul: Minnesota Extension Service, University of Minnesota, 1996 (orig. 1908).

Bailyn, Bernard. *To Begin the World Anew. The Genius and Ambiguities of the American Founders*. New York: Knopf, 2003.

Barber, Benjamin R. *A Place for Us: How to Make Society Civil and Democracy Strong*. New York: Hill and Wang, 1998.

Baskin, Yvonne. *The Work of Nature: How the Diversity of Life Sustains Us*. Washington, DC: Island Press, 1997.

Beatley, Timothy, and Kristy Manning. *The Ecology of Place: Planning for Environment, Economy, and Community*. Washington, DC: Island Press.

Beckerman, Wilfred. "Sustainable Development: Is it a Useful Concept?" *Environmental Values* 3 (1994): 191–209.

Beeman, Randal S., and James A. Pritchard. *A Green and Permanent Land: Ecology and Agriculture in the Twentieth Century*. Lawrence: University Press of Kansas, 2001.

Bender, Thomas. *Toward an Urban Vision: Ideas and Institutions in Nineteenth Century America*. Baltimore: Johns Hopkins University Press, 1975.

Benyus, Janine M. *Biomimicry: Innovation Inspired by Nature*. New York: Perennial/HarperCollins, 2002 (reissue).

Bernstein, Richard J. *The New Constellation: The Ethical-Political Horizons of Modernity/Postmodernity*. Cambridge, MA: MIT Press, 1992.

Beveridge, Charles E., and Paul Rocheleau. *Frederick Law Olmsted. Designing the American Landscape*. New York: Universe Publishing, 1998.

Bianco, Martha J. "Robert Moses and Lewis Mumford: Competing Paradigms of Growth in Portland, Oregon," *Planning Perspectives* 16 (2001): 95–114.

Blake, Casey. *Beloved Community: The Cultural Criticism of Randolph Bourne, Van Wyck Brooks, Waldo Frank, and Lewis Mumford*. Chapel Hill: University of North Carolina Press, 1990.

Blodgett, Geoffrey. "Frederick Law Olmsted: Landscape Architecture as Conservative Reform," *Journal of American History* 62 (1976): 869–889.

Bogue, Margaret Beattie. "Liberty Hyde Bailey, Jr. and the Bailey Family Farm," *Agricultural History* 63 (1989): 26–48.

Bowers, William L. *The Country Life Movement in America*. Port Washington, NY: Kennikat Press, 1974.

Brick, Philip, Donald Snow, and Sarah Van De Wetering, eds. *Across the Great Divide: Explorations in Collaborative Conservation and the American West*. Washington, DC: Island Press, 2000.

Brint, Michael, and William Weaver, eds. *Pragmatism in Law and Society*. Boulder, CO: Westview Press, 1991.

Browers, Michaelle L. "Jefferson's Land Ethic: Environmentalist Ideas in Notes on the State of Virginia," *Environmental Ethics* 21 (1999): 43–57.

Bryant, Paul. "The Quality of the Day: The Achievement of Benton MacKaye." Unpublished Ph. D. dissertation, University of Illinois, 1965.

Bryson, Bill. *A Walk in the Woods*. New York: Broadway Books, 1998.

Callicott, J. Baird. "The Conceptual Foundations of the Land Ethic," in *A Companion to A Sand County Almanac,* J. Baird Callicott, ed. Madison: University of Wisconsin Press, 1987.

Callicott, J. Baird. *In Defense of the Land Ethic*. Albany: State University of New York Press, 1989.

Callicott, J. Baird. "Wither Conservation Ethics?" *Conservation Biology* 4 (1990): 15–20.

Callicott, J. Baird. *Beyond the Land Ethic: More Essays in Environmental Philosophy*. Albany: State University of New York Press, 1999.

Callicott, J. Baird, and Michael P. Nelson, eds. *The Great New Wilderness Debate*. Athens: University of Georgia Press, 1998.

Calthorpe, Peter. *The Next American Metropolis: Ecology, Community, and the American Dream*. New York: Princeton Architectural Press, 1993.

Calthorpe, Peter, and William Fulton. *The Regional City: Planning for the End of Sprawl*. Washington, DC: Island Press, 2001.

Carney, Raymond. *The Films of John Cassavetes: Pragmatism, Modernism, and the Movies*. Cambridge: Cambridge University Press, 1994.

Carson, Rachel. *Silent Spring* Boston: Houghton Mifflin, 1962.

Clendenning, John. *The Life and Thought of Josiah Royce*. Nashville, TN: Vanderbilt University Press, 1999 (rev. ed.).

Colman, Gould P. *Education & Agriculture. A History of the New York State College of Agriculture at Cornell University*. Ithaca, NY: Cornell University Press, 1963.

Congress for the New Urbanism. *Charter of the New Urbanism*. New York: McGraw-Hill, 2000.

Congress for the New Urbanism. "Making Environmentalism More Urban," press release, April 27, 2004. Available at http://www.cnu.org.

Congress for the New Urbanism. "Board Explores Clarifying Charter," press release, March 4, 2004. Available at http://www.cnu.org.

Costanza, Robert, Bryan G. Norton, and Benjamin D. Haskell, eds. *Ecosystem Health: New Goals for Environmental Management*. Washington, DC: Island Press, 1992.

Costanza, Robert, et al. "The Value of the World's Ecosystem Services and Natural Capital," *Nature* 387 (1997): 253–260.

Cronon, William. "The Trouble with Wilderness; or, Getting Back to the Wrong Nature," in *Uncommon Ground: Rethinking the Human Place in Nature,* William Cronon, ed. New York: W. W. Norton, 1996.

Curtin, Deane. “Making Peace with the Earth: Indigenous Agriculture and the Green Revolution,” *Environmental Ethics* 17 (1995): 59–73.

Daily, Gretchen C., ed. *Nature’s Services: Societal Dependence on Natural Ecosystems*. Washington, DC: Island Press, 1997.

Dalbey, Matthew. *Regional Visionaries and Metropolitan Boosters: Decentralization, Regional Planning, and Parkways During the Interwar Years*. Boston: Kluwer Academic Publishers, 2002.

Daly, Herman E., and John B. Cobb, Jr. *For the Common Good*. Boston: Beacon Press, 1989.

Danbom, David B. *The Resisted Revolution*. Ames: Iowa State University Press, 1979.

Devall, Bill, and George Sessions. *Deep Ecology: Living as if Nature Mattered*. Salt Lake City, UT: Gibbs Smith, 1985.

Dewey, John. “Plan of Organization of the University Primary School,” in volume 5 of *John Dewey: The Early Works*, Jo Ann Boydston, ed. Carbondale: Southern Illinois University Press, 1972 (orig. n.d./1895?).

Dewey, John. “A Pedagogical Experiment,” in volume 5 of *John Dewey: The Early Works*, Jo Ann Boydston, ed. Carbondale: Southern Illinois University Press, 1972 (orig. 1896).

Dewey, John. *The School and Society*, in volume 1 of *John Dewey: The Middle Works*, Jo Ann Boydston, ed. Carbondale: Southern Illinois University Press, 1976 (orig. 1899).

Dewey, John. “The School as a Social Centre,” in volume 2 of *John Dewey: The Middle Works*, Jo Ann Boydston, ed. Carbondale: Southern Illinois University Press, 1976 (orig. 1902).

Dewey, John. “The Bearings of Pragmatism Upon Education,” in volume 4 of *John Dewey: The Middle Works*, Jo Ann Boydston, ed. Carbondale: Southern Illinois University Press, 1977 (orig. 1908–1909).

Dewey, John. “The Moral Significance of the Common School Studies,” in volume 4 of *John Dewey: The Middle Works*, Jo Ann Boydston, ed. Carbondale: Southern Illinois University Press, 1977 (orig. 1909).

Dewey, John (with Evelyn Dewey). *Schools of To-Morrow*, in volume 8 of *John Dewey: The Middle Works*, Jo Ann Boydston, ed. Carbondale: Southern Illinois University Press, 1979 (orig. 1915).

Dewey, John. *Democracy and Education: An Introduction to the Philosophy of Education*, in volume 9 of *John Dewey: The Middle Works*, Jo Ann Boydston, ed. Carbondale: Southern Illinois University Press, 1980 (orig. 1916).

Dewey, John. “Pragmatic America,” in volume 13 of *John Dewey: The Middle Works*, Jo Ann Boydston, ed. Carbondale: Southern Illinois University Press, 1983 (orig. 1922).

Dewey, John. *Human Nature and Conduct*, in volume 14 of *John Dewey: The Middle Works*, Jo Ann Boydston, ed. Carbondale: Southern Illinois University Press, 1983 (orig. 1922).

Dewey, John. *Experience and Nature*, in volume 1 of *John Dewey: The Later Works*, Jo Ann Boydston, ed. Carbondale: Southern Illinois University Press, 1981 (orig. 1925).

Dewey, John. *The Public and Its Problems*, in volume 2 of *John Dewey: The Later Works*, Jo Ann Boydston, ed. Carbondale: Southern Illinois University Press, 1984 (orig. 1927).

Dewey, John. "The Pragmatic Acquiescence," in volume 3 of *John Dewey: The Later Works*, Jo Ann Boydston, ed. Carbondale: Southern Illinois University Press, 1984 (orig. 1927).

Dewey, John. *Ethics*, in volume 7 of *John Dewey: The Later Works*, Jo Ann Boydston, ed. Carbondale: Southern Illinois University Press, 1985 (orig. 1932).

Dewey, John. *A Common Faith*, in volume 9 of *John Dewey: The Later Works*, Jo Ann Boydston, ed. Carbondale: Southern Illinois University Press, 1986 (orig. 1934).

Dewey, John. *Art as Experience*, in volume 10 of *John Dewey: The Later Works*, Jo Ann Boydston, ed. Carbondale: Southern Illinois University Press, 1987 (orig. 1934).

Dewey, John. *Liberalism and Social Action*, in volume 11 of *John Dewey: The Later Works*, Jo Ann Boydston, ed. Carbondale: Southern Illinois University Press, 1987 (orig. 1935).

Dewey, John. *Logic: The Theory of Inquiry*, in volume 12 of *John Dewey: The Later Works*, Jo Ann Boydston, ed. Carbondale: Southern Illinois University Press, 1986 (orig. 1938).

Dewey, John. *Freedom and Culture*, in volume 13 of *John Dewey: The Later Works*, Jo Ann Boydston, ed. Carbondale: Southern Illinois University Press, 1988 (orig. 1939).

DeWitt, Calvin B. *Caring for Creation: Responsible Stewardship of God's Handiwork*. James W. Skillen and Luis E. Lugo, eds. Grand Rapids, MI: Baker Books, 1998.

Diamant, Rolf. "Reflections on Environmental History with a Human Face: Experiences from a New National Park," *Environmental History* 8 (2003): 628–642.

Dickstein, Morris, ed. *The Revival of Pragmatism: New Essays on Social Thought, Law, and Culture*. Durham, NC: Duke University Press, 1998.

Dobson, Andrew, ed. *Fairness and Futurity: Essays on Environmental Sustainability and Social Justice*. Oxford: Oxford University Press, 1999.

Dorf, Philip. *Liberty Hyde Bailey: An Informal Biography*. Ithaca, NY: Cornell University Press, 1956.

Dorman, Robert. *Revolt of the Provinces. The Regionalist Movement in America, 1920–1945*. Chapel Hill: University of North Carolina Press, 1993.

Duany, Andres, Elizabeth Plater-Zyberk, and Jeff Speck. *Suburban Nation: The Rise of Sprawl and the Decline of the American Dream*. New York: North Point Press, 2000.

Easterling, Keller. *Organization Space: Landscapes, Highways, and Houses in America*. Cambridge, MA: MIT Press, 1999.

Eisenberg, Evan. "Back to Eden," *Atlantic Monthly*, November (1989): 57–89.

Eldridge, Michael. *Transforming Experience: John Dewey's Cultural Instrumentalism*. Nashville, TN: Vanderbilt University Press, 1998.

Elliot, Robert. "Faking Nature," *Inquiry* 25 (1982): 81–93.

Ellis, Cliff. "The New Urbanism: Critiques and Rebuttals," *Journal of Urban Design* 7 (2002): 261–291.

Elton, Charles S. *Animal Ecology*. Chicago: University of Chicago Press, 2001 (orig. 1926).

Farber, Daniel A. *Eco-Pragmatism: Making Sensible Environmental Decisions in an Uncertain World*. Chicago: University of Chicago Press, 1999.

Fesmire, Steven. *John Dewey and Moral Imagination: Pragmatism in Ethics*. Bloomington: Indiana University Press, 2003.

Festenstein, Matthew. *Pragmatism and Political Theory: From Dewey to Rorty*. Chicago: University of Chicago Press, 1997.

Fish, Stanley. *The Trouble with Principle*. Cambridge, MA: Harvard University Press, 1999.

Fishman, Robert. *Urban Utopias in the Twentieth Century: Ebenezer Howard, Frank Lloyd Wright, and Le Corbusier*. Cambridge, MA: MIT Press, 1982.

Fishman, Robert. "The Metropolitan Tradition in American Planning," in *The American Planning Tradition: Culture and Policy,* Robert Fishman, ed. Washington, DC: Woodrow Wilson Center Press, 2000.

Fishman, Robert, ed. *The American Planning Tradition: Culture and Policy*. Washington, DC: Woodrow Wilson Center Press, 2000.

Flader, Susan. "Aldo Leopold's Sand Country," in *A Companion to A Sand County Almanac,* J. Baird Callicott, ed. Madison: University of Wisconsin Press, 1987.

Flader, Susan. "Aldo Leopold and the Evolution of a Land Ethic," in *Aldo Leopold: The Man and His Legacy,* Thomas Tanner, ed. Ankeny, IA: Soil Conservation Society of America, 1987.

Flader, Susan. *Thinking Like a Mountain: Aldo Leopold and the Evolution of an Ecological Attitude Toward Deer, Wolves, and Forests*. Madison: University of Wisconsin Press, 1994 (reprint; orig. 1979).

Flader, Susan. "Building Conservation on the Land: Aldo Leopold and the Tensions of Professionalism and Citizenship," in *Reconstructing Conservation: Finding Common Ground*, Ben A. Minteer and Robert E. Manning, eds. Washington, DC: Island Press, 2003.

Foreman, Dave. *Rewilding North America: A Vision for Conservation in the 21st Century*. Washington, DC: Island Press, 2004.

Foresta, Ronald. "The Transformation of the Appalachian Trail," *Geographical Review* 77 (1987): 76–85.

Foster, John, ed. *Valuing Nature? Ethics, Economics, and the Environment.* London: Routledge, 1997.

Fox, Stephen. *John Muir and His Legacy: The American Conservation Movement.* Boston: Little, Brown, 1981.

Fox, Warwick. "Introduction: Ethics and the Built Environment," in *Ethics and the Built Environment,* Warwick Fox, ed. London: Routledge, 2000.

Freyfogle, Eric T. *Bounded People, Boundless Lands: Envisioning a New Land Ethic* Washington, DC: Island Press, 1998.

Freyfogle, Eric T. *The Land We Share: Private Property and the Common Good.* Washington, DC: Island Press, 2003.

Freyfogle, Eric T., ed. *The New Agrarianism: Land, Culture, and the Community of Life.* Washington, DC: Island Press, 2001.

Friedmann, John. *Planning in the Public Domain: From Knowledge to Action.* Princeton, NJ: Princeton University Press, 1987.

Friedmann, John, and Clyde Weaver. *Territory and Function: The Evolution of Regional Planning.* Berkeley: University of California Press, 1979.

Garreau, Joel. *Edge City: Life on the New Frontier.* New York: Anchor Books, 1991.

Golley, Frank Benjamin. *A History of the Ecosystem Concept in Ecology.* New Haven, CT: Yale University Press, 1996.

Gottlieb, Robert. *Forcing the Spring: The Transformation of the American Environmental Movement.* Washington, DC: Island Press, 1993.

Gottlieb, Robert. *Environmentalism Unbound: Exploring New Pathways to Change.* Cambridge, MA: MIT Press, 2001.

Gouinlock, James. *Excellence in Public Discourse: John Stuart Mill, John Dewey, and Social Intelligence.* New York: Teachers College Press, 1986.

Gray, Asa. *Field, Forest, and Garden Botany.* New York: Ivison, Blackman, Taylor, 1868.

Guha, Ramachandra. "Lewis Mumford, the Forgotten American Environmentalist: An Essay in Rehabilitation," in *Minding Nature: Philosophers of Ecology,* David Macauley, ed. New York: Guilford Press, 1996.

Gundersen, Adolf G. *The Environmental Promise of Democratic Deliberation.* Madison: University of Wisconsin Press, 1995.

Gunderson, Lance H., C. S. Holling, and Stephen S. Light, eds. *Barriers and Bridges to the Renewal of Ecosystems and Institutions.* New York: Columbia University Press, 1995.

Gunn, Alastair S. "Rethinking Communities: Environmental Ethics in an Urbanized World," *Environmental Ethics* 20 (1998): 341–360.

Gunn, Giles. *Thinking Across the American Grain: Ideology, Intellect, and the New Pragmatism*. Chicago: University of Chicago Press, 1992.

Gutfreund, Owen D. *Twentieth-Century Sprawl: Highways and the Reshaping of the American Landscape*. Oxford: Oxford University Press, 2004.

Habermas, Jurgen. *Between Facts and Norms: Contributions to a Discourse Theory of Law and Democracy*. Cambridge, MA: MIT Press, 1998.

Hagen, Joel B. *An Entangled Bank: The Origins of Ecosystem Ecology*. New Brunswick, NJ: Rutgers University Press, 1992.

Hall, Peter. *Cities of Tomorrow*. Oxford: Blackwell, 1996 (updated ed.)

Hall, Peter, and Colin Ward. *Sociable Cities: The Legacy of Ebenezer Howard.* Chichester, UK: Wiley, 1998.

Hayden, Dolores. *Building Suburbia: Green Fields and Urban Growth, 1820–2000* New York: Pantheon Books, 2003.

Hays, Samuel P. *Conservation and the Gospel of Efficiency: The Progressive Conservation Movement, 1890–1920*. Cambridge, MA: Harvard University Press, 1959.

Heal, Geoffrey. *Nature and the Marketplace: Capturing the Value of Ecosystem Services*. Washington, DC: Island Press, 2000.

Hickman, Larry A. "Nature as Culture: John Dewey's Pragmatic Naturalism," in *Environmental Pragmatism,* Andrew Light and Eric Katz, eds. London: Routledge, 1996.

Hickman, Larry A. "The Edible Schoolyard: Agrarian Ideals and Our Industrial Milieu," in *The Agrarian Roots of Pragmatism,* Paul B. Thompson and Thomas C. Hilde, eds. Nashville, TN: Vanderbilt University Press, 2000.

Hiedanpää, Juha, and Daniel W. Bromley, "Environmental Policy as a Process of Reasonable Valuing," in *Economics, Ethics, and Environmental Policy: Contested Choices,* Daniel W. Bromley and Jouni Paavola, eds. Oxford: Blackwell, 2002.

Higgs, Eric. *Nature by Design: People, Natural Process, and Ecological Restoration* Cambridge, MA: MIT Press, 2003.

Hine, Robert. "The American West as Metaphysics: A Perspective on Josiah Royce," *Pacific Historical Review* 58 (1989): 267–291.

Hiss, Tony. *The Experience of Place*. New York: Random House, 1990.

Hodgson, Geoffrey. "Economics, Environmental Policy and the Transcendence of Utilitarianism," in *Valuing Nature: Economics, Ethics and Environment,* John Foster, ed. London: Routledge, 1997.

Holling, C. S. "Resilience and Stability of Ecological Systems," *Annual Review of Ecology and Systematics* 4 (1973): 1–24.

Holling, C. S. *Adaptive Environmental Assessment and Management*. London: Wiley, 1978.

Holling, C. S. and Lance H. Gunderson, "Resilience and Adaptive Cycles," in *Panarchy: Understanding Transformations in Human and Natural Systems,* Lance H. Gunderson and C. S. Holling, eds. Washington, DC: Island Press, 2002.

Hoopes, James. *Community Denied: The Wrong Turn of Pragmatic Liberalism.* Ithaca, NY: Cornell University Press, 1998.

Howard, Ebenezer. *Garden Cities of To-Morrow.* Cambridge, MA: MIT Press, 1965 (orig. 1902).

Hughes, Thomas P. *Human-Built World.* Chicago: University of Chicago Press, 2004.

Hughes, Thomas P. and Agatha C. Hughes, eds. *Lewis Mumford: Public Intellectual.* New York: Oxford University Press, 1990.

Huxtable, Ada Louise. *The Unreal America: Architecture and Illusion.* New York: New Press, 1997.

Jackson, John Brinckerhoff. *Discovering the Vernacular Landscape.* New Haven, CT: Yale University Press, 1986.

Jackson, Kenneth T. *Crabgrass Frontier: The Suburbanization of the United States.* New York: Oxford University Press, 1985.

Jackson, Wes. *New Roots for Agriculture.* San Francisco: Friends of the Earth, 1980.

Jackson, Wes. *Altars of Unhewn Stone: Science and the Earth.* San Francisco: North Point Press, 1987.

Jackson, Wes. *Becoming Native to this Place.* Washington, DC: Counterpoint, 1996.

Jackson, Wes. "Matfield Green," in *Rooted in the Land: Essays on Community and Place,* William Vitek and Wes Jackson, eds. New Haven, CT: Yale University Press, 1996.

Jackson, Wes. "Aldo Leopold: Central Figure for Prairie Festival 1998" Available at http://www.landinstitute.org.

Jackson, Wes. "Nature as the Measure for a Sustainable Agriculture," in *The Environmental Ethics & Policy Book*, Donald VanDeVeer and Christine Pierce, eds. Belmont, CA: Thomson Wadsworth, 2003 (3rd ed.).

Jackson, Wes. "Natural Systems Agriculture: A Truly Radical Alternative," *Agriculture, Ecosystems and Environment* 88 (2002) 111–117.

Jacobs, Jane. *The Death and Life of Great American Cities.* New York: Vintage Books, 1992 (orig. 1961).

Jacoby, Karl. *Crimes Against Nature: Squatters, Poachers, Thieves, and the Hidden History of American Conservation.* Berkeley: University of California Press, 2001.

Jamieson, Dale. "The City Around Us," in *Earthbound: New Introductory Essays in Environmental Ethics,* Tom Regan, ed. Philadelphia: Temple University Press, 1984.

Jordan, William III. *The Sunflower Forest: Ecological Restoration and the New Communion with Nature*. Berkeley: University of California Press, 2003.

Judd, Richard. *Common Lands, Common People: The Origins of Conservation in Northern New England*. Cambridge, MA: Harvard University Press, 1997.

Katz, Eric. "The Big Lie: Human Restoration of Nature," *Research in Philosophy and Technology* 12 (1992): 231–241.

Katz, Eric. "The Traditional Ethics of Nature Resource Management," in *A New Century for Natural Resources Management,* Richard L. Knight and Sarah F. Bates, eds. Washington, DC: Island Press, 1995.

Katz, Eric. *Nature as Subject: Human Obligation and Natural Community*. Lanham, MD: Rowman & Littlefield, 1997.

Katz, Peter. *The New Urbanism: Toward an Architecture of Community*. New York: McGraw-Hill, 1994.

Kegley, Jacquelyn Ann K. *Genuine Individuals and Genuine Communities: A Roycean Public Philosophy*. Nashville, TN: Vanderbilt University Press, 1997.

Kempton, Willett, James S. Boster, and Jennifer A. Hartley. *Environmental Values in American Culture*. Cambridge, MA: MIT Press, 1996.

Keppel, Ann M. "The Myth of Agrarianism in Rural Educational Reform, 1890–1914," *History of Education Quarterly* 2 (1962): 100–112.

Kestenbaum, Victor. *The Grace and the Severity of the Ideal. John Dewey and the Transcendent*. Chicago: University of Chicago Press, 2002.

King, Roger J. H. "Environmental Ethics and the Built Environment," *Environmental Ethics* 22 (2000): 115–131.

Kirkman, Robert. "Reasons to Dwell on (if Not Necessarily in) the Suburbs," *Environmental Ethics* 26 (2004): 77–96.

Krieger, Alex. "Arguing the 'Against' Position: New Urbanism as a Means of Building and Rebuilding our Cities," in *The Seaside Debates: A Critique of the New Urbanism*, The Seaside Institute. New York: Rizzoli, 2002.

Kunstler, James Howard. *Geography of Nowhere: The Rise and Decline of America's Man-made Landscape*. New York: Simon and Schuster, 1993.

Kunstler, James Howard. *Home from Nowhere: Remaking our Everyday World for the 21st Century*. New York: Simon & Schuster, 1996.

Lasch, Christopher. *The Revolt of the Elites and the Betrayal of Democracy*. New York: W. W. Norton, 1995.

Lawrence, George H. M. "Horticulture," in *A Short History of Botany in the United States,* Joseph Ewan, ed. New York: Hafner, 1969.

Le Bon, Gustave. *The Crowd; A Study of the Popular Mind*. London; T. F. Unwin, 1897 (2nd ed.).

Lee, Kai N. *Compass and Gryoscope: Integrating Science and Politics for the Environment*. Washington, DC: Island Press, 1993.

Lehrer, Ute Angelika, and Richard Milgrom. "New (Sub)Urbanism: Countersprawl or Repackaging the Product," *Capitalism, Nature, Socialism* 7 (1996): 49–64.

Leopold, Aldo. "The Civic Life of Albuquerque," September 27, 1918. Aldo Leopold Papers, University of Wisconsin-Madison Library.

Leopold, Aldo. "The Wilderness and Its Place in Forest Recreational Policy," *Journal of Forestry* 19 (1921): 718–721.

Leopold, Aldo. *Game Management*. New York: Charles Scribner's Sons, 1933.

Leopold, Aldo. "Economics, Philosophy and Land," November 23, 1938. Aldo Leopold Papers, University of Wisconsin-Madison Library.

Leopold, Aldo. *A Sand County Almanac*. Oxford: Oxford University Press, 1989 (orig. 1949).

Leopold, Aldo. 1947 Foreword to *A Sand County Almanac*, in *A Companion to A Sand County Almanac*, J. Baird Callicott, ed. Madison: University of Wisconsin Press, 1987.

Leopold, Aldo. "Some Fundamentals of Conservation in the Southwest." *Environmental Ethics* 8 (1979): 195–220.

Leopold, Aldo. *The River of the Mother of God and other Essays by Aldo Leopold*, Susan L. Flader and J. Baird Callicott, eds. Madison: University of Wisconsin Press, 1991.

Leopold, Aldo. "A Criticism of the Booster Spirit," in *The River of the Mother of God and other Essays by Aldo Leopold*, Susan L. Flader and J. Baird Callicott, eds. Madison: University of Wisconsin Press, 1991.

Leopold, Aldo. "Pioneers and Gullies," in *The River of the Mother of God and other Essays by Aldo Leopold*, Susan L. Flader and J. Baird Callicott, eds. Madison: University of Wisconsin Press, 1991.

Leopold, Aldo. "Conserving the Covered Wagon," in *The River of the Mother of God and other Essays by Aldo Leopold*, Susan L. Flader and J. Baird Callicott, eds. Madison: University of Wisconsin Press, 1991.

Leopold, Aldo. "Wilderness as a form of Land Use," in *The River of the Mother of God and other Essays by Aldo Leopold*, Susan L. Flader and J. Baird Callicott, eds. Madison: University of Wisconsin Press, 1991.

Leopold, Aldo. "The Home Builder Conserves," in *The River of the Mother of God and other Essays by Aldo Leopold*, Susan L. Flader and J. Baird Callicott, eds. Madison: University of Wisconsin Press, 1991.

Leopold, Aldo. "The Conservation Ethic," in *The River of the Mother of God and other Essays by Aldo Leopold*, Susan L. Flader and J. Baird Callicott, eds. Madison: University of Wisconsin Press, 1991.

Leopold, Aldo. "Conservation Economics," in *The River of the Mother of God and other Essays by Aldo Leopold*, Susan L. Flader and J. Baird Callicott, eds. Madison: University of Wisconsin Press, 1991.

Leopold, Aldo. "Land Pathology," in *The River of the Mother of God and other Essays by Aldo Leopold*, Susan L. Flader and J. Baird Callicott, eds. Madison: University of Wisconsin Press, 1991.

Leopold, Aldo. "Wilderness," in *The River of the Mother of God and other Essays by Aldo Leopold*, Susan L. Flader and J. Baird Callicott, eds. Madison: University of Wisconsin Press, 1991.

Leopold, Aldo. "The Farmer as a Conservationist," in *The River of the Mother of God and other Essays by Aldo Leopold*, Susan L. Flader and J. Baird Callicott, eds. Madison: University of Wisconsin Press, 1991.

Leopold, Aldo. "A Biotic View of Land," in *The River of the Mother of God and other Essays by Aldo Leopold*, Susan L. Flader and J. Baird Callicott, eds. Madison: University of Wisconsin Press, 1991.

Leopold, Aldo. "Wilderness as a Land Laboratory," in *The River of the Mother of God and other Essays by Aldo Leopold*, Susan L. Flader and J. Baird Callicott, eds. Madison: University of Wisconsin Press, 1991.

Leopold, Aldo. "Land-Use and Democracy," in *The River of the Mother of God and other Essays by Aldo Leopold*, Susan L. Flader and J. Baird Callicott, eds. Madison: University of Wisconsin Press, 1991.

Leopold, Aldo. "Conservation: In Whole or in Part?," in *The River of the Mother of God and other Essays by Aldo Leopold*, Susan L. Flader and J. Baird Callicott, eds. Madison: University of Wisconsin Press, 1991.

Leopold, Aldo. "The Ecological Conscience," in *The River of the Mother of God and other Essays by Aldo Leopold*, Susan L. Flader and J. Baird Callicott, eds. Madison: University of Wisconsin Press, 1991.

Leopold, Aldo. *For the Health of the Land: Previously Unpublished Essays and Other Writings*, J. Baird Callicott and Eric T. Freyfogle, eds. Washington, DC: Island Press, 1999.

Leopold, Aldo. "Planning for Wildlife," in *For the Health of the Land: Previously Unpublished Essays and Other Writings*, J. Baird Callicott and Eric T. Freyfogle, eds. Washington, DC: Island Press, 1999.

Leopold, Aldo. "Biotic Land-Use," in *For the Health of the Land: Previously Unpublished Essays and Other Writings*, J. Baird Callicott and Eric T. Freyfogle, eds. Washington, DC: Island Press, 1999.

Leopold, Aldo. "The Land-Health Concept and Conservation," *For the Health of the Land: Previously Unpublished Essays and Other Writings*, J. Baird Callicott and Eric T. Freyfogle, eds. Washington, DC: Island Press, 1999.

Light, Andrew. "Ecological Restoration and the Culture of Nature: A Pragmatic Perspective," in *Restoring Nature: Perspectives from the Social Sciences and Humanities*, Paul H. Gobster and R. Bruce Hull, eds. Washington, DC: Island Press, 2000.

Light, Andrew. "The Urban Blind Spot in Environmental Ethics," *Environmental Politics* 10 (2001): 7–35.

Light, Andrew. Restoring Ecological Citizenship," in *Democracy and the Claims of Nature: Critical Perspectives for a New Century*, Ben A. Minteer and Bob Pepperman Taylor, eds. Lanham, MD: Rowman & Littlefield, 2002.

Light, Andrew, and Eric Katz, eds. *Environmental Pragmatism*. London: Routledge, 1996.

Light, Andrew, and Avner de-Shalit, eds. *Moral and Political Reasoning in Environmental Practice*. Cambridge, MA: MIT Press, 2003.

Livingstone, David N. *Nathaniel Southgate Shaler and the Culture of American Science*. Tuscaloosa: University of Alabama Press, 1987.

Lowenthal, David. *George Perkins Marsh: Prophet of Conservation*. Seattle: University of Washington Press, 2000.

Luccarelli, Mark. *Lewis Mumford and the Ecological Region. The Politics of Planning*. New York: Guilford Press, 1995.

MacKaye, Benton. *Employment and Natural Resources*. Washington, DC: Government Printing Office, 1919.

MacKaye, Benton. "An Appalachian Trail: A Project in Regional Planning," *Journal of the American Institute of Architects* 9 (1921): 3–8.

MacKaye, Benton. "Our Common Mind," unpublished manuscript, MacKaye Family Papers, Dartmouth College Library, box 183, folder 34.

MacKaye, Benton. "On the Purpose of the Appalachian Trail," Unpublished manuscript, MacKaye Family Papers, Dartmouth College Library, box 183, folder 57.

MacKaye, Benton. "Cultural Aspects of Regionalism," unpublished manuscript, MacKaye Family Papers, Dartmouth College Library, box 184, folder 29.

MacKaye, Benton. Address to the Appalachian Trail Conference, Gatlinburg, Tennessee, 1931. MacKaye Family Papers, Dartmouth College Library, box 184, folder 40.

MacKaye, Benton. *The New Exploration: A Philosophy of Regional Planning*. Harpers Ferry, WV and Urbana-Champaign, IL: The Appalachian Trail Conference and the University of Illinois Press, 1990 (orig. 1928).

MacLean, Douglas, and Peter Brown, eds. *Energy and the Future*. Totowa, NJ: Rowman & Littlefield, 1983.

Manning, Robert E., William A. Valliere, and Ben A. Minteer, "Values, Ethics, and Attitudes Toward National Forest Management: An Empirical Study," *Society and Natural Resources* 12 (1999): 421–436.

Marcuse, Peter. "The New Urbanism: The Dangers So Far," *DISP* 140 (2000): 4–6.

Marsh, George Perkins. *Man and Nature*. New York, Charles Scribner, 1864.

Marshall, Alex. *How Cities Work: Suburbs, Sprawl, and the Roads Not Taken*. University of Texas Press, 2000.

Marshall, Ian. *Story Line: Exploring the Literature of the Appalachian Trail.* Charlottesville: University Press of Virginia, 1998.

Marx, Leo. *The Machine in the Garden. Technology and the Pastoral Ideal in America.* New York: Oxford University Press, 1964.

Marx, Leo. "Lewis Mumford: Prophet of Organicism," in *Lewis Mumford: Public Intellectual,* Thomas P. Hughes and Agatha C. Hughes, eds. Oxford: Oxford University Press, 1990.

Marx, Leo. "The Struggle over Thoreau," *New York Review of Books,* June 24, 1999, pp. 60–64.

Mattson, Kevin. *Creating a Democratic Public: The Struggle for Urban Participatory Democracy during the Progressive Era.* University Park: Pennsylvania State University Press, 1997.

Mazmanian, Daniel A., and Michael E. Kraft, eds. *Toward Sustainable Communities: Transition and Transformations in Environmental Policy.* Cambridge, MA: MIT Press, 1999.

McCullough, Robert. *The Landscape of Community. A History of Communal Forests in New England.* Hanover, NH: University of New England Press, 1995.

McDermott, John J. "Nature Nostalgia and the City: An American Dilemma," in *The Culture of Experience: Philosophical Essays in the American Grain.* New York: New York University Press, 1976.

McDermott, John J. *The Culture of Experience: Philosophical Essays in the American Grain.* New York: New York University Press, 1976.

McDermott, John J. "Josiah Royce's Philosophy of the Community: The Danger of the Detached Individual," in *American Philosophy,* Marcus Singer, ed. Cambridge: Cambridge University Press, 1985.

McHarg, Ian. *Design with Nature.* Garden City, NY: Anchor, 1969.

McIntosh, Robert P. *The Background of Ecology: Concept and Theory.* Cambridge: Cambridge University Press, 1985.

Meine, Curt. *Aldo Leopold. His Life and Work.* Madison: University of Wisconsin Press, 1988.

Meine, Curt. "Moving Mountains: Aldo Leopold and A Sand County Almanac," in *Aldo Leopold and the Ecological Conscience,* Richard L. Knight and Suzanne Riedel, eds. Oxford: Oxford University Press, 2002.

Meller, Helen. *Patrick Geddes: Social Evolutionist and City Planner.* London: Routledge, 1990.

Menand, Louis. *The Metaphysical Club: A Story of Ideas in America.* New York: Farrar, Straus, and Giroux, 2001.

Michaels, Walter Benn. "Walden's False Bottoms," *Glyph* 1 (1977): 132–149.

Midgley, Mary. "Sustainability and Moral Pluralism," *Ethics and the Environment* 1 (1996): 41–54.

Miller, Char. *Gifford Pinchot and the Making of Modern Environmentalism*. Washington, DC: Island Press, 2001.

Miller, Donald L. *Lewis Mumford: A Life*. New York: Weidenfield & Nicolson, 1989.

Miller, Joshua I. *Democratic Temperament: The Legacy of William James*. Lawrence: University Press of Kansas, 1997.

Minteer, Ben A. "No Experience Necessary?: Foundationalism and the Retreat from Culture in Environmental Ethics," *Environmental Values* 7 (1998): 333–348.

Minteer, Ben A. "Intrinsic Value for Pragmatists?" *Environmental Ethics* 22 (2001): 57–75.

Minteer, Ben A. "Deweyan Democracy and Environmental Ethics," in *Democracy and the Claims of Nature: Critical Perspectives for a New Century*, Ben A. Minteer and Bob Pepperman Taylor, eds. Lanham, MD: Rowman & Littlefield, 2000.

Minteer, Ben A. "Environmental Philosophy and the Public Interest: A Pragmatic Reconciliation," *Environmental Values* 14 (2005): 37–60.

Minteer, Ben A., Elizabeth A. Corley, and Robert E. Manning, "Environmental Ethics beyond Principle? The Case for a Pragmatic Contextualism," *Journal of Agricultural and Environmental Ethics* 17 (2004): 131–156.

Minteer, Ben A., and Robert E. Manning. "Pragmatism in Environmental Ethics: Democracy, Pluralism, and the Management of Nature," *Environmental Ethics* 21 (1999): 191–207.

Minteer, Ben A., and Robert E. Manning. "Convergence in Environmental Values: An Empirical and Conceptual Defense," *Ethics, Place and Environment*, 3 (2000): 47–60.

Minteer, Ben A., and Robert E. Manning, eds. *Reconstructing Conservation: Finding Common Ground*. Washington, DC: Island Press, 2003.

Montmarquet, James A. *The Idea of Agrarianism: From Hunter-Gatherer to Agrarian Radical in Western Culture*. Moscow: University of Idaho Press, 1989.

Mumford, Lewis. "Regions—to Live in," in *Planning the Fourth Migration: The Neglected Vision of the Regional Planning Association of America*, Carl Sussman, ed. Cambridge, MA: MIT Press, 1976 (orig. 1925).

Mumford, Lewis. "The Fourth Migration," in *Planning the Fourth Migration: the Neglected Vision of the Regional Planning Association of America*, Carl Sussman, ed. Cambridge, MA: MIT Press, 1976 (orig. 1925).

Mumford, Lewis. Letter to Patrick Geddes, March 7, 1926, in *Lewis Mumford and Patrick Geddes: The Correspondence*, Frank G. Novak, Jr., ed. London: Routledge, 1995.

Mumford, Lewis. *The Golden Day*. New York: Boni and Liveright, 1926.

Mumford, Lewis. "The Theory and Practice of Regionalism (2)," *Sociological Review* 19 (1927): 131–141.

Mumford, Lewis. "The Pragmatic Acquiescence: A Reply," *New Republic* 59 (1927): 250–251. Reprinted in *Pragmatism and American Culture*, Gail Kennedy, ed. Boston: D. C. Heath, 1950.

Mumford, Lewis. *The Brown Decades: A Study of the Arts in America 1865–1895*. New York: Dover, 1971 (orig. 1931).

Mumford, Lewis. *The Culture of Cities*. New York: Harcourt Brace, 1938.

Mumford, Lewis. *The Pentagon of Power*. New York: Harcourt Brace Jovanovich, 1964.

Mumford, Lewis. *Sketches from Life*. Boston: Beacon Press, 1982.

Naess, Arne. *Ecology, Community and Lifestyle: Outline of an Ecosophy*. Translated and revised by David Rothenberg. Cambridge: Cambridge University Press, 1989.

Nash, Roderick Frazier. *The Rights of Nature: A History of Environmental Ethics*. Madison: University of Wisconsin Press, 1989.

Nash, Roderick Frazier. *Wilderness and the American Mind*. New Haven, CT: Yale University Press, 2001 (4th ed.).

Norton, Bryan G. "Environmental Ethics and the Rights of Future Generations," *Environmental Ethics* 4 (1982): 319–337.

Norton, Bryan G. "Environmental Ethics and Weak Anthropocentrism," *Environmental Ethics* 6 (1984): 131–148.

Norton, Bryan G. *Why Preserve Natural Variety?* Princeton, NJ: Princeton University Press, 1987.

Norton, Bryan G. "The Constancy of Leopold's Land Ethic," *Conservation Biology* 2 (1988): 93–102.

Norton, Bryan G. *Toward Unity among Environmentalists*. Oxford: Oxford University Press, 1991.

Norton, Bryan G. "Why I Am Not a Nonanthropocentrist: Callicott and the Failure of Monistic Inherentism," *Environmental Ethics* 17 (1995): 341–358.

Norton, Bryan G. "Integration or Reduction: Two Approaches to Environmental Values," in Andrew Light and Eric Katz, eds., *Environmental Pragmatism*. London: Routledge, 1996.

Norton, Bryan G. "Pragmatism, Adaptive Management, and Sustainability," *Environmental Values* 8 (1999): 451–466.

Norton, Bryan G. *Searching for Sustainability: Interdisciplinary Essays in the Philosophy of Conservation Biology*. Cambridge: Cambridge University Press, 2003.

Norton, Bryan G. *Sustainability: A Philosophy of Adaptive Ecosystem Management*. Chicago: University of Chicago Press, 2005.

Norton, Bryan, and Ben Minteer. "From Environmental Ethics to Environmental Public Philosophy: Ethicists and Economists, 1973–2010," in *International*

Yearbook of Environmental and Resource Economics 2002/2003, Tom Tietenberg and Henk Folmer, eds. Cheltenham, UK: Edward Elgar, 2002.

Nussbaum, Martha et al., *For Love of Country. Debating the Limits of Patriotism*. Boston: Beacon Press, 1996.

Oelschlaeger, Max. *The Idea of Wilderness: From Prehistory to the Age of Ecology*. New Haven, CT: Yale University Press, 1991.

Palmer, Margaret et al. "Ecology for a Crowded Planet," *Science* 304 (2004): 1251–1252.

Parsons, Kermit C., and David Schuyler, eds. *From Garden City to Green City: The Legacy of Ebenezer Howard*. Baltimore: Johns Hopkins University Press, 2002.

Patridge, Ernest, ed. *Responsibilities to Future Generations: Environmental Ethics*. Buffalo, NY: Prometheus Books, 1981.

Passmore, John. *Man's Responsibility for Nature: Ecological Problems and Western Traditions*. New York: Charles Scribner's Sons, 1974.

Paterson, John L. "Conceptualizing Stewardship in Agriculture within the Christian Tradition," *Environmental Ethics* 25 (2003): 43–58.

Pimm, Stuart L. "In Search of Perennial Solutions," *Nature* 389 (1997): 126–127.

Poirier, Richard. *Poetry and Pragmatism*. Cambridge, MA: Harvard University Press, 1992.

Posner, Richard. *Law, Pragmatism, and Democracy*. Cambridge, MA: Harvard University Press, 2003.

Putnam, Hilary. *Renewing Philosophy*. Cambridge, MA: Harvard University Press, 1992.

Rapport, David, Robert Costanza, Paul R. Epstein, Connie Gaudet, and Richard Levins, eds., *Ecosystem Health*. Malden, MA: Blackwell, 1998.

Regan, Tom. "The Nature and Possibility of an Environmental Ethic," *Environmental Ethics* 3 (1981): 19–34.

Report of the Country Life Commission. Available at http://library.cornell.edu/gifcache/chla/mono/unit1053/00003.TIF6.gif (orig. 1909).

Righter, Robert W. *The Battle over Hetch Hetchy: America's Most Controversial Dam and the Birth of Modern Environmentalism*. Oxford: Oxford University Press, 2005.

Rockefeller, Steven C. *John Dewey: Religious Faith and Democratic Humanism*. New York: Columbia University Press, 1991.

Rodgers, Andrew Denny III. *American Botany 1873–1892*. Princeton, NJ: Princeton University Press, 1944.

Rodgers, Andrew Denny III. *Liberty Hyde Bailey. A Story of American Plant Sciences*. New York: Hafner, 1965.

Rolston, Holmes III. "Is There an Ecological Ethic?" *Ethics* 85 (1975): 93–109.

Rolston, Holmes III. *Philosophy Gone Wild: Essays in Environmental Ethics.* Buffalo, NY: Prometheus Books, 1986.

Rolston, Holmes III. *Environmental Ethics: Duties to and Values in the Natural World.* Philadelphia: Temple University Press, 1988.

Rolston, Holmes III. *Conserving Natural Value.* New York: Columbia University Press, 1994.

Rolston, Holmes III. "Nature for Real: Is Nature a Social Construct?" in *The Philosophy of the Environment*, T.D.J. Chappell, ed. Edinburgh: Edinburgh University Press, 1997.

Rome, Adam. *The Bulldozer in the Countryside: Suburban Sprawl and the Rise of American Environmentalism.* Cambridge: Cambridge University Press, 2001.

Rorty, Richard. *Achieving our Country: Lefitist Thought in Twentieth Century America.* Cambridge, MA: Harvard University Press, 1999.

Rosenzweig, Michael L. *Win-Win Ecology: How Earth's Species can Survive in the Midst of Human Enterprise.* Oxford: Oxford University Press, 2003.

Routley, Richard. "Is There a Need for a New, an Environmental Ethic?" in *Proceedings of the Fifteenth World Congress of Philosophy*, vol. 1, Bulgarian Organizing Committee, ed. Sophia, Bulgaria: Sophia Press, 1973.

Royce, Josiah. *The Religious Aspect of Philosophy.* Boston: Houghton Mifflin, 1885.

Royce, Josiah. *The World and the Individual.* New York: Macmillan, 1900–1901.

Royce, Josiah. *The Philosophy of Loyalty.* New York: Macmillan, 1908.

Royce, Josiah. *Race Questions, Provincialism, and Other American Problems.* New York: Macmillan, 1908.

Royce, Josiah. *The Problem of Christianity.* New York: Macmillan, 1913.

Royce, Josiah. *The Hope of the Great Community.* New York: Macmillan, 1916.

Royce, Josiah. *The Basic Writings of Josiah Royce*, vol. 2, John J. McDermott, ed. Chicago: University of Chicago Press, 1969.

Rowe, Peter G. *Civic Realism.* Cambridge, MA: MIT Press, 1997.

Ryan, Alan. *John Dewey and the High Tide of American Liberalism.* New York: W. W. Norton, 1995.

Sabatier, Paul A., Will Focht, Mark Lubell, Zev Trachtenberg, et al., eds. *Swimming Upstream: Collaborative Approaches to Watershed Management.* Cambridge, MA: MIT Press, 2005.

Santmire, Paul H. *The Travail of Nature: The Ambiguous Ecological Promise of Christian Theology.* Philadelphia: Fortress Press, 1985.

Schama, Simon. *Landscape and Memory.* New York: Random House, 1996.

Schmitt, Peter J. *Back to Nature: The Arcadian Myth in Urban America.* Baltimore: Johns Hopkins University Press, 1990 (reprint ed.).

Scheper, George L. "The Reformist Vision of Frederick Law Olmsted and the Poetics of Park Design," *New England Quarterly* 62 (1989): 369–402.

Schroeder, Christopher H. "Third Way Environmentalism," *University of Kansas Law Review* 48 (2000): 801–827.

Schuyler, David. *The New Urban Landscape*. Baltimore: Johns Hopkins University Press, 1986.

Shutkin, William A. *The Land That Could Be: Environmentalism and Democracy in the Twenty-First Century*. Cambridge, MA: MIT Press, 2000.

Sikora, Richard I., and Brian M. Barry, eds. *Obligations to Future Generations*. Philadelphia: Temple University Press, 1978.

Smith, John E. *America's Philosophical Vision*. Chicago: University of Chicago Press, 1992.

Smith, Kimberly. "Black Agrarianism and the Foundations of Black Environmental Thought," *Environmental Ethics* 26 (2004): 267–286.

Solomon, Daniel. *Global City Blues*. Washington, DC: Island Press, 2003.

Soule, Judith D., and Jon K. Piper, *Farming in Nature's Image: An Ecological Approach to Agriculture*. Washington, DC: Island Press, 1992.

Soulé, Michael, and Reed Noss. "Rewilding and Biodiversity: Complementary Goals for Continental Conservation," *Wild Earth* Fall (1998): 1–11.

Snyder, Gary. "Nature as Seen from Kitkitdizze Is No 'Social Construction,'" *Wild Earth* 6 (1996/97): 8–9.

Spann, Edward K. *Designing Modern America: The Regional Planning Association of America and Its Members*. Columbus: Ohio State University Press, 1996.

Spirn, Ann Whiston. "Constructing Nature: The Legacy of Frederick Law Olmsted," in *Uncommon Ground: Toward Reinventing Nature,* William Cronon, ed. New York: W. W. Norton, 1996.

Sutter, Paul S. *Driven Wild: How the Fight Against Automobiles Launched the Modern Wilderness Movement*. Seattle: University of Washington Press, 2002.

Tansley, Arthur G. "The Use and Abuse of Vegetational Concepts and Terms," *Ecology* 16: 284–307.

Taylor, Bob Pepperman. *Our Limits Transgressed: Environmental Political Thought in America*. Lawrence: University Press of Kansas, 1992.

Taylor, Bob Pepperman. *America's Bachelor Uncle. Thoreau and the American Polity*. Lawrence: University Press of Kansas, 1996.

Taylor, Bob Pepperman. "Aldo Leopold's Civic Education," in *Democracy and the Claims of Nature: Critical Perspectives for a New Century,* Ben A. Minteer and Bob Pepperman Taylor, eds. Lanham, MD: Rowman & Littlefield, 2002.

Taylor, Paul W. *Respect for Nature*. Princeton, NJ: Princeton University Press, 1986.

Thiele, Leslie Paul. *Environmentalism for a New Millennium. The Challenge of Coevolution*. New York: Oxford University Press, 1999.

Thomas, John L. "Lewis Mumford, Benton MacKaye, and the Regional Vision," in *Lewis Mumford: Public Intellectual*, Thomas P. Hughes and Agatha C. Hughes, eds. New York: Oxford University Press, 1990.

Thomas, John L. "Holding the Middle Ground," in *The American Planning Tradition,* Robert Fishman, ed. Washington, DC: Woodrow Wilson Center Press, 2000.

Thoreau, Henry David. *Walden*. Collected in *Henry David Thoreau*. New York: Library of America, 1985.

Thompson, Paul B. *The Spirit of the Soil: Agriculture and Environmental Ethics*. London: Routledge, 1995.

Thompson, Paul B. "Expanding the Conservation Tradition: The Agrarian Vision," in *Reconstructing Conservation: Finding Common Ground,* Ben A. Minteer and Robert E. Manning, eds. Washington, DC: Island Press, 2003.

Tunnard, Christopher, and Henry Hope Reed. *American Skyline: The Growth and Form of our Cities and Towns*. Boston: Houghton Mifflin, 1955.

Walters, Carl J. *Adaptive Management of Renewable Resources*. New York: Macmillan, 1986.

VanDeVeer, Donald, and Christine Pierce, eds. *The Environmental Ethics & Policy Book: Philosophy Ecology, Economics*. Belmont, CA: Thomson Wadsworth, 2003 (3rd ed.).

Warren, Louis S. *The Hunter's Game: Poachers and Conservationists in Twentieth-Century America*. New Haven, CT: Yale University Press, 1997.

Webber, Edward P. *Bringing Society Back In: Grassroots Ecosystem Management, Accountability, and Sustainable Communities*. Cambridge, MA: MIT Press, 2003.

Weiss, Edith Brown. *In Fairness to Future Generations: International Law, Common Patrimony, and Intergenerational Equity*. Dobbs Ferry, NY: Transnational Publishers, 1989.

Welter, Volker M. *Biopolis: Patrick Geddes and the City of Life*. Cambridge, MA: MIT Press, 2002.

Welter, Volker M., and James Lawson, eds. *The City after Patrick Geddes* Oxford, UK: Peter Lang, 2000.

Wenz, Peter S. "Pragmatism in Practice: The Efficiency of Sustainable Agriculture," *Environmental Ethics* 21 (1999): 391–400.

Westbrook, Robert B. "Lewis Mumford, John Dewey, and the 'Pragmatic Acquiescence,'" in *Lewis Mumford: Public Intellectual,* Thomas P. Hughes and Agatha C. Hughes, eds. New York: Oxford University Press, 1990.

Westbrook, Robert. B. *John Dewey and American Democracy*. Ithaca, NY: Cornell University Press, 1991.

Westbrook, Robert. "Pragmatism and Democracy: Reconstructing the Logic of John Dewey's Faith," in Morris Dickstein, ed., *The Revival of Pragmatism: New Essays on Social Thought, Law, and Culture*. Durham, NC: Duke University Press, 1998.

Westra, Laura. *An Environmental Proposal for Ethics: The Principle of Integrity*. Lanham, MD.: Rowman & Littlefield, 1994.

White, Lynn, Jr. "The Historical Roots of Our Ecologic Crisis," *Science* 155 (1967): 1203–1207.

White, Morton, and Lucia White. *The Intellectual Versus the City*. Cambridge, MA: MIT Press/Harvard University Press, 1962.

Wilkinson, Loren ed. (in collaboration with Peter De Vos, Calvin De Witt, Eugene Dykeman, Vernon Ehlers, Derk Pereboom, and Aileen Van Beilen) *Earthkeeping: Christian Stewardship of Natural Resources*. Grand Rapids, MI: Eerdman's, 1980.

Wilson, R. Jackson. *In Quest of Community. Social Philosophy in the United States, 1860–1920*. New York: Wiley, 1968.

Wirzba, Norman, ed. *The Essential Agrarian Reader: The Future of Culture, Community, and the Land*. Lexington: University Press of Kentucky, 2003.

Wondolleck, Julia M., and Steven L. Yaffee. *Making Collaboration Work: Lessons from Innovation in Resource Management*. Washington, DC: Island Press, 2000.

Worster, Donald. *A River Running West: The Life of John Wesley Powell*. New York: Oxford University Press, 2001.

索 引

(条目后的页码为原书页码，见本书边码)

Adams，Thomas，托马斯·亚当斯，62

Adaptive management models，适应性管理模式，74

Aesthetics，审美，70

Albuquerque，阿尔伯克基，132，133

American Institute of Architects (AIA)，美国建筑师学会，94，95

Anderson，Larry，拉里·安德森，83，218—219n.59

Animals，动物。另参见Deer debates；Game management；仁慈对待动物，41；肉食动物，117，121—122，124

Anthropocentrism，人类中心主义，40，193；对非人类中心主义，1，2，44，45，65，127—131，154，167，189—192；弱式人类中心主义对强式人类中心主义，192

Appalachian Trail project，阿巴拉契亚小径计划，3，83，84，106—107，111，113；保护本土美国，94—105；麦克凯耶的原始设想，59—60，99—104

Bailey，Liberty Hyde，Jr.，小利伯蒂·海德·贝利，9—11，13，81，84，194—195；与乡村生活委员会，17，20—26；"生态精神"反思，41—42；教育思想，27—29，31—33，37；环境思想，2，37—50，61—62；作为园艺学家，2，18—20；与杰克逊，163，166；与芒福德，61—62；"自然课"计划，17，28—29，31，36—37；乡村自然资源保护思想，39—40；论学校花园，27，32—33，35；著作，20；《美国乡村生活运动》，37—38；《民主的基础层面》，46—47；《神圣的土地》，17，27，37，40—42，44—46，49，50，163；《自然研究思想》，28，40，41；《自然的前景》，40—43，49，163；《国家与农民》，47；《民主是什么？》，46，47

Bailyn，Bernard，伯纳德·贝林，100

Barber，Benjamin，本杰明·巴伯，197

Beal，William James，威廉·詹姆斯·比尔，18—19

Berry，Wendell，温德尔·贝里，164

Bible，《圣经》，43；另参见Religion

Biocentric equality，生物中心平等，127

Biocentrism and biocentric environmentalism，生物中心主义和生物中心环保主义，3，44—46，112，218n.59；另参见 Ecocentric environmentalism
Biotic community，生物群落，123，126—127，129，136
"Biotic Land Use" (Leopold)，《生物土地利用》(利奥波德)，137
Biotic pyramid，生物金字塔，122—123，136
"Biotic View of Land，A" (Leopold)，《土地的生物学观点》(利奥波德)，122—123，126
Blake，Casey，凯西·布莱克，70，71
"Boundary question"，"边界问题"，57

Callicott，J. Baird，J. 贝尔德·柯倍德，82，83，126，127，129—131，190
Calthorpe，Peter，彼得·考尔索普，179
Capitalism，资本主义，167—168
Citizen involvement，公民参与，另参见 Public participation in planning process
Citizenship，公民，131，168；另参见 Democratic citizenship
City Beautiful，城市美化运动，172
Civic awareness，公民意识，76
Civic pragmatism，公民实用主义，另参见 Pragmatism，civic
Civic republican vision，公民共和理想，168
Commercialism，重商主义，67，145
Community，社群，25，100，129，168；与自然资源保护，90—94，196；认知价值、道德价值和政治价值，7—8
Community ethos，physical design and，社群精神与实际设计，175—176
Community planners and conservationists，社区规划师与自然资源保护主义者，107
Conferences and conventions，会议与大会，24，49
Conservation，自然资源保护主义，另参见具体条目；意义，63—64
"Conservation Ethic，The" (Leopold)，《自然资源保护伦理》(利奥波德)，120，126，145
Conservation ethics，自然资源保护伦理，另参见 Environmental ethic(s)
Conservation impulse，自然资源保护冲动，146
Conservationist groups，自然资源保护协会，107
Conservation stewardship，总管式自然资源保护，44，49—50；另参见 Stewardship ethic
Convergence hypothesis，趋向性假说，183
Coon Valley project，浣熊谷项目，121
Cooperative inquiry，协作调查，8
Cornell Nature-Study Movement，康奈尔大学自然课运动，27—28
Cornell University，康奈尔大学，19—20
Country Life Commission，乡村生活委员会，17，20—27，45；推荐，24
Country Life Commission Report，乡村生活委员会报告，24—25
Country Life in America，《美国乡村生活》，20，23
Country Life movement，乡村生活运动，20—23，26，27
Country-Life Movement in the United States，The (Bailey)，《美国的乡村生活运动》(贝利)，37—38
Creationism vs. evolution，神造论对进化论，42—43
Cronon，William，威廉·克罗侬，64，108—110

Cultural uniformity，文化一体论，88
Culture，文化，139；另参见Indigenous values；自然与文化的二元论，156

Danbom，David，戴维·丹伯姆，21，23，26
Darwin，Charles，查尔斯·达尔文，18
Davis，William Morris，威廉姆·莫里斯·戴维斯，91
Decentralist regionalism，分散区域主义，另参见Regionalism
Deep ecologists，深层生态主义者，165—166，193
Deep ecology，深层生态学，1，127
Deer debates，鹿之争，124—125，148，149
Democracy，民主，74，75，139，146，147，178；定义，47；与杜威，8，32，184；民主的政治文化，8
Democracy and Education (Dewey)，《民主与教育》(杜威)，32
Democratic citizenship，民主公民权，46—48，56—57，132，168
Dewey，John，约翰·杜威，10，17，47，49，52，66—77，84；另参见Mumford-Dewey debate；论社区与协作调查，8；民主思想，184；与利奥波德，128—129；芒福德论，11—12，66，214n.89；另参见Mumford-Dewey debate；自然课、学校花园和贝利，27，29—37；民主的政治文化，8；与罗伊斯，86；对人类经验与问题的统一调查方法，72；《教育的实用主义导向》，30；《共同信仰》，70；《民主与教育》，32；《自由主义与社会行动》，75；《公众及其问题》，12，76，88，147；《学校与社会》，31，33；《明日的学校》，30，34—35
"Dewey School"，杜威学校，34
Domestic prairie，本地大草原，161；另参见Native prairie ecosystem
Dorman，Robert，罗伯特·多尔曼，107
Duany，Andres，安德烈斯·杜埃尼，175，178，180，182

Ecoagriculture，生态农业，161
Ecocentric environmentalism，生态中心环保主义，3，51，193；另参见Biocentrism and biocentric environmentalism
Ecocentric principle of integrity，生态中心整合原则，193
Ecocentrism vs. anthropocentrism，生态中心主义对人类中心主义，1，2，154；另参见Anthropocentrism，vs. nonanthropocentrism
Ecological conscience，生态良知，125，126，141，142
Ecology，生态，136
Ecosystem，生态系统，136；词义的起源，123
Ecosystem services，生态系统服务，149—150
Education，教育，27—37，66，75，76
purpose，目标，48
Elton，Charles，查尔斯·埃尔顿，123，136，137
Environmental Ethics，《环境伦理》，157—158
Environmental ethic(s)，环境伦理，81，127—128，171；另参见Land ethic；Leopold；Stewardship ethic；以及具体条目；贝利的，40—46，48—49；作为公民哲学，189—197；收获，157—170；芒福德的，64—65；遗产，126—132；寻求新的，80
Environmental "historicists"/"constructivists" vs. "essentialists"，环境历史主义者/构成主义者对本质主义者，108，110

Environmentalism vs. conservationism，环保主义对自然资源保护主义，2，208—209n.5；多样的道德基础，78；被忽视的“第三条道路”，1—5，153—155，199n.5；另参见Pragmastim；以及具体条目；更加广泛、更加人性化的需求，64—65；人力能动性的问题，155—157；公众利益，149—152；社会与文化上协调的需求，79；浅层生态主义对深层生态主义，1
Environmental pragmatism，环保实用主义，另参见Pragmatism
Environmental thought，American broader context of the development of，美国环保思想发展的广义语境，79—80
Environmental thought and policy reform，dualistic narrative of，环境思想与政策改良，多元化描述，1—2
Environmental values，环保价值，另参见Values
Ethics，伦理，另参见Environmental ethic(s)
Evolution and evolutionary thinking，进化与进化思想，42—44
Experts，专家，reliance on，依赖，74

Farmers，Bailey on，农民，贝利论，22，38—40
Farming practices，农业实践：生态不可持续，38—39；有机的，161
Federal Housing Authority (FHA)，联邦住宅管理局，173
Field，Forest，and Garden (Gray)，《土地、森林和花园植物》(格雷)，18
Flader，Susan，苏珊·弗莱德，131，148
Foreman，Dave，戴夫·弗曼，111，112，220n.87
Foresta，Ronald，罗纳德·弗雷斯塔，106—107
Forest Service，美国林业局，105，118，121
Friedmann，John，约翰·弗里德曼，214n.89

Game management，狩猎管理，120—122；另参见Animals；Deer debates
Garden Cities of To-Morrow (Howard)，《明天的花园城市》(霍华德)，54，55
Garden City，花园城市，172
Garden city model，花园城市模式，54—55，58，104
Geddes，Patrick，帕特里克·格迪斯，55—58，62，66
Geology，地质学，91
German forests and foresters，德国森林与林务工作者，121，122
Gottlieb，Robert，罗伯特·戈特利布，107
Gray，Asa，阿萨·格雷，18—19
Guha，Ramachandra，拉马钱德拉·古哈，209n.8
Gunn，Alastair，阿拉斯泰尔·甘恩，171

Hadley，Arthur Twining，亚瑟·特文宁·哈德利，128
Harvard University，哈佛大学，18，19
Healthy environment，健康的环境，另参见Land health
Hetch Hetchy Valley，赫奇赫奇峡谷，1—2
Hickman，Larry，拉里·希克曼，34，128—129
“Highest use” doctrine，“最大化利用”原则，2，105，118
Hine，Robert，罗伯特·海恩，219n.62
“Historical Roots of our Ecologic Crisis，The” (White)，《生态危机的历史根源》(怀特)，190

Holistic planning model，整体规划模式，63
“Holy earth”，“神圣的土地”，166
Holy Earth, The (Bailey)，《神圣的土地》（贝利），17，27，37，40—42，44—46，49，50，163
Howard，Ebenezer，埃比尼泽·霍华德，54—55，58
Human agency，environmentalism and the problem of，人力能动性、环保主义及其问题，155—157
Humanism，人本主义，102，115，192—194；另参见New Urbanism
Hunting，狩猎，41，124—125；另参见Animals；Game management

Indigenous values，固有价值，59；对抗大都市毁灭的辩护，169—170；另参见Appalachian Trail project；对大都市主义，99，101
Individualism，个人主义，47
Industrial agricultural system，农业产业体系，161—163，165—167；另参见Science and technology
Industrialism，工业主义，64，98，102
Industrialization，工业化，25
Instrumentalism，工具主义，6，51；另参见Pragmatism；杜威的，69，72—73
Integrative approach，整合方式，63
Interstate Highway Act，1956年州级公路法案，174

Jackson，Kenneth T.，肯尼思·T. 杰克逊，173
Jackson，Wes，维斯·杰克逊，14，161—170
Jacobs，Jane，简·雅各布斯，172
Journal of the American Institute of Architects (AIA)，《美国建筑师学会杂志》，94，95

Katz，Eric，艾瑞克·卡茨，127，193
Keppel，Ann M.，安·M. 凯珀尔，36
Kew Gardens，英国皇家植物园，19
Knowledge and ways of knowing，知识以及获取的方式，7，75
Kunstler，James，詹姆斯·孔斯特勒，175—176

Land community as organism，有机土地社群，137
Land ethic，土地伦理，3，127—129，141；另参见Leopold；道德准则概述，126，127，129
Land health，土地健康，126；另参见Leopold；概念，123，131—132，136—138，142，144，147—149；与文化生存，139，141；功用性规范，137；作为目标，138，141，144，147，150；性质，138
“Land-Health Concept and Conservation，The” (Leopold)，《土地健康概念与自然资源保护》（利奥波德），137
Land Institute，土地研究所，161—163，165，167，169，170
Landscapes，景观，15—16
“Land sickness”，indicators of，“土地疾病”的各种迹象，137
Land-use reform movements，土地利用改良运动，另参见Natural Systems Agriculture；New Urbanism
Lasch，Christopher，克里斯托弗·拉什，175
Leopold，Aldo，奥尔多·利奥波德，4，9，10，13，14，51，53，83，105—106，194—195；作为公民思想家，130—131；与环保主义、公共利益，149—152；作为环保主义伦理之父，115—

116，150；从林务官到土地伦理学家，116—126；阿拉斯泰尔·甘恩论，171；杰克逊论，163—165；土地伦理，3；从土地健康到公众利益，140—149；生平，116—126；与麦克凯耶，107，218—219n.59；环保伦理的遗产，126—132；作为实用主义者，223n.48；从公众利益到土地健康，131—140，149—152；《自然资源保护委员的冒险》，125；《生物土地利用》，137；《土地的生物学观点》，122—123，126，136；《阿尔伯克基的公民生活》，132；《自然资源保护：整体还是部分？》，138；《自然资源保护经济》，134，136；《自然资源保护伦理》，120，126，145；《生态良知》，125，126；《狩猎管理》，120；《土地伦理》，120，125，126，130，140；《土地健康概念与自然资源保护》，137，139；《土地利用与民主》，139；《先锋和山壑》，133，134；《中部各州北部地区猎场调查报告》，120；《沙乡年鉴》，3，115，117，121，125—126，136，140—143，146；《美国西南部自然资源保护的几个基本问题》，119，120，128，129，137，142；《像山峦般思考》，124；《荒野》，135；《林业游乐政策中的荒野及其地位》，105；《作为土地利用模式的荒野》，134

Leveling tendency in American life，美国生活的同化倾向，88

Levitt，William，威廉·莱维特，173

Liberalism，自由主义，47，74—75

Life，views of，生命的观点，65

Light，Andrew，安德鲁·赖特，156

Luccarelli，Mark，马克·卢卡雷利，104

MacKaye，Benton，本顿·麦克凯耶，2，9，10，12—14，59—60，80，217n.35；阿巴拉契亚小径项目，3，59—60，83，84，94—107，111，113；与自然资源保护、社区，90—94；本地文化对抗大都市毁灭的辩护，169—170；与利奥波德，107，218—219n.59；生平，90—94；“荒野争论”中被淹没的声音，82—85；《新探险》，101，105；在“荒野争论”中的地位，108—113与区域主义、资源保护，3，105—108，164，172；与罗伊斯，12，87，90，92，99—103，107，111

Marsh，George Perkins，乔治·帕金斯·马什，60—61

Marx，Leo，莱奥·马科斯，193

Matfield Green，马特菲尔德格林小镇，169

McDermott，John J.，约翰·J. 麦克德莫特，89

McHarg，Ian，伊恩·麦克哈格，171

Metropolitanism，大都市主义，99

Michigan State Agricultural College (MAC)，密歇根州立农业大学，18，19

Mob spirit，暴徒精神，88—89

Moral considerablity，question of，道德考量，质疑，130

Muir，John，约翰·缪尔，1—2，45，46，51，151

Mumford，Lewis，刘易斯·芒福德，2—4，9—14；生平，60；与麦克凯耶，63，82，104—105；自然的道德转向，64—65；实用自然资源保护主义，52—54，57，59，208—209n.5；与环保主义的历史发展和责任，77—80；与实用主义（支持与反对），66—77；164，172，179；作为新自然资源保护主义，60—66；与区域规划，54，57—59，71—77，147；与美国区域规划协会，104；《城市的文化》，65，71—74；《黄金岁月》，67，70；《岁月随笔》，67—73

Mumford-Dewey debate，芒福德-杜威之争，67—73

Native prairie ecosystem，本地大草原生态系统，161，162
Natives，本地，另参见Indigenous values
Naturalism，evolutionary，进化自然主义，42
Natural Systems Agriculture，自然系统农业，155，161—170；第三条道路环保主义的经验教训，184—187
Natural world，transformative value of experiences in，自然世界中经验的变革型价值，96—97
Nature，自然：固有价值，40—42，131；权利和爱，3
Nature essentialists，自然本质主义者，108，110
Nature study，自然课，27—29，36—37
Nature-Study Idea，*The* (Bailey)，《自然研究思想》(贝利)，28，40，41
Nature-study movement in schools，学校展开自然课运动，29—30
Nelson，Michael，迈克尔·内尔森，82，83
"Neopragmatist" philosophers，新实用主义哲学家，5
New Deal conservation，新政自然资源保护，120—121，134
New Urbanism，新城市主义，155；环境人文主义，170—184；第三条道路环保主义的经验教训，184—187
New Urbanist charter，新城市主义宪章，176—178，180—183
Nonanthropocentrism，非人类中心主义，另参见Anthropocentrism
Normative sustainability theory，规范可持续性理论，192
Norton，Bryan，布莱恩·诺顿，96，127—130，192，223n.48，232n.85
Noss，Reed，瑞德·诺斯，112

Oelschlaeger，Max，马克斯·奥尔施莱格，127
Olmsted，Frederick Law，Sr.，老弗雷德里克·劳·奥姆斯特德，58—61
Organic farming，有机农业，161
Organic sense，有机感，65

Parks，公园，58—59
Passmore，John，约翰·帕斯莫尔，191—192
Permaculture，永续农业，161
"Permanent agriculture" movement，永续农业运动，160
Pinchot，Gifford，吉福德·平肖，1，2，23—24，51，105，117，146，151；乡村生活委员会，23
Plater-Zyberk，Elizabeth，伊丽莎白·普莱特-柴伯克，175，180，182
Pluralism，多元主义，6
Powell，John Wesley，约翰·威斯利·鲍威尔，78—79
Pragmatism，实用主义，81—82，84，154—155，192；另参见Environmentalism，lost "third way" of；以及具体条目；公民的，9，14，48，54，82，151，153—155，157，170，189，195；与教育，30—31；元素，6—8；回归，2—9；根基，78—79
Preservation，保护，另参见Environmentalism；Wilderness preservation；以及具体条目；对自然资源保护，2
Primeval influence，原始影响，104
"Progress"，notions of，进步的含义，146—147
Province(s)，地方，86；"明智"的概念，99—100；另参见Royce；定义，86—

87
Provincialism，地方主义，85—90，99—101；定义，87
"Provincialism"(Royce)，《地方主义》(罗伊斯)，86
Public and Its Problems，The (Dewey)，《公众及其问题》(杜威)，12，76，88，147
Public interest，公共利益，另参见 Leopold；与环保主义，149—152
Public participation in planning process，公众参与规划过程，75—76
"Public spirit"，need to cultivate the，公共精神，需要培育，132

Reclus，Elisée，埃利斯·雷克吕，56
Reconciliation ecology，和解生态，157
Regional city，区域城市，99；崛起，54—60
Regionalism，区域主义，64，164；与自然资源保护，105—108；另参见 MacKaye；Mumford
Regional planning，区域规划：四阶段模式，73；与芒福德，54，57—59，71—77，147；性质，63，64；任务，64
Regional Planning Association of America (RPAA)，美国区域规划协会，2，53，57，60，62，104，107；日程表及哲学观点的来源，66
Regional planning movement influences on，区域规划运动的影响，54—60；与自然资源保护运动的分裂，107
Regional "spirit"，cultivation of，区域"精神"的培育，87—88
Regional survey，区域调查，66，71，73，75—76；另参见 Survey method
Religion，区域，25—26，42，70；另参见 *Holy Earth*；与进化，42—43
Rewilding North America (Foreman)，《北美再野生化》(弗曼)，111—112
Rights，权利，3，129
Rolston，Holmes，霍尔姆斯·罗尔斯顿，109，192—193
Roosevelt，Theodore，西奥多·罗斯福，20，23，24，26，38，146
Routley，Richard，理查德·鲁特雷，191
Royce，Josiah，乔赛亚·罗伊斯，84—85；与缪尔比较，219n.62；"明智的地方"85—90，99—100，103，178；著作，85—86
Rural agrarian order，ideal of，乡村农业秩序的理想，21—22
Rural culture，乡村文化，61—62；另参见 Indigenous values
Russell，Bertrand，伯特兰·罗素，67

Sand County Almanac，*A* (Leopold)，《沙乡年鉴》(利奥波德)，3，115，117，121，125—126，136，140—143，146
Santayana，George，乔治·桑塔耶拿，ix，85
Schama，Simon，西蒙·沙玛，16
School garden，学校花园，27，32—35
Schools，学校，29—32；另参见 Education
Schroeder，Christopher H.，克里斯托弗·H. 施罗德，200n.5
Science and technology，科学与技术，69，71，158—162，165；另参见 Industrial agricultural system
Sears，Paul，保罗·西尔斯，160
Shaler，Nathaniel Southgate，纳撒尼尔·索斯盖特·谢勒，91
Sierra Madre Occidental of Northern Mexico，墨西哥北部西马德雷山脉，122
Smith-Lever Act of 1914，1914年《史密斯—利弗法》，26
Snyder，Gary，加里·斯奈德，108，109

Social alienation，社会疏离感，87
“Social city”，社会城市，55
Social Gospel reformers，社会福音派改良家，25—26
Social intelligence，社会智慧，11；方法，8
Social survey method，社会调查方法，另参见Regional survey；Survey method
Social uniformity，社会一致，88
Soil erosion，土壤侵蚀，38—39，133，160—162，166
Soil fertility，土壤肥力，137；另参见Land health
Solomon，Daniel，丹尼尔·所罗门，180
Soulé，Michael，迈克·苏尔，112
Southwest，西南部，119，132—134
Spann，Edward K.，爱德华·K. 斯潘，62，104—105
Speck，Jeff，杰夫·斯派克，182
Spirituality，精神，另参见*Holy Earth*；Religion；Wilderness，myths and mythic images of
Sprawl，urban，城市的蔓延，173，174
Stein，Clarence S.，克拉伦斯·S. 斯泰因，94—95
Stewardship ethic，总管式伦理规范，43，44，48—50
Survey method，调查方法，56；另参见Regional survey
“Sustainable agriculture”，《可持续发展农业》，160，163；另参见Farming practices；Normative sustainability theory
Sutter，Paul，保罗·萨特，105

Tansley，Arthur，阿瑟·坦斯利，123
Taylor，Bob Pepperman，鲍勃·派珀曼·泰勒，96，130—131
Technology，技术，另参见Science and technology
“Third way” tradition，“第三条道路”传统，另参见Environmentalism，lost “third way” of；Pragmatism
Thompson，Paul，保罗·汤普森，158，159
Thoreau，Henry David，亨利·戴维·梭罗，ix，40，41，69，85，96—98
Transcendentalists，先验论者，96，97
Transit-oriented development，公交导向发展，179
Tugwell，Rex，雷克斯·特格韦尔，160
Turner，John Pickett，约翰·皮克特·特纳，67

Unity concept，统一概念，138，144，148
Urban agrarians，“城市农民”，21
Urbanism，城市主义，98—99；另参见New Urbanism
Utilitarianism，功利主义，51，52，63，71，146；另参见Dewey
Utopian ideals，乌托邦理想，164—165

Value，价值，129；另参见Nature，intrinsic value
Values，价值，141，142，151，153—156；变化着，7与知识、实用主义，7；客观自然的，109
Vaux，Calvert，卡尔弗特·沃克斯，58

Walden (Thoreau)，《瓦尔登湖》(梭罗)，96—97
Westra，Laura，劳拉·韦斯特拉，193
Whitaker，Charles Harris，查尔斯·哈里斯·惠特克，94
White，Lynn，Jr.，小林恩·怀特，158—159，190
Wilderness，荒野，另参见Primeval influence；含义，108，109；荒野之争，108；另参见MacKaye；荒野的传说与神话形象，108—111

"Wilderness and Its Place in Forest Recreational Policy, The" (Leopold),《林业游乐政策中的荒野及其地位》(利奥波德),105
"Wilderness as a Form of Land Use" (Leopold),《作为土地利用模式的荒野》(利奥波德),134
"Wilderness bias",荒野偏见,64,155,158
"Wilderness-first" preservationists,"荒野首要"环境保存主义者,45
"Wilderness" (Leopold),《荒野》(利奥波德),135
Wilderness preservation, early arguments for,荒野保护,早期论点,105,110
Wilderness Society,荒野保护协会,121
Wildlands Project,野地计划,111—113
Worster, Donald,唐纳德·沃斯特,78—79

Yosemite National Park,约塞米蒂国家公园,另参见Hetch Hetchy Valley

城市与生态文明丛书

1.《泥土：文明的侵蚀》，［美］戴维 · R. 蒙哥马利著，陆小璇译　58.00 元

2.《新城市前沿：士绅化与恢复失地运动者之城》，［英］尼尔 · 史密斯著，李晔国译　78.00 元

3.《我们为何建造》，［英］罗恩 · 穆尔著，张晓丽、郝娟娣译　65.00 元

4.《关键的规划理念：宜居性、区域性、治理与反思性实践》，［美］比希瓦普利亚·桑亚尔、劳伦斯 · J. 韦尔、克里斯蒂娜 · D. 罗珊编，祝明建、彭彬彬、周静姝译　79.00 元

5.《城市生态设计：一种再生场地的设计流程》，［意］达尼洛 · 帕拉佐、［美］弗雷德里克 · 斯坦纳著，吴佳雨、傅微译　68.00 元

6.《最后的景观》，［美］威廉 · H. 怀特著，王华玲译　（即出）

7.《可持续发展的连接点》，［美］托马斯 · E. 格拉德尔、［荷］埃斯特 · 范德富特著，田地、张积东译　（即出）

8.《景观革新：公民实用主义与美国环境思想》，［美］本·A. 敏特尔著，潘洋译　65.00 元

9.《一座城市，一部历史》，［韩］李永石等著，吴荣华译　58.00 元

10.《公民现实主义》，［美］彼得·G. 罗著，葛天任译　（即出）